高 等 学 校 教 材

# 机械设计综合课程设计

张莉彦　阎　华　主编

化学工业出版社

·北京·

本书共分为7章。第1章为绪论。第2章为机械运动方案设计，包括机械运动功能原理设计、执行机构的形式设计、协调设计、传动方案的设计，最后完成机构运动简图绘制。第3章为机械传动装置的设计，主要是减速器的设计，从传动零件的设计计算到草图设计，最后完成装配图及典型零件工作图。第4章为编写设计说明书和准备答辩。第5章为课程设计题目及指导，共给出了10个题目，可用于机械设计综合课程设计，也可用于机械原理及机械设计单独课程设计。第6章为机械设计常用标准和规范。第7章为参考图例。

本书可作为高等工科类学校本科四年制机械设计制造及其自动化专业和其他机械类专业的机械设计课程教材，也可供有关工程技术人员参考。

**图书在版编目（CIP）数据**

机械设计综合课程设计/张莉彦，阎华主编. —北京：
化学工业出版社，2011.11（2024.9重印）
高等学校教材
ISBN 978-7-122-12501-9

Ⅰ. 机…　Ⅱ. ①张…②阎…　Ⅲ. 机械设计-课程设
计-高等学校-教材　Ⅳ. TH122-41

中国版本图书馆 CIP 数据核字（2011）第 208066 号

责任编辑：金玉连　程树珍　　　　　　　　　　　　　装帧设计：刘丽华
责任校对：王素芹

出版发行：化学工业出版社（北京市东城区青年湖南街 13 号　邮政编码 100011）
印　　装：北京建宏印刷有限公司
787mm×1092mm　1/16　印张 11¾　插页 2　字数 291 千字　　2024 年 9 月北京第 1 版第 5 次印刷

购书咨询：010-64518888　　　　　　　　　　　售后服务：010-64518899
网　　址：http://www.cip.com.cn

凡购买本书，如有缺损质量问题，本社销售中心负责调换。

定　　价：35.00 元　　　　　　　　　　　　　　　　版权所有　违者必究

# 前　言

本教材是根据教育部有关机械基础系列课程改革的要求，以培养学生对机械系统的综合设计能力、机械创新能力及提高工程素质为目标，对原有的"机械原理课程设计"、"机械设计课程设计"进行优化整合，成为一个机械设计综合课程设计，使学生经历一个机械产品设计全过程的训练。

本教材的特点是将机械运动的方案设计、机构的运动尺寸设计、机械强度设计、结构设计、精度设计以及运动学和动力学分析等有机结合，综合应用机械基础系列课程的各门知识，强化学生对机械系统设计的整体意识，培养学生的综合设计能力，选题靠近工程实际，营造工程环境，培养学生解决实际问题的能力及工程应用能力。

本书共分为 7 章。第 1 章为绪论。第 2 章为机械运动方案设计，包括机械运动功能原理设计、执行机构的形式设计、协调设计、传动方案的设计，最后完成机构运动简图绘制。第 3 章为机械传动装置的设计，主要是减速器的设计，从传动零件的设计计算到草图设计，最后完成装配图及典型零件工作图。第 4 章为编写设计说明书和准备答辩。第 5 章为课程设计题目及指导，共给出了 10 个题目，可用于机械设计综合课程设计，也可用于机械原理及机械设计单独课程设计。第 6 章为机械设计常用标准和规范，第 7 章为参考图例。

本书由张莉彦、阎华主编，张有忱主审。感谢北京化工大学张美麟老师的指导。另外本书也得到了杨红、赵芸芸、鄢利群、高路、徐林林老师的帮助，在此一并表示感谢。

由于编者水平有限，书中不足之处，敬请读者提出宝贵意见和建议。

编者
2011 年 10 月

# 目　录

# *1* 绪论

## 1.1 机械设计的基本过程

常规的机械设计过程分为产品规划、方案设计、技术设计和施工设计四个阶段。

（1）产品规划阶段

产品规划阶段主要是通过市场需求调研与预测，进行产品的选题、定位，通过进一步的可行性论证，确定产品的功能目标，下达设计任务。

（2）方案设计阶段

首先对系统的功能进行分析、分解，确定各子系统的分功能及功能元，然后确定工作原理方案，针对不同的工作原理进行机构构型设计、协调设计，还要确定传动方案，最后经过分析与评价确定总的运动方案，并绘制机构运动简图。

（3）技术设计阶段

按照设计好的运动方案，进行各部件的装配图设计，通过零件的强度、刚度设计，确定零件的尺寸、结构、精度，绘制出相应的工作图，编制出相应的设计技术资料。

（4）施工设计阶段

在技术设计的基础上进行工艺设计、加工制造，然后进行装配、调试等。

## 1.2 机械设计综合课程设计的目的与内容

### 1.2.1 课程设计的目的

机械设计综合课程设计是将原有的机械原理、机械设计两门课的课程设计进行合并整合，连续完成上述机械设计过程中的方案设计和技术设计两个阶段，使学生得到有关机械设计的全面、综合的训练。其主要目的如下：

① 熟悉掌握机械设计的一般过程，从运动方案的设计，到绘制机构运动简图；再通过强度、刚度计算，进行装配图、零件图设计；

② 培养学生综合运用机械类各门课程所学知识，解决工程实际问题的能力；

③ 提高学生的计算、绘图、查找使用设计资料的能力。

### 1.2.2 课程设计的内容

（1）准备阶段

① 阅读设计任务书，明确设计要求、设计内容及目标；

② 查阅有关技术资料，参观相关实物或模型，了解设计对象；

③ 准备好设计资料、设计用具，初步拟定设计计划。

（2）方案设计

① 根据设计任务进行功能分析，拟定工作原理；

② 分解工艺动作，确定执行机构；

③ 执行机构的尺寸综合及协调设计；

④ 传动方案的确定及原动机的选择；

⑤ 机械运动方案的评价与绘制机构运动简图。

（3）传动装置的设计

① 按运动和动力参数对传动零件进行强度计算及结构设计；

② 传动装置（减速器）的设计。

（4）绘图

① 绘制机构运动简图及执行机构的运动线图；

② 绘制传动装置装配图；

③ 绘制主要零件的工作图。

（5）编写设计说明书

# 1.3 机械设计综合课程设计的注意事项

① 机械设计过程是一项复杂的系统工程，需要考虑多方面的因素。只有认真思考、反复推敲，才能得到好的设计，才能在设计思想、方法和技能等方面得到锻炼和提高。

② 在训练机械设计基本技能的同时，注重能力的培养。将课堂教学中学到的机构设计、传动零件的强度计算、结构设计与工程实践相结合，提高解决工程实际问题的能力。

③ 处理好理论计算与实际结构设计的关系。机械中零部件的尺寸不可能完全由理论计算确定，很多结构及尺寸的确定需要综合考虑零部件的加工、装配、经济性等多方面的因素。设计过程中，设计计算和结构设计需要交替进行、互相补充，应采用边计算、边画图、边修改的设计方法。

④ 正确处理继承和创新的关系。设计时要注意利用已有的成果和经验，优先选用标准化、系列化产品，做到安全可靠、经济合理、使用维护方便。同时，在继承的基础上，敢于创新，提出新方案、采用新技术、新工艺，不断改进、完善设计。

# 2 机械运动方案设计

机械运动方案设计的主要过程为：对机械系统的功能进行分析、分解，确定机械的工作原理；拟定工艺动作，进行执行机构的构型及协调设计；确定传动方案，选择原动机的类型和主要参数；最后对形成的运动方案进行分析与评价，确定总的运动方案，并绘制机构运动简图，还可以进行机械的运动性能和动力性能分析。

## 2.1 机械运动功能原理设计

### 2.1.1 功能分析

功能分析就是全面地分析与产品相关的各种因素，并且尽量准确、简明，这样可以使功能原理设计思路开阔。功能分析常采用"黑箱法"，即将待设计的、未知的机械系统看作黑箱。在进行功能分析时，将机械系统抽象成三个基本要素：能量、物料、信息，利用技术系统具有能量、物料、信号转化的特征，将其作为黑箱与外部的联系，即输入输出部分。功能分析则是描述能量、物料、信号这三要素的输入与输出参量的因果关系，详细地描述这些参量在特性、状态、结构上的变化，并进行必要地排列，分清主次。

下面以液体包装为例，输入的基本要素为：待包装的液料、包装纸、电能、控制接通信号。输出的基本要素为：包装好的液料包、完成信号。包装系统黑箱模型如图 2-1 所示，从中可以看出，包装系统的功能是将包装纸制袋，将液料装入。

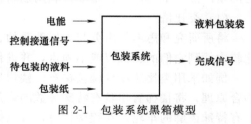

图 2-1　包装系统黑箱模型

### 2.1.2 功能分解

对于较复杂的机械系统来说，难以直接求得满足总功能的原理解，需要将总功能进行分解，分解到能直接求解的基本功能——功能元。功能分解可以用图来表达，功能分解图的结构形状有树状形式、串联形式、并联形式或几种形式的组合。还以包装系统为例，功能分解如图 2-2 所示。

### 2.1.3 功能求解

功能求解的大致过程是：先对每个功能元求解，确定具体的工作原理或工艺动作；再利用形态矩阵将其有序排列，得到的各种组合结果即为执行系统总功能的系列解；对系列解进行初步评价，得到初步可行方案。

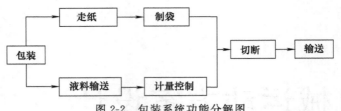

图 2-2  包装系统功能分解图

### 2.1.3.1  功能元求解

同一功能元可以采用不同的工作原理来实现，这样得到不同的工艺动作，不同的执行机构。以螺纹加工为例，可以采用车削加工原理、滚压原理和套扣原理。不同的工作原理适用于不同的工况要求，满足不同的加工需要和加工精度要求，其执行系统的运动方案也不同。再以固体物料分离功能为例，求解其工作原理，需要发散思维，提出各种可能的方案。如图2-3 所示，图（a）利用重力不同、惯性力不同进行筛分；图（b）利用体积不同、流体阻力不同进行分选；图（c）利用浮力闭锁装置，重力小的不能通过闭锁装置；图（d）利用离心力不同，满足要求的被甩出。

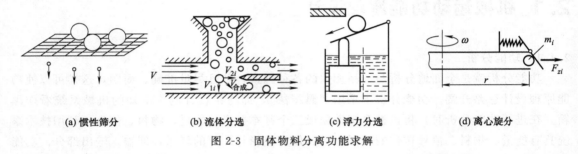

(a) 惯性筛分    (b) 流体分选    (c) 浮力分选    (d) 离心旋分

图 2-3  固体物料分离功能求解

因此功能元求解的重点是利用创新思维和技法，提出各种可能的方案，设计出具有竞争力的新产品。下面简要介绍如何利用创新技法求解功能原理。

（1）类比法

将所研究和思考的事务与人们熟悉的、并与之有共同点的某一事物进行对照和比较，从比较中找到它们的相似点或不同点，并进行逻辑推理，在同中求异或异中求同中实现创新。

例如采用类比法设计爬楼梯车。楼梯呈折线形状，车轮为圆形，与齿条齿轮类比，采用啮合原理，将楼梯看作具有特殊参数的齿条，车轮看作与楼梯相啮合的齿轮。这样设计一种具有特殊齿廓的车轮，在爬楼梯时，可以做到平稳、可靠、噪声小。

（2）移植法

借用某一领域的成果，引用、渗透到其他领域，用以变革和创新。例如将齿轮啮合原理移植到皮带传动中，发明了齿形带传动，解决了传统带传动中瞬时传动比不准确的问题。

（3）仿生法

仿生法是指从原理、结构或外形等方面模仿自然界各种生物，进行创造活动。它不是对自然现象的简单重复，而是与现代科学技术相结合，设计出全新的产品。

例如，鲨鱼皮游泳衣的研制。鲨鱼皮肤的表面遍布了齿状突出物，当鲨鱼游泳时，水主要与鲨鱼皮肤表面上齿状突出物的端部摩擦，使摩擦力减小，游速提高。通过仿生法，设计的新型泳衣由两种材料组成，在肩膀部位仿照鲨鱼皮肤，其上遍布齿状突出物；在手臂下方采用光滑的紧身材料，减小了游泳时的阻力，提高了速度。

### 2.1.3.2 形态矩阵

功能元求解可以得到多种原理解，可以通过形态矩阵将其组合获得更多的、可能的系统解。形态矩阵是以各功能元作为列，以各功能元的解作为行。假如有 $n$ 个功能元，每个功能元有 $m$ 个原理解，可构成 $n$ 行 $m$ 列的矩阵，所能提供的系统总方案数有 $N=nm$ 个，可在这些方案中进行优选。下面以挖掘机为例，构造其形态矩阵如表 2-1 所示。

**表 2-1 挖掘机形态矩阵**

| 原理方案 \ 功能元 | 1 | 2 | 3 | 4 | 5 |
|---|---|---|---|---|---|
| 总动力 | 电动机 | 汽油机 | 柴油机 | 蒸气透平 | 液压机 |
| 移动动力传动 | 齿轮传动 | 蜗轮传动 | 带传动 | 链传动 | 液力耦合器 |
| 移动 | 轨道车轮 | 轮胎 | 履带 | 气垫 | — |
| 挖掘动力传动 | 拉杆 | 绳传动 | 汽缸传动 | 液缸传动 | — |
| 挖掘 | 挖斗 | 抓斗 | 钳式斗 | — | — |

按照矩阵组合，可以得到挖掘机总的原理方案有 $5\times5\times4\times4\times3=1200$ 种。接下来需要对这些方案进行评价、优选，一般从以下几个方面考虑：

① 是否与要求的总功能相符合；

② 各功能元的原理方案之间是否可能发生冲突和干涉，是否能协调工作；

③ 从经济效益、环境保护等方面进行分析。

按照上述的评价方法，从 1200 种可能的方案中优选出以下两种：电动履带式挖掘机，液压轮胎式挖掘机。

# 2.2 执行机构的形式设计

确定了系统的原理方案后，采用什么机构能更好地实现这些方案，这一工作就成为执行机构的形式设计，又称为机构的型综合，它有选型和构型两种方法。

### 2.2.1 设计原则

（1）应尽量满足或接近功能目标

满足原理要求或满足运动形式变换要求的机构种类繁多，采用多选淘汰法。多选几个，再进行比较，保留理想的，淘汰差的。例如，系统要求执行机构完成准确而连续的运动规律。可选机构类型很多，如连杆机构，凸轮机构，气、液动机构等。但经分析、比较，凸轮机构最理想。因为凸轮机构可以确保准确的运动规律，并且机构简单，价格便宜；连杆机构结构复杂，设计难度大；气、液动机构比较适合始、末位置要求准确，而中间位置没有要求的情况；并且，气与液易泄漏，环境、温度的变化都影响其运动的准确性。

（2）尽量做到结构简单、可靠

结构简单主要体现在运动链要短，构件与运动副数量要少，结构尺寸要适度，布局要紧凑。坚持这些原则，可使材料耗费少，成本低；运动链短，运动副少，机构在传递运动时积累的误差就少，运动副的摩擦损失就小，有利于提高机构的运动精度与机械的效率。

（3）选择合适的运动副

高副机构比较容易实现复杂的运动规律和轨迹，一般可以减少构件数和运动副数，缩短运动链。缺点是高副元素形状复杂，制造困难，另外高副为点线接触，易磨损。需要说明的是，在有些情况下，采用高副机构缩短了运动链，却有可能增大机构尺寸、增加机械重量。

低副机构中，转动副制造成本低，容易保证配合精度，且效率高，而移动副制造困难，不易保持配合精度，容易发生楔紧和自锁的现象。

（4）要保证良好的动力特性

现代机械系统运转速度一般都很高，在高速运转中机械的动平衡问题应该高度重视。因此就希望在高速机械中尽量少采用连杆机构。若必须采用，则要考虑合理布置，已取得动平衡。例如两套结构、尺寸相同的曲柄滑块机构若按图 2-4（a）布置，可以使总惯性力得到完全的平衡；而若按图 2-4（b）布置，则其总惯性力只得到部分的平衡。

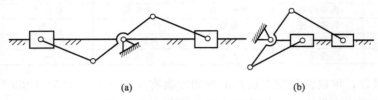

(a)                          (b)

图 2-4　连杆机构合理布置的方法

（5）应注意机械效益与机械效率问题

机械效益是衡量机构省力程度的一个重要标志，机构的传动角越大，压力角越小，机械效益越高。构型与选型时，可采用最大传动角的机构以减小输入轴的转矩。机械效率反映了机械系统对机械能的有效利用程度。为提高机械效率，除了力求结构简单外，还要选用高效率机构。

（6）选择合适的动力源

动力源的选择一方面要考虑简化机构、满足工作要求，另一方面要考虑现场工作条件。气动、液压机构能直接提供直线往复移动和摆动，并且便于调速，省去了运动转换及减速机构，常用于矿山、冶金等工程机械及自动生产线。电动机输出连续转动，与执行机构连接简单，效率高。机械系统若位置不固定，例如汽车等输送系统，只能采用各类发动机，或燃料电池。

### 2.2.2　执行机构的选型

执行机构的选型是指根据工作要求，在已有的机构中，进行比较、选择，选取合适的机构，可见选型需要对现有机构十分了解。

（1）常用机构的特点

常用机构的特点见表 2-2。

表 2-2　常用机构的特点

| 机构类型 | 特　点 |
| --- | --- |
| 连杆机构 | 可以输出转动、移动、摆动、间歇运动，可以实现一定的轨迹与位置要求，利用死点可用作夹紧、自锁装置；由于运动副是面接触，故承载能力大，加工精度高，但动平衡困难，不宜用于高速 |
| 凸轮机构 | 可以输出任意运动规律的移动、摆动，但行程不大；由于运动副是高副，又需要靠力或形封闭运动副，故不适用于重载 |
| 齿轮机构 | 圆形齿轮实现定传动比，非圆齿轮实现变传动比，功率与转速范围都很大，传动比准确可靠 |
| 挠性件传动机构 | 链传动因多边性效应，故瞬时传动比是变化的，产生冲击振动，不适应高速；带传动因弹性滑动，故传动比是不可靠的，但有吸振与过载保护性能；两者都可实现远距离传动 |

| 机 构 类 型 | 特　点 |
|---|---|
| 螺旋机构 | 可实现微动、增力、定位等功能；工作平稳，精度高，但效率低 |
| 蜗杆机构 | 传动比大，体积小；但效率低，可以实现反行程自锁 |
| 气、液动机构 | 常用于驱动、压力、阀、阻尼等机构；利用流体流量变化可以实现变速；利用流体的可压缩性可以实现吸振、缓冲、阻尼、控制、记录等功能；但有密闭性要求 |
| 间歇机构 | 常用的有棘轮机构、槽轮机构，它们可实现间歇进给、转位、分度，但有刚性冲击，不适合用于高速、精密要求场合；蜗杆式与凸轮式分度机构转位平稳，冲击振动很小，但设计加工难度较大 |

（2）按实现的运动变换和功能进行机构分类

为了方便在实际设计中机构的选型，下面将机构按实现的运动变换和功能进行机构分类，见表 2-3。

**表 2-3　按实现的运动变换和功能进行机构分类**

| 运动变换或实现功能 | | 常 用 机 构 |
|---|---|---|
| 匀速转动 | 定传动比 | 平行四边形机构、齿轮机构、轮系、摆线针轮机构、谐波传动机构、摩擦轮机构、链传动机构、带传动机构 |
| | 变传动比 | 轴向滑移圆柱齿轮机构、复合轮系变速机构、摩擦轮无级变速机构 |
| 非匀速转动 | | 双曲柄机构、转动导杆机构、非圆齿轮机构 |
| 往复运动 | 往复摆动 | 曲柄摇杆机构、曲柄摇块机构、摆动导杆机构、双摇杆机构、摆动从动件凸轮机构、气动机构、液动机构 |
| | 往复移动 | 曲柄滑块机构、移动导杆机构、正弦机构、正切机构、移动从动件凸轮机构、齿轮齿条机构、螺旋机构、气动机构、液动机构 |
| 间歇运动 | 间歇移动 | 棘齿条机构、不完全齿轮齿条机构 |
| | 间歇转动 | 棘轮机构、槽轮机构、不完全齿轮机构、蜗杆式分度机构、凸轮式分度机构 |
| 预定轨迹 | 直线轨迹 | 平行四杆机构 |
| | 曲线轨迹 | 连杆机构、行星齿轮机构 |
| 增力及夹持 | | 肘杆机构、凸轮机构、螺旋机构、斜面机构、气动机构、液动机构 |
| 运动的合成与分解 | | 差动连杆机构、差动齿轮机构、差动螺旋机构 |
| 急回特性 | | 曲柄摇杆机构、偏置式曲柄滑块机构、导杆机构、双曲柄机构 |
| 过载保护 | | 带传动机构、摩擦轮机构 |

从表 2-3 中可以看出实现同一功能的机构有很多，如何选择呢？除了要遵循选型原则外，还要十分熟悉表 2-2 所示的各机构的特点，再结合具体的工作要求，进行选择。例如：要实现往复移动，表 2-3 中有很多选择，曲柄滑块机构、正弦机构等连杆机构的特点是机构简单制造容易，但动平衡困难，不易高速；移动从动件凸轮机构可以实现严格的运动规律，但行程小；螺旋机构可获得大的减速比，常用作低速进给和精密微调机构，有些还具有自锁功能，但效率低；齿轮齿条机构适用于移动速度较高的场合，但制作成本高。

同样是凸轮机构，在行程较大的情况下，采用圆柱凸轮比盘形凸轮结构上更紧凑；相同的运动条件下，采用行星轮系比定轴轮系在尺寸和重量上都有显著减少。

机构选型显然比较直观、方便，在实际的工程设计中应有广泛。但有时选出的机构不能完全满足设计要求，就需要创建新的机构型式，这就是机构构型。

## 2.2.3　执行机构的构型

执行机构的构型属机械创新设计的范畴，在这里仅结合几个实例简要介绍一下。

（1）组合法

在插齿机的设计中，插刀作往复直线运动，要求具有急回特性、切削速度平稳均匀、行程较大。首先从表 2-3 中选取偏置式曲柄滑块机构，因为它结构简单又具有急回特性，但是滑块的移动速度变化太大，不能保证加工质量。改进的思路是改变曲柄的输入速度，以达到改变滑块速度的目的。采用组合法，在前面增加摆动导杆机构，如图 2-5 所示，通过对 ED 杆长的设计，使滑块 E 的工作行程近似等速，而且还扩大了行程，获得了更显著的急回特性。

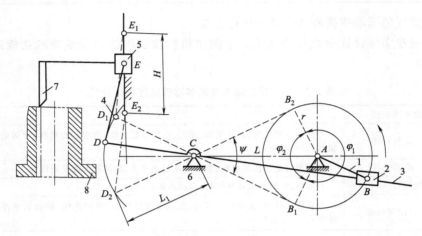

图 2-5　插刀的切削机构

上面这种组合方法属于串联式，除此之外还有并联式、封闭式、叠加式。

图 2-6 是一个双滑块驱动机构。摇杆滑块机构与反凸轮机构并联组合，共同的主动构件是做往复摆动的摇杆 1。一个从动构件是大滑块轮 2，摆杆 1 的滚子在滑块的沟槽内运动，致使滑块左右移动，相当于一个移动凸轮；另一个从动件则是小滑块 1，由摇杆 1 经连杆传递运动，致使小滑块也实现左右移动。该机构一般用于工件的输送装置。工作时，大滑块在右端位置先接受工件，然后左移，再由小滑块将工件推出，实现两个滑块动作的协调与配合。

图 2-7 是一个封闭式组合的连杆凸轮机构。差动连杆机构 ABCD 作为基础机构，附加机构是固定凸轮机构。固定凸轮机构中的浮动杆 BC 与连架杆 AB 也是差动连杆机构中的浮动杆与连架杆。机构的主动构件为曲柄 AB，输出构件是滑块 D。经过这样的组合，输出构件滑块 D 的行程比简单凸轮机构推杆的行程增大几倍，而凸轮机构的压力角仍可控制在许用值范围内。

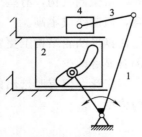

图 2-6　双滑块驱动机构

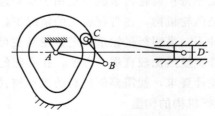

图 2-7　连杆凸程机构

图 2-8 是电动玩具马的传动机构。基本机构 *ABC* 为一曲柄摇块机构，它装载在另一基本机构（即二杆机构的运动构件 4）上。工作时，两个基本机构分别的输入构件是 4 和 1，致使组合机构末端输出构件上马的运动轨迹是旋转运动和平面运动的叠加，产生了一种飞奔向前的动态效果。

（2）演化变异法

机构的演化变异在机械原理中已经讲过，具体方法不再赘述。下面是一具体实例，曲柄滑块机构在滑块主动，曲柄从动时，存在死点位置，运动不可靠。一般采用多个机构错位排列克服死点位置，但这样势必造成机构庞大。通过对原有机构进行演化变异，可得到一个简单且能克服死点的机构，如图 2-9 所示。演化的方法是将曲柄与滑块的低副变为高副，具体是在滑块上制成导向槽，利用高副（滚滑副）的导向作用，使机构克服死点。

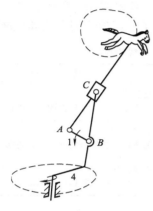

图 2-8　电动玩具马

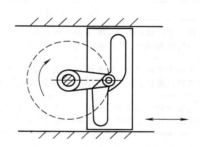

图 2-9　无死点曲柄机构

# 2.3　执行机构的协调设计

### 2.3.1　执行机构的协调设计

执行机构除了完成本身的动作外，还要和其他执行机构以一定的时序协调动作，相互配合，这样才能实现机械的总功能，这部分工作就称为执行机构的协调设计。

（1）时间上的协调配合

机械的工艺过程必然要求各执行机构的动作要有先后顺序，在时间上协调配合。例如牛头刨床要求工件到位后，刨刀直线移动进行切削，然后刨刀返回，同时工件横向进给，到位后，开始下一次切削。如果这两个动作在时间上没有配合好，会影响加工质量，甚至损坏刀具。前面并联组合的双滑块机构（图 2-6）也是要求两个滑块动作一定要协调配合。

（2）空间上的协调配合

有些机械除了要求在时间上协调配合外，还要求空间上协调一致，以保证在运动过程中，各执行构件之间、执行构件与环境之间，不会发生干涉。图 2-10 所示的包装机的折边机构，如果左右折边机构同时到达 *M* 点，构件就会相碰导致损坏，如果左折边完成后，再开始右折边，会延长工作循环时间，降低工作效率，因此需要在时间、空间上同时考虑。

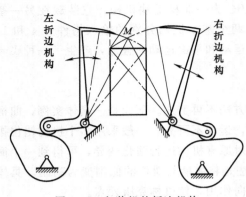

图 2-10　包装机的折边机构

（3）速度上的协调配合

有些机械的执行机构在速度上要满足一定关系，才能实现工作要求。在插齿机的设计中插刀的转速和毛坯的转速之比一定要与齿数成反比关系，才能完成插齿工作。

### 2.3.2　机械运动循环图的表示方法

机械运动循环图用来描述机械系统多个执行机构运动间的协调配合关系，一般取一个主要构件（主轴或分配轴）作为参照基准，以某一位置（工艺动作的开始）作为起点，画出各个执行构件在一个工作循环内的先后顺序及协调关系。

常用的机械运动循环图有三种形式，表 2-4 分别列出了它们的绘制方法和优缺点。

表 2-4　机械运动循环图的绘制方法和优缺点

| 类别 | 绘制方法 | 优缺点 |
|---|---|---|
| 直线式 | 将一个运动循环中，机械各执行机构运动区段的起始、终止的时间和顺序，按比例绘制在直线坐标轴上 | 绘制简单<br>无法显示各执行构件的运动规律，直观性差 |
| 同心圆式 | 作若干个同心圆，每个圆环代表一个执行构件，圆环上的径向线代表该执行构件不同运动区段的起始终止位置 | 直观性较强<br>无法显示各执行构件的运动规律 |
| 直角坐标式 | 用横坐标表示主轴或分配轴的转角，用纵坐标表示各执行构件的角位移或线性位移，各区段之间以简明的直线连接 | 直观性强<br>能够显示各执行构件的运动规律 |

### 2.3.3　机械运动循环图的设计和应用

根据生产工艺的不同，机械的运动分为两大类：一类机械的运动无固定的循环周期，具有很大的随机性，例如起重机械、建筑机械等；另一类机械的运动呈周期性重复变化，例如机床、包装机等。只有第二类机械的协调设计能够用机械运动循环图实现，以下讨论这类机械的运动循环图的设计。

#### 2.3.3.1　机械运动循环图的设计步骤

（1）确定机械的运动循环周期

机械运动循环周期是指机械完成一个完整工艺过程所需的时间，通常用 $T$ 表示。对于固定运动循环周期的机械，一般用分配轴或主轴将各执行机构的原动件连接起来，采用集中控制。机械的运动循环与各执行机构的运动循环是一致的。执行机构的运动循环时间是根据机械的设计要求计算出来的。例如插齿机的设计任务中给出插刀的平均切削速度 $v$，由此可以计算插刀的运动循环时间为 $\dfrac{2L}{1000v}$，其中 $L$ 为插刀的行程（mm），取决于工件的齿宽；$v$ 为切削速度（m/min）。

（2）确定各执行构件运动循环的组成区段

执行机构的运动循环一般包括一个工作阶段和空回阶段，有的执行构件还有停歇阶段。例如插齿机插刀的切削运动由两个阶段组成，一是切削的工作行程，另一阶段是插刀退回，而让刀运动由进刀、停歇、退刀、停歇四阶段组成。

（3）进行各执行构件的协调设计

确定各执行构件各区段的运动时间或分配轴的转角。

（4）初步绘制机械运动循环图

由于整体布局和结构等方面的原因，执行构件可能在以后的设计中进行修改，因此需要根据最终的设计，对机械运动循环图进行相应的修改。

下面以铆钉自动冷镦机为例，简要说明执行机构的选型、协调设计和绘制机械运动循环图的过程。

铆钉自动冷镦机如图 2-11 所示，由盘料间歇送入，切断并送至冷镦位置冷镦，最后将成品从定模座中顶出。接下来进行执行机构的选型。

（1）镦锻机构

由于行程无任何要求，选用简单的曲柄滑块机构。

（2）送料机构

选用辊轮靠摩擦力送料，工艺要求辊轮必须单向间歇转动，选用曲柄摇杆机构与棘轮机构的串联组合来实现，摇杆带动棘爪，使棘轮单向间歇转动，与棘轮固结的齿轮啮合传动，带动辊轮单向间歇转动，另外通过调整棘角可以改变送料长度。

（3）切料和转送机构

切料和运料要求定位准确、可靠，因此选用凸轮机构。

（4）脱模机构

完成将坯料从定模座中顶出，顶杆作近似直线运动而且运动量很小，选用平行四边形机构完成顶料动作。为了简化机构利用镦锻机构主滑块后退时，带动四杆机构。

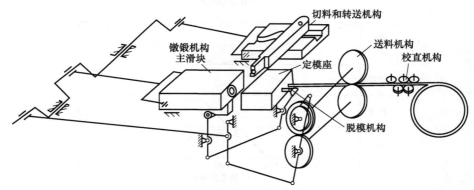

图 2-11　铆钉自动冷镦机

下面进行机构的协调设计，首先根据设计要求每分钟冷镦 120 只，计算运动循环周期 $T=\dfrac{60}{120}=0.5s$，即执行构件的运动循环时间为 0.5s，然后确定各构件运动循环的组成区段：镦锻机构的运动循环由前进、后退两个阶段组成；送料机构的运动循环由送料和停歇两个阶段组成；切料和转送机构的运动循环由前进、停歇、退回、停歇四部分组成；顶料和脱模机构的运动循环由前进、停歇、退回、停歇四部分组成。最后进行各执行构件的协调设计，确定各执行构件各区段的运动时间或相应的分配轴转角，送料机构的送料时间由送料长度决定，送料到位后开始切料并转送到冷镦位置，开始镦锻，由此绘制出铆钉自动冷镦机的机械运动循环图，如图 2-12（a）、（b）、（c）所示分别为直线式、同心圆式、直角坐标式。

2.3.3.2　注意问题

① 以机械工艺过程的开始点作为运动循环的起点，明确各执行机构的初始位置，首先

| 镦锻滑块 | 向后 | | | 向前 | |
|---|---|---|---|---|---|
| 送料 | | 送料 | | 停歇 | |
| 切料和转送 | 后停歇 | | | 向前 | 前停歇 | 向后 | 后停歇 |
| 脱模顶杆 | 停歇 | | 向前 | 停歇 | 向后 | 停歇 |
| 分配轴转角 0° | 60° | 120° | 180° | | 360° |

(a) 直线式

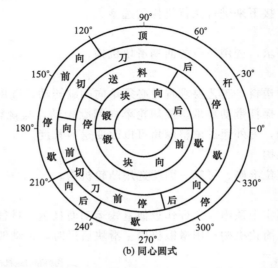

(b) 同心圆式

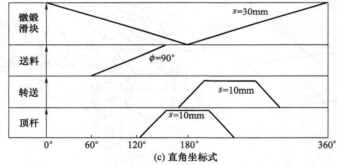

(c) 直角坐标式

图 2-12 铆钉自动冷镦机的机械运动循环图

确定一个主要构件，标出其在运动循环图中的位置，并用它的运动位置（转角或位移）作为其他执行构件运动先后次序的基准。

② 机械运动循环图以主轴或分配轴的转角为横坐标，如果某个执行机构的原动件不在该主轴或分配轴上，为了保证时间同步，最好将其原动件通过传动装置与分配轴相连把它们运动时的转角换算成相应的分配轴的转角。

③ 在确保各执行机构在空间上不发生干涉的前提下，尽可能使各执行机构的动作重合，以缩短机械运动循环周期，提高生产率。

④ 由于可能存在制造、安装误差，为了确保各执行机构动作的先后顺序、工作的安全，在一个执行动作结束点到另一个执行动作的开始点之间，应有适当的间隔。

2.3.3.3　机械运动循环图的应用

① 机械运动循环图为进一步设计执行机构的运动尺寸提供了重要依据。例如：切料和

转送机构中，向前切料转送、停歇、退回、停歇的四个转位角度确定了，就可以设计凸轮的廓线。

② 机械运动循环图可用于指导各执行机构的安装、调试。

③ 通过分析研究机械运动循环图，可以寻找提高生产率的途径。

④ 机械运动循环图可用于检验各执行机构的动作，是否协调、紧密配合。

# 2.4 传动方案的设计

传动方案的设计包括：选择传动类型、顺序，选择原动机，计算总传动比，合理分配各级传动比，计算传动装置的运动和动力参数，为设计各级传动零件和装配图提供条件。

## 2.4.1 机械传动类型的选择

机械传动按照工作原理的不同可分为：摩擦传动、啮合传动、液压传动、气压传动。本书侧重讨论摩擦传动、啮合传动。

选择传动类型首先要了解、掌握常见传动的性能、特点及适用范围，如表 2-5 所示，使其满足机器的功能要求，例如：功率、速度、效率，还要考虑工作条件，满足工作可靠、结构简单、使用维修方便等要求。

表 2-5　常见传动的性能、特点

| 传动形式 | | 传动功率 | 圆周速度/(m/s) | 单级传动比 | 最大传动比 | 外形尺寸 | 特　点 | |
|---|---|---|---|---|---|---|---|---|
| 带传动 | V 带平带 | 中、小 | 5～30 | 2～4 | 7 | 大 | 结构简单，维修方便，用于长距离传送 | 缓冲吸振，过载打滑保护，但传动比不准确 |
| | 同步带 | | 0.5～50 | 2～4 | 10 | 中 | | 传动比准确 |
| 链传动 | 滚子链 | 中、小 | 5～15 | 2～5 | 6 | 大 | 中心距变化范围广，平均传动比准确；具有运动不均匀性，有振动冲击 | |
| | 齿形链 | | 5～30 | | | | | |
| 齿轮传动 | | 大、中、小 | 5～200 | 3～6 | 8 | 中 | 传动准确、平稳可靠，效率高，但制造精度要求高，成本较高 | |
| 蜗杆传动 | | 大、中、小 | — | 8～40 | 80 | 小 | 传动比大，可实现反行程自锁，但效率低，制造精度要求高，成本高 | |
| 螺旋传动 | | 中、小 | — | — | — | — | 可改变运动形式，传力较大，滑动螺旋效率不高，刚度差 | |

一般来说，啮合传动与摩擦传动比较，传递的功率高、效率高（蜗杆传动因齿面相对滑动速度大、发热大、效率低），传动准确、可靠，但制造成本高。摩擦传动结构简单、而且能够过载打滑，放置高速端能起到保护作用。

选择传动类型的基本原则如下。

（1）简化运动链

在保证实现机器功能的前提下，尽量简化运动链。简化运动链，减少使用的机构或传动零件，可以降低制造成本，提高效率，减小累计误差。

（2）尽量提高机械效率

机械传动的总效率取决于各传动机构的效率，当系统中包含效率较低的机构时，就会使总效率降低。但是不同机械或者同一机械的不同运动链所传递的功率可能相差很大，在设计时对传递功率较大的运动链，应尽量选择效率较高的传动机构；对于传递功率较小的运动链，可以着重满足其他方面的要求，效率的高低可以放在次要位置。

（3）合理安排传动机构的顺序

在传动系统中，如果需要几种传动形式组成多级传动，安排其顺序时，应注意下面各点。

① 摩擦传动（如带传动、摩擦轮传动等）的承载能力较低，宜布置在高速级，这有利于整个传动系统结构紧凑、匀称，同时也有利于发挥带传动的传动平稳、缓冲吸振、过载保护的特点。

② 闭式齿轮传动、蜗杆传动宜布置在高速级，传递功率小，可以减小外廓尺寸、降低成本。开式齿轮传动制造精度较低、润滑不良、工作条件差，为减少磨损一般应放置于低速级。

③ 蜗杆传动与齿轮传动相比，摩擦、磨损大，宜布置在高速级，使啮合面有较高的相对滑动速度，容易形成油膜，提高效率。

④ 斜齿齿轮传动与直齿齿轮传动相比，传动平稳、动载荷较小，宜放置于高速级。

⑤ 链传动具有固有的运转不均匀特性，为减小冲击和振动宜放置于低速级。

⑥ 圆锥齿轮尺寸过大时加工困难，宜布置在高速级，并限制其传动比，以减小大锥齿轮的尺寸。

⑦ 改变运动形式的传动机构（如螺旋传动、连杆机构、凸轮机构）宜布置在多级传动的最后一级，即靠近执行机构。

需要指出的是在现代机械设计中，各种新技术的应用使机械传动系统越来越简化。例如：步进电机、伺服电机的应用，简化了很多机械传动系统，而且精度高、可靠性强、外廓尺寸小。因此，在设计中应注意机、电、液、气传动的结合，使方案更加合理完善。

### 2.4.2 选择原动机

常用的原动机有：电动机、内燃机、液压机、气压机。在选择原动机类型时要考虑执行机构的载荷特性、运动特性，机械的结构布局、工作环境、经济性等方面的要求。由于电力供应的普遍性，而且电动机具有结构简单、价格便宜、效率高、控制方便等特点，一般机械优先选用电动机。

（1）选择电动机的类型和结构形式

电动机是一种标准化的系列产品，设计时只需要选择合适的类型和参数。电动机的类型有：交流电动机、直流电动机、步进电动机、伺服电动机。由于交流电动机结构简单、成本低，常用于没有特殊要求的一般机械，尤其以鼠笼式三相异步电动机最为常用。表6-145为Y系列电动机，适用于不易燃、不易爆、无腐蚀性气体的场合，并具有较好的启动性能。当需要经常启动、制动和反转的场合（如起重机），要求电动机具有转动惯量小和过载能力大，则应选用起重机及冶金用三相异步电动机YZ型（笼型）或YZR型（绕线型）。

电动机结构有开启式、防护式、封闭式和防爆式等，可根据防护要求选择。同一类型电动机又具有几种安装方式，应根据安装条件确定。

（2）选择电动机的容量

电动机的容量由额定功率表示。如果所选电动机的额定功率小于工作要求，则不能保证工作机正常工作，或使电动机长期过载发热而过早损坏；容量过大，则增加成本，并且由于效率和功率因数低，造成浪费。因此，所选电动机的额定功率应等于或稍大于电动机实际工作时的输出功率 $P_d$，电动机的输出功率由工作机的输入功率 $P_w$ 决定的。

$$P_d = \frac{P_w}{\eta} \ (\text{kW})$$

式中　$P_w$——工作机所需输入功率，kW；

　　　$\eta$——电动机至工作机之间的传动装置的总效率。

如果工作机的执行机构有多个，则工作机的功率为各部分所需功率的总和。一般来说工作机的功率由工作机的工作阻力和运动参数计算确定

$$P_w = \frac{Fv}{1000\eta_w}$$

$$P_w = \frac{Tn}{9550\eta_w}$$

式中　$F$——工作机阻力，N；

　　　$v$——工作机线速度，m/s；

　　　$T$——工作机阻力矩，N·m；

　　　$n$——工作机转速，r/min；

　　　$\eta_w$——工作机效率。

传动装置的总效率 $\eta$ 按下式计算

$$\eta = \eta_1 \eta_2 \eta_3 \cdots \eta_n$$

式中，$\eta_1$，$\eta_2$，$\eta_3$，$\cdots$，$\eta_n$，分别为传动装置中每一传动副（如齿轮、蜗杆、带传动等）、每一对轴承及每一个联轴器的效率，其数值见表 6-15。一般选用中间值，如工况条件差、润滑维护不良时取低值，反之取高值。

（3）选择电动机的转速

同一类型、功率相同的电动机有几种不同的同步转速（即磁场转速）。同步转速高的电动机磁极数少，所以尺寸小、重量轻、价格低，但会使传动装置的总传动比增大，导致结构尺寸和重量增大。选用同步转速低的电动机则情况正好相反。因此，应综合考虑电动机及传动的尺寸、重量、价格，选用合适的电动机的转速。

选择电动机转速时，可根据工作机主动轴转速 $n_w$ 和传动系统中各级传动的常用传动比范围，推算电动机转速的范围，以供参照比较。

$$n_d = (i_1 i_2 i_3 \cdots i_n)n$$

式中　　　　$n_d$——电动机转速可选范围；

$i_1$，$i_2$，$i_3$，$\cdots$，$i_n$——各级传动的传动比，各种传动的传动比的推荐值见表 2-5。

根据选定的电动机类型、结构容量和转速可在电动机产品目录中查出其型号、额定功率、满载转速、外形尺寸、电动机中心高、出轴长和键连接尺寸等记下备用。

设计传动装置时一般按工作机实际需要的电动机输出功率 $P_d$ 计算，转速则按满载转速 $n_m$ 计算。

### 2.4.3　传动装置的总传动比及其分配

由电动机的满载转速 $n_m$ 和工作机的主轴转速 $n_w$ 可以确定传动装置的总传动比为

$$i = \frac{n_m}{n_w}$$

将总传动比分配到各级传动，即总传动比是各级传动比的连乘积。

$$i = i_1 i_2 i_3 \cdots i_n$$

各级传动比的合理分配是传动系统设计的重要问题，直接影响到传动系统的外廓尺寸、重量、润滑等多方面。在传动比分配时通常应注意以下几点。

① 各级传动机构的传动比尽量在推荐值的范围内（见表 2-5）。

② 应使各级传动的传动件结构尺寸协调、匀称，避免各零件干涉或安装不便。例如，由带传动和齿轮传动组成的传动装置，第一级带传动的传动比不能过大，否则会使大带轮半径超过减速器的中心高，给机座设计和安装带来困难。

③ 应使传动装置外廓尺寸紧凑，重量轻。一般来说，在多级传动中，相邻的两级传动比差值不要太大。如图 2-13 所示两级圆柱齿轮减速器，在相同的总中心距和总传动比情况下，与（a）方案相比，（b）方案具有较小外廓尺寸。

④ 应避免传动零件之间发生干涉。如图 2-14 所示的两级圆柱齿轮传动中，由于高速级传动比取得过大，使高速级大齿轮与低速轴发生干涉。

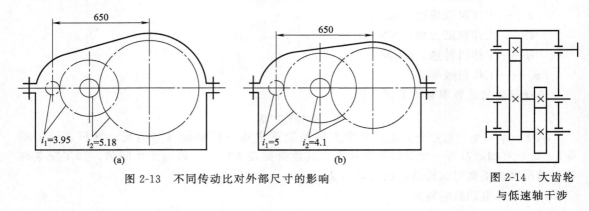

图 2-13 不同传动比对外部尺寸的影响　　　　图 2-14 大齿轮与低速轴干涉

⑤ 对于设计成独立部件形式的多级齿轮减速器，推荐以下分配方法。

ⅰ. 对于两级卧式圆柱齿轮减速器，为使两级大齿轮有相近的浸油深度，高速级传动比 $i_1$ 和低速级 $i_2$ 传动比可按下列方法分配：展开式和分流式 $i_1 = (1.1 \sim 1.5) i_2$；同轴式 $i_1 = i_2$。

ⅱ. 对于圆锥圆柱齿轮减速器，为使大圆锥齿轮不致过大，高速级圆锥齿轮传动比可取 $i_1 \approx 0.25 i$，且 $i_1 \leqslant 3$，$i$ 为减速器总传动比。

ⅲ. 对于齿轮蜗杆减速器，常取低速级圆柱齿轮传动比 $i_2 = (0.03 \sim 0.06) i$，$i$ 为减速器总传动比。

传动比分配时要考虑各方面要求和限制条件，可以有不同的分配方法，常需拟定多种分配方案进行比较。另外，以上分配的各级传动比只是初始值，待有关传动零件参数（齿轮齿数或带轮标准直径）确定后，再验算传动装置实际传动比是否符合设计任务书的要求。一般允许工作机实际转速与要求转速的相对误差为 $\pm(3 \sim 5)\%$。

# 2.5 机构运动简图绘制

执行机构的形式设计、协调设计之后，就可以进行执行机构的尺寸设计了，不同机构的设计方法可以参考机械原理教材。如果设计要求需要，还要对机构进行运动和动力分析（例如：速度分析、速度调节、平衡计算等）。最后将方案设计的结果以机构运动简图的方式表达出来，机构运动简图的绘制方法及要求如下。

① 选择视图平面，应选择多数构件的运动平面作为视图平面，如果有些构件相互重叠表达不清，可以将其旋转到同一平面，以局部视图的方式表达，凡经旋转的同一构件应用大括号括上。

② 选择合适的比例尺，每个执行机构的尺寸已经确定，按照设计要求确定各执行机构的相对位置，即机架的相对位置，包括各固定铰链和移动导路的位置。再根据图纸大小，选择适当的比例尺。

③ 首先画出各机构固定运动副的位置，然后采用各种规定的运动副及构件的符号（参考附表 6-3）绘制各机构。对于动作互相配合的两个机构，应注意其相位要求。如果需要，重要的执行构件应将其两个极限位置绘出。

④ 主要部分绘制好后，将重要构件编号，用指引线引出，并在明细表中标注其名称。

机构运动简图的图例见图 7-1。

# 3 机械传动装置的设计

常见的机械系统由原动部分、传动部分、工作部分（执行机构）和控制部分组成。执行机构与具体机器的功能、工艺有关，为了达到执行机构的工作要求，在原动机和执行机构之间需要布置传动装置，实现减速、增速、改变运动形式或方位等。传动装置一般由通用零部件组成（如齿轮减速器），具有通用性。因此，本章主要讨论机械传动装置的设计。

机械传动装置设计的一般步骤为：根据方案设计中选定的原动机的功率、转速、各级传动的传动比和效率，计算各轴的运动和动力参数；依据各种传动零件（带传动、齿轮传动、链传动等）的设计计算准则和公式，确定其主要几何参数；减速器部件（或其他部件）的结构设计；部件装配图绘制；典型零件（轴、齿轮）工作图绘制。

## 3.1 传动零件的设计

各轴的运动和动力参数包括各轴的转速、功率和转矩，这些是传动零件设计计算的重要依据。图 3-1 为带式运输机的传动方案示意图，从电动机到工作机有：电动机轴、高速轴 I、中间轴 II、低速轴 III、工作机轴 IV，各轴的运动和动力参数计算如下。

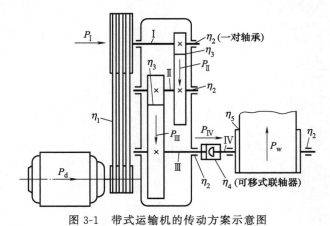

图 3-1 带式运输机的传动方案示意图

（1）各轴转速

$$n_1 = \frac{n_m}{i_0}$$

$$n_2 = \frac{n_1}{i_1} = \frac{n_m}{i_0 i_1}$$

$$n_3 = \frac{n_2}{i_2} = \frac{n_m}{i_0 i_1 i_2}$$

式中　　$n_m$——电动机的满载转速，r/min；

$n_1$、$n_2$、$n_3$——Ⅰ、Ⅱ、Ⅲ轴的转速，r/min；

$i_0$、$i_1$、$i_2$——电动机轴至高速轴Ⅰ、Ⅰ至中间轴Ⅱ、Ⅱ至低速轴Ⅲ的传动比。

（2）各轴功率

$$P_1 = P_d \eta_{01} \qquad \eta_{01} = \eta_1$$
$$P_2 = P_1 \eta_{12} \qquad \eta_{12} = \eta_2 \eta_3$$
$$P_3 = P_2 \eta_{23} \qquad \eta_{23} = \eta_2 \eta_3$$
$$P_4 = P_3 \eta_{34} \qquad \eta_{34} = \eta_2 \eta_4$$

式中　　$P_d$——电动机输出功率，kW；

$P_1$，$P_2$，$P_3$，$P_4$——分别Ⅰ、Ⅱ、Ⅲ、Ⅳ轴的输入功率，kW；

$\eta_{01}$，$\eta_{12}$，$\eta_{23}$，$\eta_{34}$——分别为电动机轴到Ⅰ轴、Ⅰ轴到Ⅱ轴、Ⅱ轴到Ⅲ轴、Ⅲ轴到Ⅳ轴的传动效率。

各轴转矩

$$T_1 = T_d i_0 \eta_{01}$$
$$T_2 = T_1 i_1 \eta_{12}$$
$$T_3 = T_2 i_2 \eta_{23}$$
$$T_4 = T_3 \eta_{34}$$

式中　　$T_d$——电动机轴的输出转矩，N·m；

$$T_d = 9550 \frac{P_d}{n_m}$$

$T_1$，$T_2$，$T_3$，$T_4$——分别Ⅰ、Ⅱ、Ⅲ、Ⅳ轴的输入转矩，N·m。

为方便下一阶段设计计算，将最后结果列于表 3-1。

表 3-1　计算结果

| 参　　数 | 轴　　名 | | | | |
|---|---|---|---|---|---|
| | 电动机轴 | Ⅰ轴 | Ⅱ轴 | Ⅲ轴 | Ⅳ轴 |
| 转速 $n/(\text{r/min})$ | | | | | |
| 功率 $P/\text{kW}$ | | | | | |
| 转矩 $T/\text{Nm}$ | | | | | |
| 传动比 $i$ | | | | | |
| 效率 $\eta$ | | | | | |

传动装置包括各种类型的零件，其中传动零件（带传动、齿轮传动、链传动等）决定其工作性能、结构布置和尺寸大小。联接零件和轴系支承零件都是根据传动零件的要求设计的。

# 3.2　常用减速器的类型与结构

### 3.2.1　常用减速器的类型、特点及应用

为了方便整台机器的设计、制造、装配等，常将其中的传动部分（减速）单独设计成独

立的闭式传动部件——减速器。

由于减速器应用十分广泛，为降低成本，提高质量，目前大部分减速器已经标准化。有关标准减速器的主要参数、技术指标及选用，可以参考机械设计手册相关部分。除了选用标准减速器外，工业上还经常使用非标准减速器。常用减速器的类型及特点如表3-2所示。

表3-2 常用减速器的类型及特点

| 类型 | 运动简图及特点 |
|---|---|
| 一级圆柱齿轮减速器 | 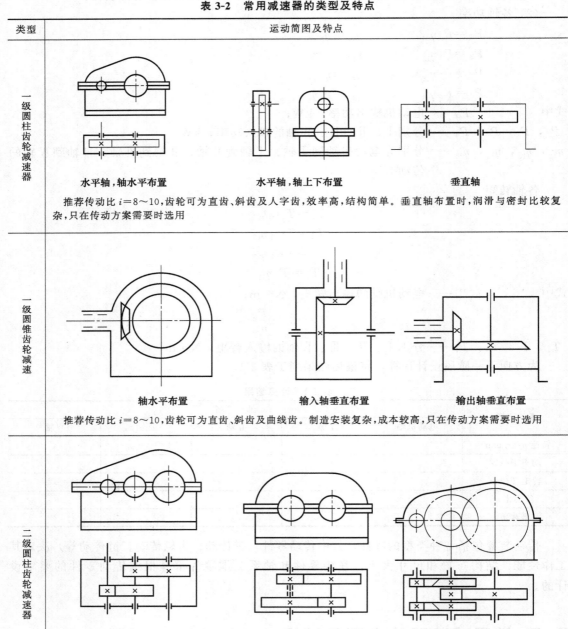水平轴，轴水平布置　　　水平轴，轴上下布置　　　垂直轴<br>推荐传动比 $i=8\sim10$，齿轮可为直齿、斜齿及人字齿，效率高，结构简单。垂直轴布置时，润滑与密封比较复杂，只在传动方案需要时选用 |
| 一级圆锥齿轮减速 | 轴水平布置　　　输入轴垂直布置　　　输出轴垂直布置<br>推荐传动比 $i=8\sim10$，齿轮可为直齿、斜齿及曲线齿。制造安装复杂，成本较高，只在传动方案需要时选用 |
| 二级圆柱齿轮减速器 | 展开式　　　同轴式　　　分流式<br>推荐传动比 $i=8\sim60$，轴的布置除了水平外，也可以上下布置或垂直布置，高速级一般用斜齿轮，低速级可以用直齿或人字齿。展开式结构简单，但齿轮相对于轴承为不对称布置，载荷沿齿向分布不均，要求轴有较大的刚度；分流式中齿轮相对于轴承对称布置，常用于较大功率、变载荷的情况；同轴式两级大齿轮直径相近，有利于浸油润滑，长度尺寸较小，但轴向尺寸较大，中间轴较长，刚度差 |

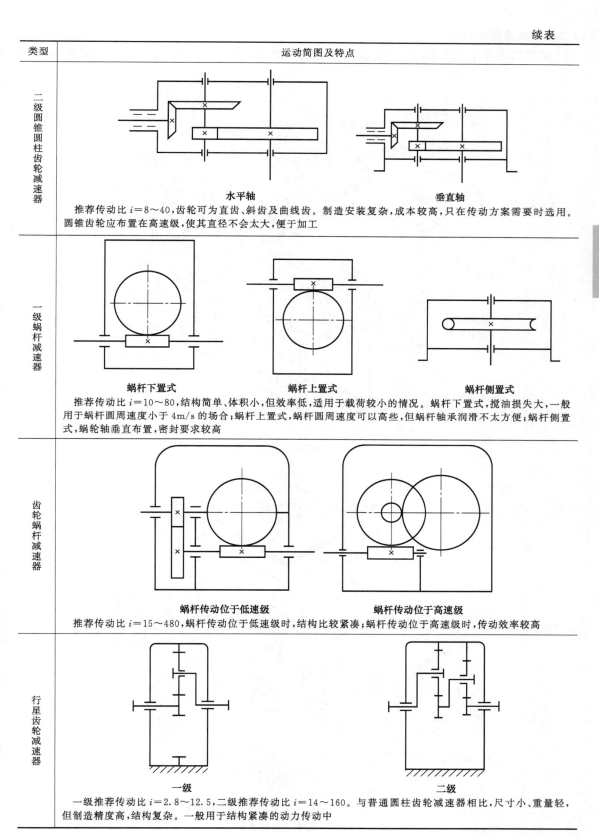

| 类型 | 运动简图及特点 |
|---|---|

**二级圆锥圆柱齿轮减速器**

水平轴　　　　　　　　垂直轴

推荐传动比 $i=8\sim40$，齿轮可为直齿、斜齿及曲线齿。制造安装复杂，成本较高，只在传动方案需要时选用。圆锥齿轮应布置在高速级，使其直径不会太大，便于加工

**一级蜗杆减速器**

蜗杆下置式　　　　　　蜗杆上置式　　　　　　蜗杆侧置式

推荐传动比 $i=10\sim80$，结构简单、体积小，但效率低，适用于载荷较小的情况。蜗杆下置式，搅油损失大，一般用于蜗杆圆周速度小于 4m/s 的场合；蜗杆上置式，蜗杆圆周速度可以高些，但蜗杆轴承润滑不太方便；蜗杆侧置式，蜗轮轴垂直布置，密封要求较高

**齿轮蜗杆减速器**

蜗杆传动位于低速级　　　　　　蜗杆传动位于高速级

推荐传动比 $i=15\sim480$，蜗杆传动位于低速级时，结构比较紧凑；蜗杆传动位于高速级时，传动效率较高

**行星齿轮减速器**

一级　　　　　　　　　　二级

一级推荐传动比 $i=2.8\sim12.5$，二级推荐传动比 $i=14\sim160$。与普通圆柱齿轮减速器相比，尺寸小、重量轻，但制造精度高，结构复杂。一般用于结构紧凑的动力传动中

### 3.2.2　减速器的结构

减速器主要由轴系部件、箱体及附件组成。图 3-2～图 3-4 分别为圆柱齿轮减速器、圆

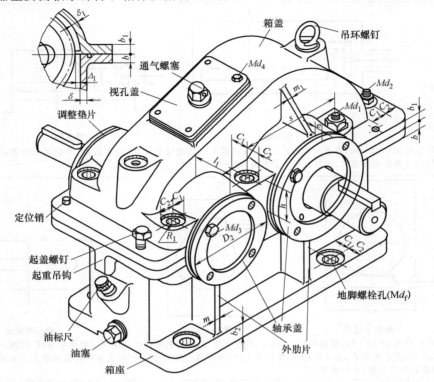

图 3-2　圆柱齿轮减速器

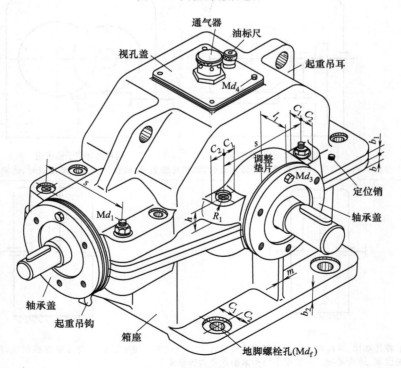

图 3-3　圆锥齿轮减速器

锥齿轮减速器、蜗杆减速器的结构组成，下面做一些简要介绍。

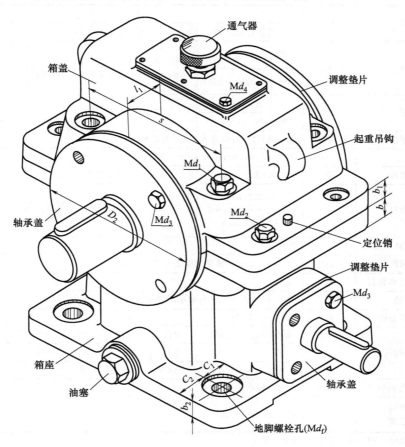

图 3-4　蜗杆减速器

（1）轴系部件

轴系部件包括传动零件、轴及轴承组合。减速器内的传动零件有圆柱齿轮、圆锥齿轮、蜗轮蜗杆等，传动件的类型决定减速器的技术特性。通常减速器以传动件的类型命名。如果齿轮的直径与轴的直径相差不大，可以做成齿轮轴的形式（如高速轴）。低速轴的齿轮与轴的轴向固定一般采用平键联接，轴向定位可以利用轴肩、套筒等。根据不同的工作情况、载荷及转速选择轴承的类型及润滑方式，由此进行轴承的组合设计，选择轴承盖及密封件等。

（2）箱体

箱体用于支承和固定轴系部件。按制造方式的不同分为铸造箱体和焊接箱体。铸造箱体容易获得复杂合理的结构、刚度好，但制造周期长，多用于成批生产。为了简化工艺、缩短周期，单件小排量生产的减速器可以采用焊接箱体。

箱体按结构形式不同分为剖分式和整体式。剖分式结构有利于轴系部件的安装与拆卸，一般制成沿轴心线水平剖分式。上箱盖与下箱座用普通螺栓联接，轴承座的联接螺栓应尽量靠近轴承座孔。为了保证箱体具有足够的刚度，在轴承座附近设有加强肋。整体式箱体重量轻、零件少、机体加工量也少，但轴系部件装配复杂。

铸铁减速器箱体结构尺寸及相关尺寸关系经验值见表 3-3。

表 3-3 铸铁减速器（剖分式）箱体的结构尺寸

| 名　　称 | 符号 | 尺　寸　关　系 | | |
|---|---|---|---|---|
| | | 圆柱齿轮减速器 | 圆锥齿轮减速器 | 蜗杆减速器 |
| 机座壁厚 | $\delta$ | 一级 $0.025a+1\geqslant8$ <br> 二级 $0.025a+3\geqslant8$ | $0.01(d_1+d_2)+1\geqslant8$ <br> $d_1$、$d_2$——小大圆锥齿轮的大端直径 | $0.04a+3\geqslant8$ |
| 箱盖壁厚 | $\delta_1$ | 一级 $0.02a+1\geqslant8$ <br> 二级 $0.02a+3\geqslant8$ | $0.0085(d_1+d_2)+1\geqslant8$ | 上置式 $\delta_1=\delta$ <br> 下置式 $\delta_1=0.085\delta\geqslant8$ |
| 箱体凸缘厚度 | $b$、$b_1$、$b_2$ | 箱座 $b=1.5\delta$；箱盖 $b_1=1.5\delta_1$；箱座底 $b_2=2.5\delta$ | | |
| 加强肋厚度 | $m$、$m_1$ | 箱座 $m=0.85\delta$；箱盖 $m_1=0.85\delta_1$ | | |
| 地脚螺钉直径 | $d_f$ | $0.036a+12$ | $0.015(d_1+d_2)+1\geqslant12$ | $0.036a+12$ |
| 地脚螺钉数目 | $n$ | $a\leqslant250,n=4$ <br> $a>250\sim500,n=6$ <br> $a>500,n=8$ | $n=\dfrac{箱底座凸缘周长之半}{200\sim300}\geqslant4$ | |
| 轴承旁联接螺栓直径 | $d_1$ | $0.75d_f$ | | |
| 箱盖箱座联接螺栓直径 | $d_2$ | $(0.5\sim0.6)d_f$；螺栓间距 $L\leqslant150\sim200$ | | |
| 轴承盖螺钉直径和数目 | $d_3$ | 见表 3-6 | | |
| 轴承盖外径 | $D_2$ | 见表 3-6，$D_2\approx S$，$S$ 为轴承两侧联接螺栓间的距离 | | |
| 观察孔盖螺钉直径 | $d_4$ | $(0.3\sim0.4)d_f$ | | |
| 联接螺栓处结构尺寸 | $C_1$、$C_2$ | 螺栓直径　M8　M10　M12　M16　M20　M24　M30 <br> $C_{1min}$　13　16　18　22　26　34　40 <br> $C_{2min}$　11　14　16　20　24　28　34 | | |
| 轴承旁凸台高度和半径 | $h$、$R_1$ | $h$ 由结构确定；$R_1=C_2$ | | |
| 箱体外壁至轴承座端面距离 | $l_1$ | $C_1+C_2+(5\sim10)$ | | |

注　多级传动时，中心距 $a$ 取低速级中心距。

（3）减速器附件

为了保证减速器的正常工作，减速器箱体上需要设置一些装置或附加结构，以便减速器润滑油池的注油、排油、检查油面高度和拆装、检修等。减速器附件包括：窥视孔、通气器、油面指示器、放油孔和油塞、启盖螺钉、定位销、起吊装置等。

# 3.3　减速器的润滑

减速器内的传动零件和轴承都需要良好的润滑，其作用是减小摩擦损失、提高传动效率、防锈蚀、降低噪声。

## 3.3.1　传动零件的润滑

减速器内的齿轮或蜗杆传动，除少数低速（齿轮圆周速度 $v<0.5\text{m/s}$）的小型减速器采用脂润滑外，绝大多数都采用油润滑，其主要方式为浸油润滑，对于高速传动，采用喷油润滑。

（1）浸油润滑　浸油润滑适用于齿轮圆周速度 $v\leqslant12\text{m/s}$、蜗杆圆周速度 $v\leqslant10\text{m/s}$ 的场合。它是将齿轮或蜗轮蜗杆等浸入油中，当传动件回转时，将润滑油带入啮合面进行润滑,同时油池中的油被甩到箱壁上,达到散热的目的。

为了保证轮齿啮合的充分润滑和散热,箱体内要能容纳一定量的润滑油,大齿轮的齿顶到油池底面的高度应大于 30~50mm。同时需要控制搅油损失过大,合适的浸油深度见表 3-4。由此确定减速器中心高 $H$,并进行圆整。

设计两级或多级齿轮减速器时,应选择合适的传动比,使各级大齿轮浸油深度适当。如果低速级尺寸过大,为避免其浸油太深,对高速级齿轮可采用带油轮润滑等措施。

表 3-4　浸油润滑

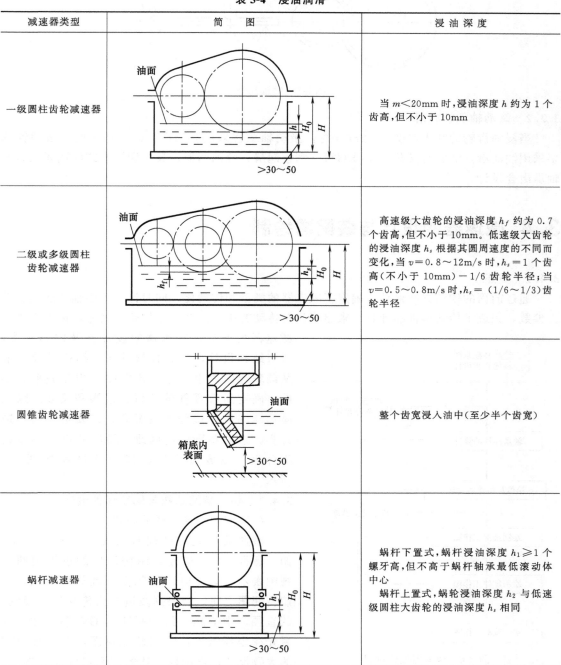

| 减速器类型 | 简　图 | 浸 油 深 度 |
|---|---|---|
| 一级圆柱齿轮减速器 | | 当 $m<20mm$ 时,浸油深度 $h$ 约为 1 个齿高,但不小于 10mm |
| 二级或多级圆柱齿轮减速器 | | 高速级大齿轮的浸油深度 $h_f$ 约为 0.7 个齿高,但不小于 10mm。低速级大齿轮的浸油深度 $h_s$ 根据其圆周速度的不同而变化,当 $v=0.8\sim12m/s$ 时,$h_s=1$ 个齿高(不小于 10mm)—1/6 齿轮半径;当 $v=0.5\sim0.8m/s$ 时,$h_s=(1/6\sim1/3)$ 齿轮半径 |
| 圆锥齿轮减速器 | | 整个齿宽浸入油中(至少半个齿宽) |
| 蜗杆减速器 | | 蜗杆下置式,蜗杆浸油深度 $h_1\geqslant1$ 个螺牙高,但不高于蜗杆轴承最低滚动体中心 蜗杆上置式,蜗轮浸油深度 $h_2$ 与低速级圆柱大齿轮的浸油深度 $h_s$ 相同 |

3.3

（2）喷油润滑 当齿轮的圆周速度 $v>12\text{m/s}$，或蜗杆的圆周速度 $v>10\text{m/s}$ 时，不适宜采用浸油润滑，因为粘在齿轮上的油会被离心力甩掉，无法到达啮合面润滑，而且搅油严重，会使油温升高，此时宜采用喷油润滑，如图 3-5 所示。

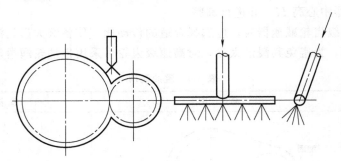

图 3-5 喷油润滑

### 3.3.2 滚动轴承的润滑

当浸油齿轮的圆周速度 $v<2\text{m/s}$ 时，滚动轴承宜采用脂润滑，$v\geqslant2\text{m/s}$ 时，滚动轴承多采用油润滑，油润滑又分为飞溅润滑、刮板润滑、浸油润滑。具体润滑方式的选择见后面轴承组合设计。

# 3.4 减速器的设计与装配图绘制

### 3.4.1 概述

通过前面的传动方案设计，确定了减速器的类型和传动比，同时计算了各轴的运动、动力参数，完成了传动零件的计算，求出了齿轮传动的中心距及每个齿轮的尺寸，接下来进行减速器的设计，减速器的设计涉及内容很多，既有结构设计，又有校核计算。结构设计一般从画装配图入手，考虑各零件的相互关系和影响，确定所有零件的位置、结构和尺寸。因此减速器的设计过程比较复杂，需要边分析、边计算、边画草图、边修改，最后使设计逐步趋于合理，完成装配图，其设计过程如图 3-6 所示。

### 3.4.2 初绘装配草图与轴系部件设计

（1）视图选择与图面布置

减速器的装配图通常需要三个视图（主、俯、侧视图）来表示，结构简单的也可用两个视图表示，必要时增加剖视图或局部视图。绘制装配图之前，应根据减速器内传动件（齿轮）的直径、中心距，估计减速器的轮廓尺寸，或者先在坐标纸上，绘制装配草图，获得减速器的大致尺寸，再选择合适的图面尺寸及比例尺。

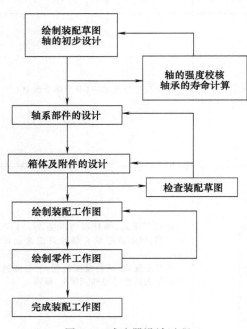

图 3-6 减速器设计过程

为了设计图纸的直观、真实，推荐选用 1∶1 的比例尺，如果减速器尺寸过大或过小时，可以选用其他比例尺。

一般单级减速器装配图用 A1 图纸绘制，两级减速器用 A0 图纸。绘制时按照规定首先画出图框、标题栏、明细表，然后再合理布置三视图及其他视图的位置及大小，同时考虑尺寸标注、零件件号标注、技术要求等所需的图面位置。

（2）装配草图的绘制

装配草图常选择主要视图（主、俯视图），可以先绘制在坐标纸上，修改方便，但必须按一定比例。首先确定各传动零件及箱体内壁位置，然后进行轴的结构设计并初步选定轴承型号，确定轴的支点距离和轴上作用力的作用点，对轴、轴承及键联接进行校核计算。绘制草图时，先画主要零件，后画次要零件；由箱内零件画起，逐步向外画；以确定轮廓为主，对细部结构可先不画；以一个视图为主，兼顾其他视图。

下面以圆柱齿轮减速器为例，说明装配草图的大致绘制过程

① 确定箱体内齿轮的中心线，再根据齿轮直径和齿宽，绘出齿轮轮廓位置。为保证全齿宽接触，通常使小齿轮较大齿轮宽 5～10mm 。

② 按照表 3-5 推荐的传动零件与箱体内壁的距离值，绘出箱体内壁线和轴承内侧端面的初步位置，如图 3-7 和 3-8 所示。高速级小齿轮一侧的箱体内壁线暂不画出，还需考虑轴承处上下箱体联接螺栓的布置和凸台的高度尺寸等，将来由主视图的投影关系确定。

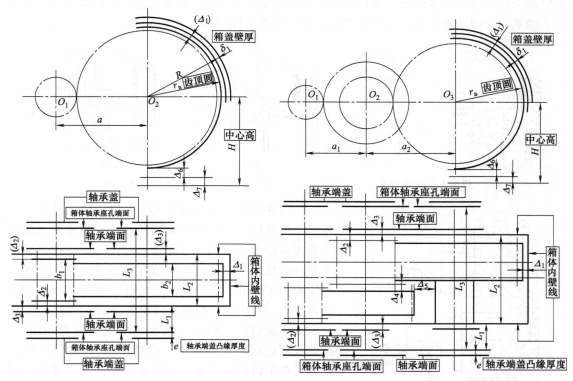

图 3-7　一级圆柱齿轮减速器草图　　　　图 3-8　二级圆柱齿轮减速器草图

③ 按转矩初估最小轴径作为轴端直径，如果该段轴与联轴器配合时，还需考虑联轴器孔径的范围。根据轴上零件的安装、固定以及工艺性等要求，进行轴的结构设计。

**表 3-5　减速器零件的位置尺寸**　　　　　　　　　　　　　　　mm

| 代号 | 名　称 | 荐用值 | 代号 | 名　称 | 荐用值 |
|---|---|---|---|---|---|
| $\Delta_1$ | 齿轮顶圆至箱体内壁的距离 | $\geqslant 1.2\delta$，$\delta$ 为箱体壁厚见表 3-3 | $\Delta_7$ | 箱底至箱底内壁的距离 | $\approx 20$ |
| $\Delta_2$ | 齿轮端面至箱体内壁的距离 | $> \delta$（一般 $\geqslant 10$） | $H$ | 减速器中心高 | $\geqslant r_a + \Delta_6 + \Delta_7$ |
| $\Delta_3$ | 轴承端面至箱体内壁的距离<br>轴承用脂润滑时<br>轴承用油润滑时 | $= 10 \sim 15$<br>$= 3 \sim 5$ | $L_1$ | 箱体内壁至轴承座孔端面的距离 | $\geqslant \delta + C_1 + C_2 + (5 \sim 10)$<br>$C_1$, $C_2$ 见表 3-3 |
| $\Delta_4$ | 旋转零件间的轴向距离 | $10 \sim 15$ | $e$ | 轴承端盖凸缘厚度 | 见表 3-6 |
| $\Delta_5$ | 齿轮顶圆至轴表面的距离 | $\geqslant 10$ | $L_2$ | 箱体内壁距离 | |
| $\Delta_6$ | 大齿轮齿顶圆至箱底内壁的距离 | $> 30 \sim 50$ | $L_3$ | 箱体轴承座孔端面间距离 | |

设计到轴颈时，需要按载荷情况、转速高低及工作要求等，初步选定轴承型号，查出轴承宽度及轴承外径等。轴承在轴承座中的位置与轴承润滑方式有关。轴承采用脂润滑时，为防止箱内润滑油和润滑脂混合，常需在轴承旁设挡油盘，如图 3-9 所示。当采用油润滑时，若轴承旁的小齿轮齿顶圆小于轴承外径，为防止齿轮啮合时（特别是斜齿轮）所挤出的热油冲入轴承内，增加轴承阻力，常设置挡油环，如图 3-10 所示。

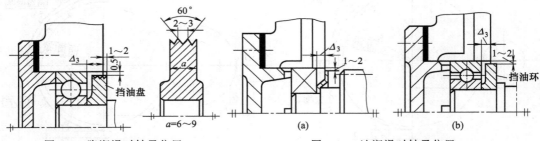

图 3-9　脂润滑时轴承位置　　　　　　　　　图 3-10　油润滑时轴承位置

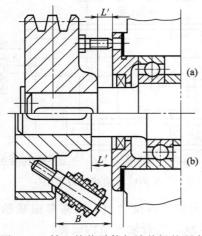

图 3-11　轴上外装零件与端盖间的距离

轴的外伸段长度取决于该段安装的传动件尺寸和轴承盖的结构。如采用凸缘式轴承盖，应考虑装拆轴承盖螺栓所需的距离（如图 3-11 所示）。当外伸轴装有弹性套柱销联轴器时，应留有装拆弹性套柱销的必要距离 $B$（如图 3-11 所示）。故箱外零件不可离轴承端盖过近。对中小型减速器可取 $L' \geqslant 15 \sim 20 \text{mm}$。

轴上键槽的剖面尺寸根据相应轴段的直径确定，键的长度应比轴段长度短。键槽不要太靠近轴肩处，以避免由于键槽加重轴肩过渡圆角处的应力集中。键槽应靠近轮毂装入侧轴段端部，装配时使轮毂的键槽容易对准轴上的键。当轴上有多个键时，若轴径相差不大，各键可取相同的剖面尺寸；同时，轴上各键槽应布置在轴的同一方位，以便于轴上键槽的加工。

（3）轴、轴承、键的校核计算

① 确定轴上力作用点和轴承支点距离。由初绘装配草图，可确定轴上传动零件受力点的位置和轴承支点间的距离，传动件的力作用线位置可取轮缘宽度的中部，如图 3-12所示，滚动轴承支反力作用点与轴承端面的距离 $a$ 可查轴承标准。

② 轴的校核计算。轴的强度校核计算可按有关教材介绍的方法进行。若校核后强度不够，则应采取适当措施以提高轴的强度。若轴的强度富裕量过大，则可等轴承及键联接验算后，综合考虑各方面情况再决定如何修改。

另外，对蜗杆一般还要进行刚度校核，因为蜗杆变形对其啮合精度影响很大，同时蜗杆又较细长。

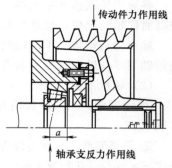

图 3-12 传动件及轴承的力的作用点的位置

③ 滚动轴承寿命的校核计算。滚动轴承寿命可取减速器寿命或减速器的检修期。若验算结果达不到使用要求（寿命太长或太短），可改选其他宽度系列或直径，必要时可改变轴承类型。

④ 键联接强度校核计算。对键联接主要校核挤压强度。若键联接强度不够，应采取必要的修改措施，如增加键长、改用双键等。

轴的结构设计草图如图 3-13 所示，根据验算结果，必要时应对装配草图进行修改。上述过程要反复多次，直至满意。

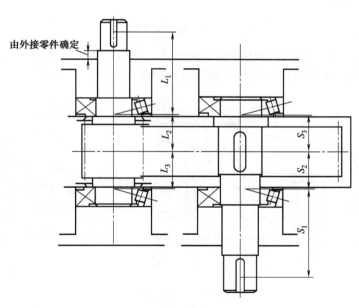

图 3-13 轴的结构设计草图

### 3.4.3 滚动轴承的组合设计

为保证轴承正常工作，除了选择正确的轴承型号外，还要正确地设计轴承组合结构，主要应考虑如下几方面：轴上零件位置固定可靠；轴向力能正确传递给机座；轴承间隙便于调整；轴承的装拆、润滑、密封等。

（1）轴系部件的轴向固定和调整

普通齿轮减速器中轴的支承跨距较小，常采用两端固定支承。轴承内圈在轴上可用轴肩或套筒作轴向定位，轴承外圈用轴承盖作轴向固定。

轴承盖与箱体轴承座端面之间，需要设置一组由不同厚度软钢片组成的调整垫片，用来补偿轴系零件轴向尺寸的制造误差、调整轴承游隙。

（2）轴承的润滑

① 脂润滑。当浸油齿轮的圆周速度 $v<1.5\sim2\mathrm{m/s}$ 时，轴承采用脂润滑，润滑脂直接填入轴承室。

② 飞溅润滑。当浸油齿轮的圆周速度 $v\geqslant1.5\sim2\mathrm{m/s}$ 时，轴承采用飞溅润滑。当齿轮圆周速度 $v>3\mathrm{m/s}$，且润滑油黏度不高时，飞溅的油能形成油雾直接润滑轴承。当齿轮的圆周速度 $v=1.5\sim2\mathrm{m/s}$，或油的黏度较高，不易形成油雾时，为使飞溅到箱盖内壁的油进入轴承，需要在箱座的分箱面上制出油沟（结构尺寸如图 3-14 所示）、在上箱盖分箱面上制出坡口。

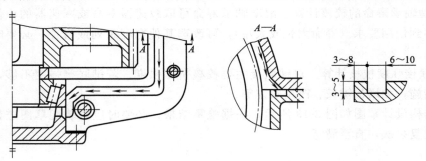

图 3-14 油沟的结构及尺寸

③ 刮板润滑。利用刮板将油从轮缘端面刮下，经输油沟流入轴承。适用于不能采用飞溅润滑的场合以及上置式蜗杆减速器中蜗轮轴承的润滑，如图 3-15 所示。

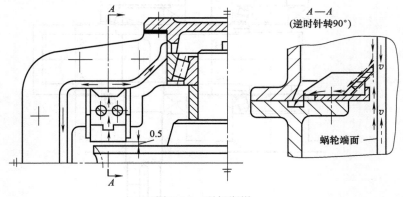

图 3-15 刮板润滑

④ 浸油润滑。下置式蜗杆的轴承，由于轴承位置较低，可以利用箱内油池中的油进行润滑，但油面不应高于轴承最低滚动体的中心线，以免搅油剧烈引起轴承发热。

（3）轴承盖

轴承盖（结构尺寸见表 3-6）的作用是固定轴承、承受轴向载荷、密封轴承座孔、调整轴系位置和轴承间隙等。其类型有凸缘式和嵌入式两种，每种按是否有通孔，又分闷盖和透盖，透盖需要设置密封装置。

凸缘式轴承盖用螺钉固定在箱体上，其间可加环形垫片，调整轴系位置或轴系间隙时不需开箱盖，密封性也较好。为保证定位精度。端盖与轴承座配合长度不小于 $5\sim 8$ mm 。嵌入式轴承盖不用螺钉固定，结构简单，但密封性差。在轴承盖中设置 O 形密封圈能提高其密封性能，适用于油润滑。另外，采用嵌入式轴承盖时，利用垫片调整轴向间隙要开启箱盖，故多用于不可调整间隙轴承。

表 3-6　轴承盖及套杯

凸缘式轴承盖

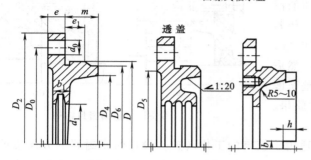

材料为HT150

| $d_0=d_3+1$ | $D_4=D-(10\sim 15)$ | 轴承外径 $D$ | 螺钉直径 $d_3$ | 螺钉数 |
|---|---|---|---|---|
| $D_0=D+2.5d_3$ | $D_5=D_0-3d_3$ | $45\sim 65$ | 6 | 4 |
| $D_2=D_0+2.5d_3$ | $D_6=D-(2\sim 4)$ | $70\sim 100$ | 8 | 4 |
| $e=1.2d_3$ | $b_1$、$d_1$ 由密封件尺寸确定 | $110\sim 140$ | 10 | 6 |
| $e_1\geqslant e$ | $b=5\sim 10$ | $150\sim 230$ | $12\sim 16$ | 6 |
| $m$ 由结构确定 | $h=(0.8\sim 1)b$ | | | |

嵌入式轴承盖

透盖　　　　　　闷盖

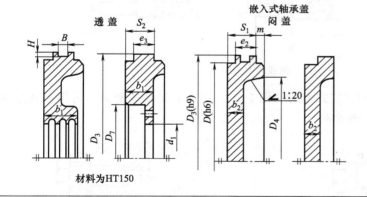

$S_1=15\sim 20$
$S_2=10\sim 15$
$e_2=8\sim 12$
$e_3=5\sim 8$
$m$ 由结构确定
$D_3=D+e_2$，装有 O 形密封圈时，按 O 形圈外径取整（见表 6-76）
$D$ 为轴承外径
$b_2=8\sim 10$
其余尺寸由密封尺寸确定

材料为HT150

套杯

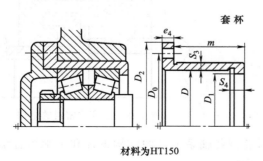

$S_3$、$S_4$、$e_4=7\sim 12$
$D_0=D+2S_3+2.5d_3$
$D$ 为轴承外径
$D_1$ 由轴承安装尺寸确定
$D_2=D_0+2.5d_3$
$D$ 为轴承外径
$m$ 由结构确定
$d_3$ 见本表凸缘式轴承盖

材料为HT150

当轴承用箱体内的油润滑时，轴承盖的端部直径应略小些并在端部开槽，使箱体剖分面上输油沟内的油可经轴承盖上的槽流入轴承（图 3-14 及表 3-6）。

（4）轴承的密封

对于有轴穿过的轴承透盖，在轴承盖轴孔和轴之间应设置密封件，以防止润滑剂外漏以及外部灰尘等渗入。密封装置分为接触式和非接触式两类，常见的密封形式有以下几种。

① 毡圈密封。接触式密封，适用于脂密封或转速不高的油密封。图 3-16（a）是通过将尺寸稍大的矩形截面的浸油毡圈挤入轴承透盖的梯形槽中，压紧在轴上，起到密封的作用。图 3-16（b）是将毡圈放置到轴承盖的缺口中，然后用另一零件压在毡圈上，用来调整毡圈与轴的紧密程度，可以提高密封效果。毡圈密封尺寸见表 6-75。

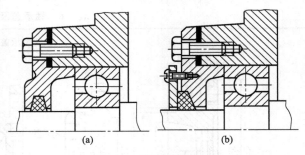

图 3-16 毡圈密封结构

② 橡胶密封。接触式密封，适用于较高的工作转速。设计时密封唇的方向应朝向密封方向，为了封油，应朝向轴承，如图 3-17（a）所示；为防止外界灰尘、杂质渗入，应背向轴承，如图 3-17（b）所示；双向密封时，可使用两个橡胶油封反向安装，如图 3-17（c）所示。橡胶密封尺寸见表 6-78。

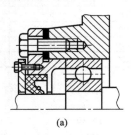 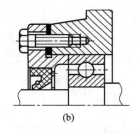 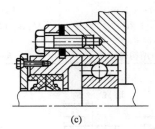

（a）　　　　　　　　　（b）　　　　　　　　　（c）

图 3-17 橡胶密封结构

③ 油沟式密封（图 3-18）和迷宫式密封（图 3-19）都为非接触式密封，适用于转速较高的场合。具体尺寸见表 6-79、表 6-80。

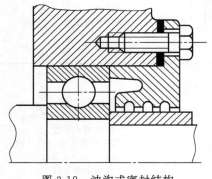 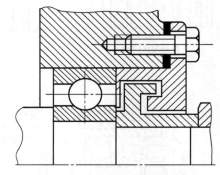

图 3-18 油沟式密封结构　　　　　　　图 3-19 迷宫式密封的结构

按照上述设计内容和方法逐一完成减速器各轴系零件的结构设计和轴承组合结构设计。另外，参照机械设计教材完成齿轮的结构设计。

### 3.4.4 箱体结构设计

箱体起着支承轴系、保证传动件和轴系正常运转的重要作用，箱体的结构设计要保证足够的刚度、可靠的密封和良好的工艺性。

（1）箱座高度

对于传动件采用浸油润滑的减速器，箱座高度除了应满足齿顶圆到油池底面的距离不小于 30～50mm 外（见表 3-4），还应使箱体能容纳一定量的润滑油，以保证润滑和散热。对于单级减速器，每传递 1kW 功率所需油量约为 350～700cm³（小值用于低黏度油，大值用于高黏度油）。多级减速器需油量按级数成比例增加。

设计时，在离开大齿顶圆为 30～50mm 处，画出箱体油池底面线，并初步确定箱座高度为

$$H \geqslant \frac{d_{a2}}{2} + (30 \sim 50) + \Delta_7$$

式中　　$d_{a2}$——大齿轮的齿顶圆直径；

　　　　$\Delta_7$——箱座底面至箱座油池底面的距离（见表 3-4）。

再根据传动件的浸油深度（表 3-4）确定油面高度，即可计算出箱体的贮油量。若贮油量不能满足要求，应适当将箱体底面下移，增加箱座高度。

（2）箱体的刚度

① 箱体的壁厚。箱体要有合理的壁厚。轴承座、箱体底座等处承受的载荷较大，其壁厚应更厚些。箱座、箱盖、轴承座、底座凸缘等的壁厚可参照表 3-3 确定。

② 轴承座螺栓凸台的设计。为提高剖分式箱体轴承座的刚度，轴承座两侧的联接螺栓应尽量靠近，为此需在轴承座旁设置螺栓凸台，如图 3-20 所示。

轴承座旁螺栓凸台的螺栓孔间距 $S \approx D_2$，$D_2$ 为轴承盖外径。若 $S$ 值过小，螺栓孔易与轴承盖螺钉孔或箱体轴承座旁的输油沟相干涉。

螺栓凸台高度 $h$（图 3-20）与扳手空间的尺寸有关。参照表 3-2 确定螺栓直径和 $C_1$、$C_2$，根据 $C_1$ 用作图法可确定凸台的高度 $h$。为了便于制造，应将箱体上各轴承座旁螺栓凸台设计成相同高度。

③ 设置加强肋板为了提高轴承座附近箱体刚度，在平壁式箱体上可适当设置加强肋板。箱体还可设计成凸壁带内肋板的结构。肋板厚度可参照表 3-3。

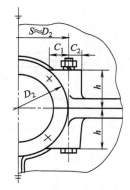

图 3-20　轴承座联接螺栓凸台的结构

（3）箱盖外轮廓的设计

箱盖顶部外轮廓常以圆弧和直线组成。大齿轮所在一侧的箱盖外表面圆弧半径 $R = \frac{d_{a2}}{2} + \Delta_1 + \delta_1$，$d_{a2}$ 为大齿轮齿顶圆直径，$\delta_1$ 为箱盖壁厚。通常情况下，轴承座旁螺栓凸台处于箱体圆弧内侧。

高速轴一侧箱盖外廓圆弧半径应根据结构由作图确定。一般可使高速轴轴承座旁螺栓凸台位于箱盖圆弧内侧，如图 3-21 所示。轴承座旁螺栓凸台的位置和高度确定后，取 $R > R'$ 画出箱盖圆弧。若取 $R < R'$ 画箱盖圆弧，则螺栓凸台将位于箱盖圆弧外侧。

当在主视图上确定了箱盖基本外廓后，便可在三个视图上详细画出箱盖的结构。

（4）箱体凸缘尺寸

箱盖与箱座联接凸缘、箱底座凸缘均要有一定宽度，可参照表 3-3 确定。

轴承座外端面应向外凸出 5～10mm（图 3-21），以便切削加工。箱体内壁至轴承座孔外端面的距离 $L_1$（轴承座孔长度，见图 3-7、图 3-8）为 $L_1=\delta+C_1+C_2+(5\sim10)$ mm。箱体凸缘联接螺栓间距不宜过大，一般减速器不大于 150～200mm，大型减速器可再大些。

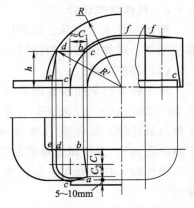

图 3-21 凸台的投影关系

### 3.4.5 减速器附件设计

（1）窥视孔及视孔盖

为了检查传动零件的啮合情况、接触斑点、侧隙，并向箱体内注入润滑油，需要在箱盖的顶部合适位置设置窥视孔，通过窥视孔应能够直接观察到齿轮的啮合部位。

窥视孔应设计凸台方便加工。为了防止润滑油飞溅出来以及污物进入箱体内，在窥视孔上应加设视孔盖，固定在凸台上，同时考虑密封。窥视孔一般设计成矩形，大小以手能深入箱体进行检查操作为宜，具体结构尺寸可参照表 3-7，也可自行设计。

表 3-7 窥视孔及视孔盖                                    mm

| | |
| --- | --- |
| $A$ | 100 120 150 180 200 |
| $A_1$ | $A+(5\sim6)d_4$ |
| $A_2$ | $\dfrac{1}{2}(A+A_1)$ |
| $B$ | $B_1-(5\sim6)d_4$ |
| $B_1$ | 箱体宽－（15～20） |
| $B_2$ | $\dfrac{1}{2}(B+B_1)$ |
| $d_4$ | M6～M8，螺钉数 4～6 个 |
| $R$ | 5～10 |
| $h$ | 3～5 |

注：材料 Q235-A 钢板或 HT150。

（2）通气器

减速器工作时箱体内温度升高，气体膨胀，压力增大。为了使箱体内热膨胀的气体能自由溢出，保证箱体内外压力平衡，避免由此引发密封部位的密封性能下降，造成润滑油向外渗漏，通常在箱体箱盖或窥视孔盖上设置通气器。常见的通气器的结构尺寸见表 3-8。

（3）油面指示器

为了检查箱内油面高度，保证传动件的润滑，一般在箱体上便于观察、油面较稳定的部位设置油面指示器。常用的油面指示器有油标尺、圆形油标等。油标尺的结构尺寸如表 3-9

所示。油标尺上有表示最高及最低油面的刻线，分别对应最高和最低油面。一般油标尺应在停机时使用，如果需要在运转过程中检查油面，为了减轻油搅动的影响，需要采用装有隔套的油标尺。油标尺多安装在箱体侧面，设计时应合理确定插孔的位置及角度，除了要避免润滑油从座孔中溢出外，还要便于其插入及座孔的加工。当箱座较矮不便采用侧装时，可采用表 3-9 中所示的直装式油标尺 3，它还兼有通气器的作用。

### 表 3-8　通气器　　　　　　　　　　　　　　　　　　　　　　　　　　　　mm

**通气螺塞（无过滤装置）**

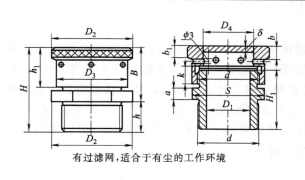

1. $S$ 为扳手口宽；2. 材料为 Q235；3. 适用于清洁的工作环境

| $d$ | $D$ | $D_1$ | $S$ | $L$ | $l$ | $a$ | $d_1$ |
|---|---|---|---|---|---|---|---|
| M12×1.25 | 18 | 16.5 | 14 | 19 | 10 | 2 | 4 |
| M16×1.5 | 22 | 19.6 | 17 | 23 | 12 | 2 | 5 |
| M20×1.5 | 30 | 25.4 | 22 | 28 | 15 | 4 | 6 |
| M22×1.5 | 32 | 25.4 | 22 | 29 | 15 | 4 | 7 |
| M27×1.5 | 38 | 31.2 | 27 | 34 | 18 | 4 | 8 |

**通气帽（经一次过滤）**

有过滤网，适合于有尘的工作环境

| $d$ | $D_1$ | $D_2$ | $D_3$ | $D_4$ | $B$ | $h$ | $H$ | $H_1$ |
|---|---|---|---|---|---|---|---|---|
| M27×1.5 | 15 | 36 | 32 | 18 | 30 | 15 | 45 | 32 |
| M36×2 | 20 | 48 | 42 | 24 | 40 | 20 | 60 | 42 |
| M48×3 | 30 | 62 | 56 | 36 | 45 | 20 | 70 | 52 |

| $d$ | $a$ | $\delta$ | $k$ | $b$ | $h_1$ | $b_1$ | $S$ | 孔数 |
|---|---|---|---|---|---|---|---|---|
| M27×1.5 | 6 | 4 | 10 | 8 | 22 | 6 | 32 | 6 |
| M36×2 | 8 | 4 | 12 | 11 | 29 | 6 | 41 | 6 |
| M48×3 | 10 | 5 | 15 | 13 | 32 | 10 | 55 | 8 |

### 表 3-9　油标尺　　　　　　　　　　　　　　　　　　　　　　　　　　　　mm

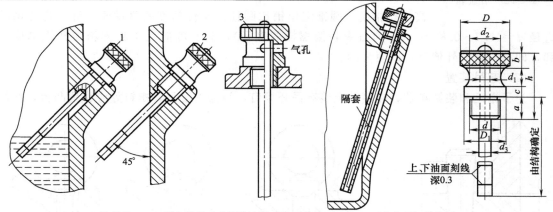

油标尺 1、2、3 须在停机时才能准确测出油面高度；油标尺 3 还兼有通气器作用

| $d\left(\dfrac{H_9}{h_9}\right)$ | $d_1$ | $d_2$ | $d_3$ | $h$ | $a$ | $b$ | $c$ | $D$ | $D_1$ |
|---|---|---|---|---|---|---|---|---|---|
| M12(12) | 4 | 12 | 6 | 28 | 10 | 6 | 4 | 20 | 16 |
| M16(16) | 4 | 16 | 6 | 35 | 12 | 8 | 5 | 26 | 22 |
| M20(20) | 6 | 20 | 8 | 42 | 15 | 10 | 6 | 32 | 26 |

（4）放油孔和油塞

为了将污油排放干净，应在箱体油池最低位置处设置放油孔，平时以外六角油塞和密封垫圈将其堵住。油塞及垫圈的结构尺寸如表 3-10 所示。

表 3-10　放油孔和油塞　　　　　　　　　　　　　　　　　mm

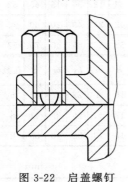

| $d$ | M14×1.5 | M16×1.5 | M20×1.5 |
|---|---|---|---|
| $D_0$ | 22 | 26 | 30 |
| $L$ | 22 | 23 | 28 |
| $l$ | 12 | 12 | 15 |
| $a$ | 3 | 3 | 4 |
| $D$ | 19.6 | 19.6 | 25.4 |
| $S$ | 17 | 17 | 22 |
| $D_1$ | | ≈0.95s | |
| $d_1$ | 15 | 17 | 22 |
| $H$ | | 2 | |

注：封油垫材料：石棉橡胶板、工业用革，螺塞材料：Q235-A。

（5）启盖螺钉

为了保证减速器的密封性，常在箱体与箱盖的结合面上涂有水玻璃或密封胶。为了便于开启箱盖，可在箱盖的凸缘上设置 1～2 个启盖螺钉（图 3-22）。拆卸箱盖时，拧动此螺钉，便可顶起箱盖。启盖螺钉螺纹的有效长度要大于凸缘厚度，直径一般等于凸缘联接螺栓直径，以便必要时可用凸缘联接螺栓旋入螺纹孔顶起箱盖，螺钉顶部制成圆柱并光滑倒角或制成半球形。

（6）定位销

为了保证箱体轴承座孔的镗制和装配精度，需要在箱体联接凸缘长度方向的两端安装定位销（如图 3-23 所示），一般对角设置，以提高定位精度。圆锥定位销比圆柱销定位精度高且便于拆卸。定位销的直径 $d=(0.7\sim0.8)d_2$（$d_2$ 为凸缘联接螺栓的直径），其长度应大于箱体箱盖凸缘厚度之和，即有一定的外伸量，以便装拆。

图 3-22　启盖螺钉

（7）起吊装置

为了搬运和装卸箱盖，在箱盖上装有吊环螺钉，箱盖安装吊环螺钉处应设置凸台，使吊

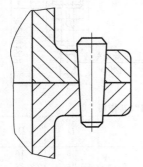

图 3-23　定位销

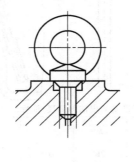
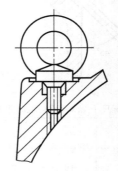
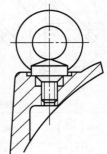

图 3-24　吊环螺钉

环螺钉有足够的深度，如图 3-24 所示，尺寸见表 6-40。对于重量较大的箱盖或减速器，可以直接在箱盖表面铸出吊耳或吊环。在箱座两端联接凸缘处铸出吊钩，可以搬运箱座或整个减速器。吊耳、吊环的结构尺寸见表 3-11。

表 3-11　吊耳、吊环

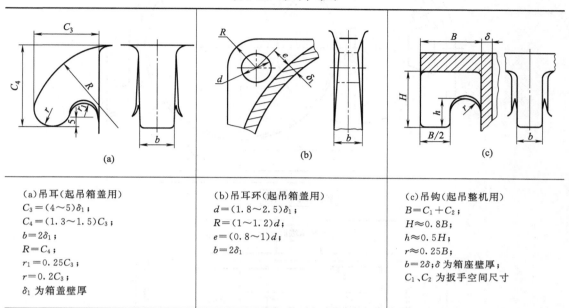

| (a)吊耳(起吊箱盖用) | (b)吊耳环(起吊箱盖用) | (c)吊钩(起吊整机用) |
|---|---|---|
| $C_3=(4\sim5)\delta_1$; | $d=(1.8\sim2.5)\delta_1$; | $B=C_1+C_2$; |
| $C_4=(1.3\sim1.5)C_3$; | $R=(1\sim1.2)d$; | $H\approx0.8B$; |
| $b=2\delta_1$; | $e=(0.8\sim1)d$; | $h\approx0.5H$; |
| $R=C_4$; | $b=2\delta_1$ | $r\approx0.25B$; |
| $r_1=0.25C_3$; | | $b=2\delta$;$\delta$ 为箱座壁厚; |
| $r=0.2C_3$; | | $C_1$、$C_2$ 为扳手空间尺寸 |
| $\delta_1$ 为箱盖壁厚 | | |

### 3.4.6　圆锥齿轮减速器的设计要点

圆锥齿轮减速器设计的内容和绘制装配图步骤，与圆柱齿轮减速器大体相同。因此，设计前应仔细阅读前面有关圆柱齿轮减速器设计的内容。圆锥齿轮减速器设计的特性内容，主要是小锥齿轮轴系部件设计、传动件与箱壁位置确定等。下面以圆锥-圆柱齿轮减速器装配图设计为例，着重阐述这类减速器设计的特性内容及设计要点。

有关圆锥齿轮减速器和圆锥-圆柱齿轮减速器箱体的结构尺寸，可参考图 3-3 和表 3-3。

（1）确定传动件及箱体轴承座的位置

① 在相应的视图位置上，画出传动件的中心线，并根据计算所得几何尺寸数据画出圆锥齿轮的轮廓（图 3-25）。这时需初估大圆锥齿轮轮毂宽度，可取 $B_2\approx(1.5\sim1.8)e$。当轴径确定后，必要时再对 $B_2$ 加以调整。然后按表 3-4 推荐的 $\Delta_2$ 值，画出小圆锥齿轮一侧和大圆锥齿轮一侧箱体的内壁线。

② 圆锥-圆柱齿轮减速器的箱体通常设计成对称于小圆锥齿轮轴线的对称结构，以便于将中间轴和低速轴调头安装时可改变输出轴的位置。因此，当大圆锥齿轮一侧箱体内壁确定后，可对称地画出箱体宽度和另一侧内壁线（图 3-25）。再根据箱体内壁确定小圆柱齿轮端面位置，并画出圆柱齿轮的轮廓（一般使小圆柱齿轮宽度较大圆柱齿轮宽度大 5~10mm）。然后可确定箱体（包括箱盖）其他内壁位置。在画出圆柱齿轮轮廓时，应使大圆柱齿轮端面与大圆锥齿轮之间有一定的距离 $\Delta_4$。若间距太小，可适当加宽箱体。同时注意大圆锥齿轮与低速轴之间应保持定距离 $\Delta_5$（表 3-5）。

③ 箱体轴承座外端面位置及轴承内端面位置（图 3-25），可参照表 3-3、表 3-5 确定。箱体上小圆锥齿轮轴轴承座外端面位置可待设计该轴系部件结构时再具体考虑。

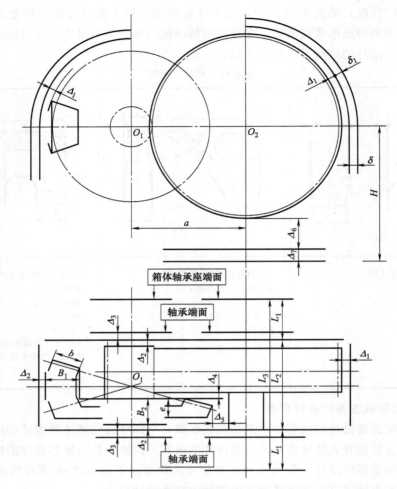

图 3-25  圆锥-圆柱齿轮减速器装配草图

（2）轴的结构设计

确定了齿轮和箱体内壁、轴承座端面位置后，根据估算的轴径进行各轴的结构设计，确定轴的各部尺寸，初选轴承型号并在轴承座中绘出轴承的轮廓，从而确定各轴支承点位置和力作用点位置。在此基础上可进行轴、轴承及键联接的验算。锥齿轮的轴向力较大，载荷大时，多采用圆锥滚子轴承。

（3）小圆锥齿轮轴轴系部件的设计

① 小圆锥齿轮的悬臂长度和轴的支承跨度。小圆锥齿轮一般多采用悬臂结构。如图 3-26所示，齿宽中点至轴承压力中心的轴向距离 $L_a$ 即为悬臂长度。为了使悬臂轴系有较大的刚度，轴承支点距离不宜过小，一般取 $L_b \approx 2L_a$ 或 $L_b \approx 2.5d$，$d$ 为轴承处轴径。为使轴系轴向尺寸紧凑，设计时应尽量减小悬臂长度 $L_a$。

② 轴的支承结构。小圆锥齿轮轴较短，常采用两端固定式支承结构。对于圆锥滚子轴承或角接触球轴承，轴承有两种不同的布置方案。

图 3-26、图 3-27 所示为两轴承外圈窄端面相对安装，常称为正装。图 3-26 为齿轮与轴分开时的结构。当小圆锥齿轮顶圆直径大于套杯凸肩孔径时，采用齿轮与轴分开的结构装拆方便。图 3-27 为齿轮与轴制成齿轮轴时的结构，适用于小圆锥齿轮顶圆直径小于套杯凸肩

孔径的场合。这两种结构便于轴承在套杯外进行安装，轴承游隙用轴承盖与套杯间的垫片来调整。

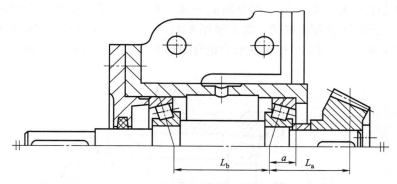

图 3-26　小圆锥齿轮支撑结构 1

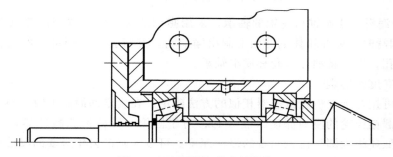

图 3-27　小圆锥齿轮支撑结构 2

图 3-28 所示为两轴承外圈宽端面相对安装，常称为反装。这种结构安装不方便，轴承游隙靠圆螺母调整也较麻烦。

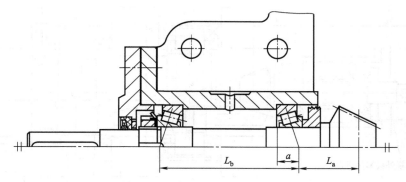

图 3-28　小圆锥齿轮支撑结构 3

轴承的正装结构和反装结构对轴系的工作情况有不同的影响。如图 3-26、图 3-28 所示，当空间尺寸相同时，采用反装结构可使轴承支点跨距 $L_b$ 增大，而齿轮的悬臂长度 $L_a$ 减小。因此反装结构能提高悬臂轴系的刚性。但反装结构将使受径向载荷大的轴承承受圆锥齿轮的轴向力。

③ 轴承套杯。为满足圆锥齿轮传动的啮合精度要求，装配时需要调整两个圆锥齿轮的轴向位置。因此通常将小圆锥齿轮轴和轴承放在套杯内，利用套杯凸缘与箱体轴承座端面之

间的垫片来调整小圆锥齿轮的轴向距离（图 3-26、图 3-28）。同时，采用套杯结构也便于设置用来固定轴承的凸肩（杯套加工方便），并可使小圆锥齿轮轴系部件成为一个独立的装配单元。图 3-29 是将套杯与箱体的一部分制成一体，成为独立部件，可以简化箱体结构。采用这种结构时，必须注意保证刚度。取其壁厚 $\delta \geqslant 1.5$，$\delta$ 为箱体壁厚，同时增设加强肋。套杯的结构尺寸（参考表 3-6）可根据轴承的组合结构要求设计，常用铸铁制造。

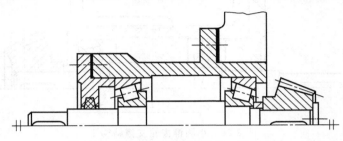

图 3-29 轴承套杯与箱体制成一体的结构

④ 轴承的润滑。小圆锥齿轮轴的轴承，采用脂润滑时，应设置挡油盘（图 3-27、图 3-28）。采用油润滑时，要在箱体剖分面上制出输油沟，并将套杯适当部位的直径车小，同时设置数个进油孔，以便将油导入套杯润滑轴承。

（4）箱座高度的确定

箱座高度可按与圆柱齿轮减速器相似的方法确定。在确定油面高度时，对于单级圆锥齿轮减速器按大圆锥齿轮的浸油深度（表 3-4）；对于圆锥—圆柱齿轮减速器，则要综合考虑大圆锥齿轮和低速级大圆柱齿轮两者的浸油深度。可按大圆锥齿轮必要的浸油深度确定油面位置，然后检查是否符合低速级大圆柱齿轮的浸油深度要求。

图 3-30 为圆锥-圆柱齿轮减速器初绘装配草图的设计内容。单级圆锥齿轮减速器、圆锥—圆柱齿轮减速器的详细结构可参阅第 7 章图例。

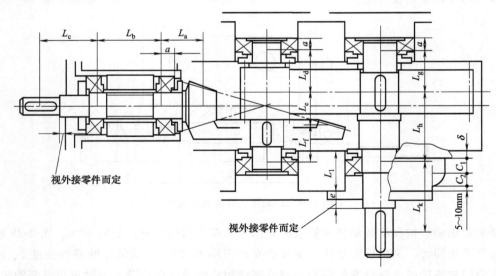

图 3-30 圆锥-圆柱齿轮减速器装配草图

### 3.4.7 蜗杆减速器的设计要点

蜗杆减速器装配图的设计与圆柱齿轮减速器基本相同，设计前，应仔细阅读本章前面有关圆柱齿轮减速器装配图设计的内容。这里以下置式蜗杆减速器为例，阐述蜗杆减速器装配图设计的要点。

蜗杆与蜗轮的轴线呈空间交错，因此绘制装配图需在主视图和侧视图上同时进行。蜗杆减速器通常采用沿蜗轮轴线平面剖分的箱体结构，以便于蜗轮轴系的安装和调整。箱体的结构尺寸可参考图 3-5 和表 3-3。

（1）确定传动件及箱体轴承座的位置

① 在主视图、侧视图位置上画出蜗杆、蜗轮的中心线后，按计算所得尺寸数据画出蜗杆和蜗轮的轮廓（图 3-31）。再由表 3-5 推荐的 $\Delta_1$ 和 $\delta$ 值，在主视图上根据蜗轮外圆尺寸确定箱体内壁和外壁位置。

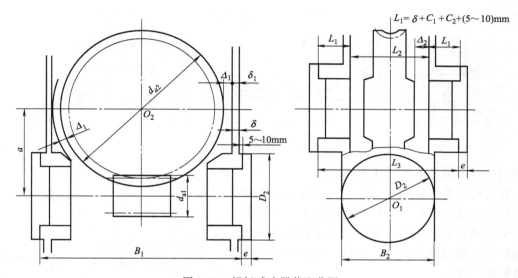

图 3-31 蜗杆减速器装配草图

② 为了提高蜗杆轴的刚度，其支承距离应尽量减小，因此蜗杆轴承座体常伸到箱体内。在主视图上取蜗杆轴承座外凸台高为 5～10mm，可定出蜗杆轴承外端面位置（图 3-31）。内伸轴承座的外径一般与轴承盖凸缘外径 $D_2$ 相同。设计时应使轴承座内伸端部与蜗轮外圆之间保持适当距离 $\Delta_1$。为使轴承座尽量内伸，可将轴承座内伸端制成斜面。使斜面端部具有一定的厚度（一般取其厚度≈内伸轴承座壁厚），可确定轴承座内端面位置。

③ 通常取箱体宽度等于蜗杆轴承座外径，即 $B_2 \approx D_2$（图 3-31），由此画出箱体宽度方向的外壁和内壁。按表 3-5 取蜗轮轴承座宽度 $L_1$，可确定蜗轮轴承外端位置。

（2）轴的结构设计

根据轴的初估直径和所确定的箱体轴承座位置，进行蜗杆轴和蜗轮轴的结构设计、确定轴的各部分尺寸、初选轴承型号、确定轴上力的作用点和支承点。然后进行轴、轴承、键联接的校核计算。

选择蜗杆轴承时应注意，因蜗杆轴承承受的轴向载荷较大，所以一般选用圆锥滚子轴承或角接触球轴承。当轴向力很大时，可考虑选用双向推力球轴承承受轴向力。

（3）蜗杆轴系部件的设计

当蜗杆轴较短、温升不很高时，蜗杆轴的支承可采用两端固定式结构（图 3-32）。若蜗杆轴较长，温升较大时，常采用一端固定、一端游动式结构（图 3-33）。固定支承端一般设

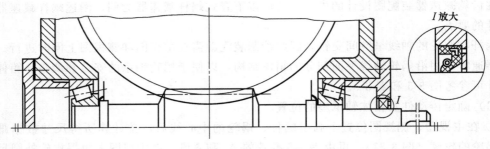

图 3-32　蜗杆轴系结构 1

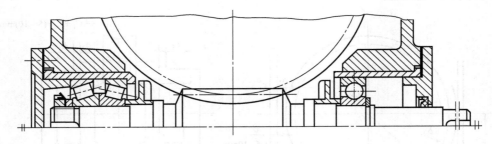

图 3-33　蜗杆轴系结构 2

在轴的非外伸端，以便于轴承调整。

设计时应使蜗杆轴承座孔直径相同且大于蜗杆外径，以便于箱体上轴承座孔的加工和蜗杆装入。蜗杆轴支承采用轴承套杯（图 3-33）便于固定端轴承外圈的轴向固定，也便于使两轴承座孔直径取得一致。

下置蜗杆及轴承一般采用浸油润滑。蜗杆的浸油深度大于或等于 1 个蜗杆齿高；轴承的浸油深度不应超过最低滚动体的中心（表 3-4）。当油面高度符合轴承浸油深度要求而蜗杆齿尚未浸入油中（图 3-34），或蜗杆浸油太浅时，可在蜗杆两侧设置溅油轮，利用飞溅油来润滑传动件。设置溅油轮时，轴承的浸油深度可适当降低。

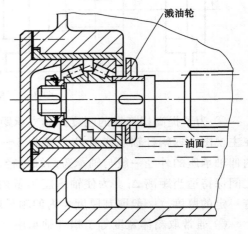

图 3-34　下置式蜗杆及轴承的润滑

上置蜗杆靠蜗轮浸油润滑（浸油深度见表 3-4），其轴承则可采用脂润滑或刮板润滑（图 3-15）。

下置蜗杆外伸处应采用较可靠的密封装置，如橡胶唇形密封圈。

（4）蜗轮的结构、蜗轮轴承的润滑

为节省有色金属材料，除铸铁蜗轮或直径较小（例如蜗轮直径＜100～200mm）的青铜蜗轮外，多数蜗轮采用装配式结构，其轮缘为青铜等材料制造，轮芯用铸铁制造。

蜗轮轴承一般采用脂润滑或刮板润滑（图 3-15）。

（5）箱体高度

蜗杆减速器工作时发热量较大，为了保证散热，对于下置式蜗杆减速器，常取蜗轮轴中心高≈(1.8－2)$a$，$a$ 为蜗杆传动中心距。

（6）整体式箱体

整体式箱体结构简单，重量轻，外形也较整齐，但轴系的装拆及调整不如剖分式箱体方便，常用于小型蜗杆减速器。

整体式箱体（图3-35）一般在其两侧设置两个大端盖，以便于蜗轮轴系的装入。箱体上大端盖孔径要稍大于蜗轮外圆直径。为保证蜗轮轴承座的刚度，大端盖轴承座处可设加强肋。

设计时应使箱体顶部内壁与蜗轮外圆之间留有适当的间距 $S$，以使蜗轮能跨过蜗杆进行装拆。

（7）蜗杆减速器的散热

当箱体尺寸确定后，对于连续工作的蜗杆减速器，应进行热平衡计算。如散热能力不足，需采取增强散热的措施。通常可适当增加箱体尺寸（增加中心高）和在箱体上增设散热片。如仍不能满足要求，还可考虑采取在蜗杆轴端设置风扇、在油池中增设冷却水管等强迫冷却措施。

散热片一般垂直于箱体外壁布置。当蜗杆端安装风扇时，应注意使散热片布置与风扇气流方向一致。散热片结构尺寸如图3-36所示。

图3-37所示为蜗杆减速器装配草图的设计内容。

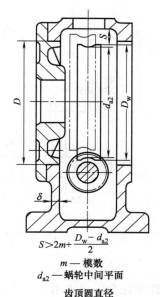

$$S>2m+\frac{D_w-d_{a2}}{2}$$

$m$ —— 模数
$d_{a2}$ —— 蜗轮中间平面
齿顶圆直径

图 3-35　整体式箱体

### 3.4.8　完善减速器的装配图

完整的装配工作图应包括表达减速器结构的各个视图、主要尺寸和配合、技术特性和技术要求、零件编号、零件明细表和标题栏等。

表达减速器结构的各个视图应在已绘制的装配草图基础上进行修改、补充，使视图完整、清晰并符合制图规范。装配图上应尽量避免用虚线表示零件结构。必须表达的内部结构或某些附件的结构，可采用局部视图或局部剖视图加以表示。装配图上的某些结构，如螺栓、螺母、滚动轴承等可按机械制图国家标准有关简化画法的规定绘制。对同类型、尺寸、规格的螺栓联接，可只画一个，其余用中心线表示。

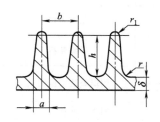

$a=\delta$　　$2r_1=\delta-\dfrac{h}{10}$

$b=2\sim3\delta$　　$r=0.5\delta$

$h=3\sim5\delta$

图 3-36　箱体外散热片结构

装配图完成后先不要加深，等设计完零件工作图时，对装配图中的某些局部结构或尺寸进行必要的修改，最后加深装配图，图上的文字和数字应按制图要求工整地书写，图面要保持整洁。

（1）标注尺寸

装配图上应标注以下四类的尺寸。

① 外形尺寸，减速器的总长、总宽和总高。

② 特性尺寸，如传动零件的中心距及偏差。

③ 安装尺寸，减速器的中心高、轴外伸端配合轴段的长度和直径、地脚螺栓孔的直径和位置尺寸、箱座底面尺寸等。

④ 配合尺寸，主要零件的配合尺寸、配合性质和精度等级。表3-12所列减速器主要零

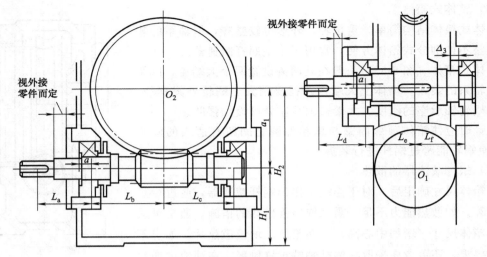

图 3-37 蜗杆减速器装配草图

件的配合以及本书第 7 章减速器装配图例所采用的配合，可供设计时参考。

表 3-12 减速器主要零件的荐用配合

| 配合零件 | | 荐用配合 | 装拆方法 |
|---|---|---|---|
| 一般齿轮、蜗轮、带轮、联轴器与轴 | 一般情况 | $\dfrac{H7}{r6}$ | 用压力机 |
| | 较少装拆 | $\dfrac{H7}{n6}$ | 用压力机 |
| | 小圆锥齿轮及经常装拆处 | $\dfrac{H7}{m6}$、$\dfrac{H7}{k6}$ | 手锤装拆 |
| 滚动轴承内圈与轴 | 轻负荷($P \leqslant 0.07C$) | j6、k6 | 用温差法或压力机 |
| | 正常负荷($0.07C < P \leqslant 0.15C$) | k5、m5、m6、n6 | |
| 滚动轴承外圈与箱体轴承座孔[①] | | H7 | 用木锤或徒手装拆 |
| 轴承盖与箱体轴承座孔 | | $\dfrac{H7}{d11}$、$\dfrac{H7}{h8}$、$\dfrac{H7}{f9}$ | 徒手装拆 |
| 轴承套杯与箱体轴承座孔 | | $\dfrac{H7}{js6}$、$\dfrac{H7}{h6}$ | |

① 滚动轴承与轴和轴承座孔的配合可参阅表 6-59、表 6-60。

（2）注明减速器技术特性

减速器技术特性写在减速器装配图上的适当位置，可采用表格形式，如表 3-13 所示。

表 3-13 减速器特性表

| 输入功率/kW | 输入转速/(r/min) | 效率 $\eta$ | 总传动比 $i$ | 传动特性 | | | | | | | |
|---|---|---|---|---|---|---|---|---|---|---|---|
| | | | | 高速级 | | | | 低速级 | | | |
| | | | | $m_n$ | $z_2/z_1$ | $\beta$ | 精度等级 | $m_n$ | $z_2/z_1$ | $\beta$ | 精度等级 |
| | | | | | | | | | | | |

（3）编写技术要求

装配图上应写明有关装配、调整、润滑、密封、检验、维护等方面的技术要求。一般减速器的技术要求，通常包括以下几方面的内容。

① 装配前所有零件均应清除铁屑并用煤油或汽油清洗，箱体内不应有任何杂物存在，内壁应涂上防蚀涂料。

② 注明传动件及轴承所用润滑剂的牌号、用量、补充和更换的时间。

③ 箱体剖分面及轴外伸段密封处均不允许漏油，箱体剖分面上不允许使用任何垫片，但允许涂刷密封胶或水玻璃。

④ 写明对传动侧隙和接触斑点的要求，作为装配时检查的依据。对于多级传动，当各级传动的侧隙和接触斑点要求不同时，应分别在技术要求中注明。

⑤ 对安装调整的要求。对可调游隙的轴承（如圆锥滚子轴承和角接触球轴承），应在技术条件中标出轴承游隙数值。对于两端固定支承的轴系，若采用不可调游隙的轴承（如深沟球轴承），则要注明轴承盖与轴承外圈端面之间应保留的轴向间隙（一般为 0.25～0.4mm）。

⑥ 其他要求，如必要时可对减速器试验、外观、包装、运输等提出要求。

在减速器装配图上写出的技术要求条目和内容可参考第 7 章图例。

（4）零件编号

在装配图上应对所有零件进行编号，不能遗漏，也不能重复，图中完全相同的零件只编一个序号。

对零件编号时，可按顺时针或逆时针顺序依次排列引出指引线，各指引线不应相交。对螺栓、螺母和垫圈这样一组紧固件，可用一条公共的指引线分别编号。独立的组件、部件（如滚动轴承、通气器、油标等）可作为一个零件编号。零件编号时，可以不分标准件和非标准件统一编号；也可将两者分别进行编号。装配图上零件序号的字体应大于标注尺寸的字体。

（5）编写零件标题栏、明细表

标题栏应布置在图纸的右下角，用来注明减速器的名称、比例、图号、件数、重量、设计人姓名等。

明细表列出了减速器装配图中表达的所有零件。对于每一个编号的零件，在明细表上都要按序号列出其名称、数量、材料及规格。

标题栏和明细表的格式参照表 6-1。完成以上工作后即可得到完整的装配工作图。

（6）检查装配图

装配工作图完成后，应再仔细地进行一次检查。检查的内容主要有以下几项：

① 视图的数量是否足够，减速器的工作原理、结构和装配关系是否表达清楚；

② 尺寸标注是否正确，各处配合与精度的选择是否适当；

③ 技术要求和技术特性是否正确，有无遗漏；

④ 零件编号是否有遗漏或重复，标题栏及明细表是否符合要求。

# 3.5 典型零件工作图的设计

零件工作图是在完成装配图设计的基础上绘制的，它是零件制造、检验和制订工艺规程的主要技术文件，并且要同时兼顾零件的设计要求及零件制造的可能性和合理性。因此零件的工作图应完整、清楚地表达零件的结构尺寸及其公差、形位公差、表面粗糙度、对材料及热处理的说明及其他技术要求、标题栏等。

每个零件应单独绘制在一个标准图幅中，并应尽量采用 $1:1$ 的比例尺，对于细部结构，如有必要，可放大绘制局部视图。在视图中所表达的零件结构形状，应与装配工作图一致，不应随意更改，如必须改动，则装配图也要做相应的修改。

标注尺寸时要选好基准面，标出足够的尺寸而不重复，并且要便于零件的加工制造，应避免在加工时作任何计算。大部分尺寸最好集中标注在最能反映零件特征的视图上。对配合尺寸及要求精确的几何尺寸，应注出尺寸的极限偏差，如配合的孔、机体孔中心距等。零件的所有表面都应注明表面粗糙度的数值，如较多表面具有同样的粗糙度，可在图纸右上角统一标注，并加"其他"字样，但只允许就其中使用最多的一种粗糙度如此标注。粗糙度的选择，可参看有关手册，在不影响正常工作的情况下，尽量取较大的粗糙度数值。零件工作图上要标注必要的形位公差。它是评定零件质量的重要指标之一，其具体数值及标注方法可参考有关手册和图册。

对传动零件还要列出主要几何参数、精度等级及偏差表。此外，还要在零件工作图上提出必要的技术要求，它是在图纸上不便用图形或符号表示，而在制造时又必须保证的要求。

对不同类型的零件，其工作图的具体内容也有各自的特点，现就各类零件分述如下。

### 3.5.1 轴类零件工作图

（1）视图

一般只需一个视图，在有键槽和孔的地方，增加必要的剖视图或剖面图。对于不易表达清楚的局部，例如退刀槽、中心孔等，必要时应绘制局部放大图。

（2）尺寸及偏差的标注

标注尺寸要符合机械制图的规定。尺寸要足够而不多余。同时，标注尺寸应考虑设计要求并便于零件的加工和检验。因此，在设计中应注意以下几点：

① 从保证设计要求及便于加工制造出发，正确选择尺寸基准；

② 图面上应有供加工测量的足够尺寸，尽可能避免加工时作任何计算；

③ 大部分尺寸应尽量集中标注在最能反映零件特征的视图上；

④ 对配合尺寸及要求精确的几何尺寸（如轴孔配合尺寸、键配合尺寸、箱体孔中心距等）均应注出尺寸的极限偏差；

⑤ 零件工作图上的尺寸应与装配工作图一致。

在设计轴类零件时，应标注好其径向尺寸与轴向尺寸。对于径向尺寸，要注意配合部位的尺寸及其偏差。同一尺寸的几段轴径，应逐一标注，不得省略。对圆角、倒角等细部结构的尺寸，也不要漏掉（或在技术要求中加以说明）。对于轴向尺寸，首先应选好基准面，并

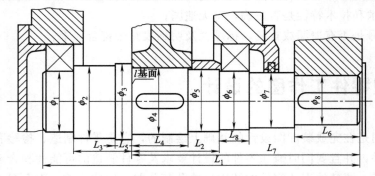

图 3-38 轴的尺寸标注

尽量使标注的尺寸反映加工工艺及测量的要求，还应注意避免出现封闭的尺寸链。通常使轴中最不重要的一段轴向尺寸作为尺寸的封闭环而不注出。

图 3-38 是轴类零件标注的示例，它反映了如表 3-14 所示的主要加工过程。平面 $l$ 为主要基准，$L_2$、$L_3$、$L_4$、$L_5$ 及 $L_7$ 等尺寸都以平面 $l$ 作为基准注出，则可减少加工误差。标注 $L_2$ 和 $L_4$ 是考虑到齿轮固定及轴承定位的可靠性，而 $L_3$ 则和控制轴承支点跨距有关。$L_6$ 涉及开式齿轮的固定，$L_8$ 为次要尺寸。密封段和左轴承的轴段长度误差不影响装配及使用，故取作为封闭环，不注尺寸，使加工误差积累在该轴段上，避免了尺寸链的封闭。

**表 3-14　轴的主要加工过程**

| 工序号 | 工序名称 | 工序草图 | 所需尺寸 |
|---|---|---|---|
| 1 | 下料,车外圆,车端面,打中心孔 | 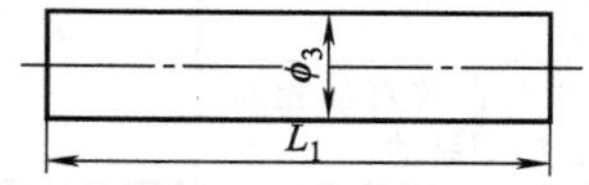 | $L_1$、$\phi_3$ |
| 2 | 卡住一头量 $L_7$<br>车 $\phi_4$ | 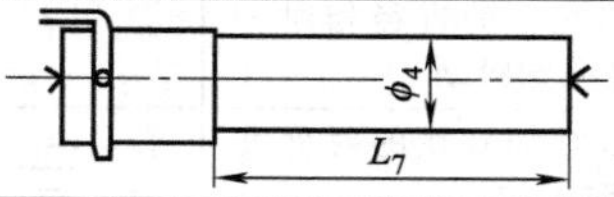 | $L_7$,$\phi_4$ |
| 3 | 量 $L_4$<br>车 $\phi_5$ | 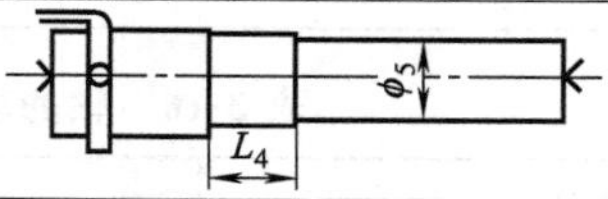 | $L_4$,$\phi_5$ |
| 4 | 量 $L_2$<br>车 $\phi_6$ | 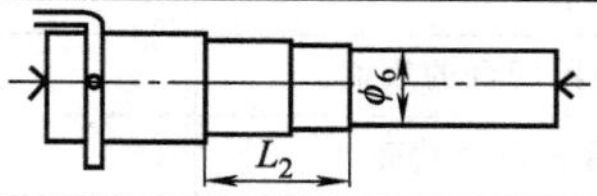 | $L_2$,$\phi_6$ |
| 5 | 量 $L_6$<br>车 $\phi_8$ | 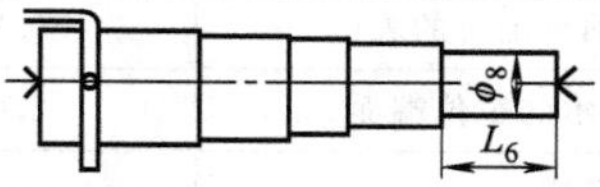 | $L_6$,$\phi_8$ |
| 6 | 量 $L_8$<br>车 $\phi_7$ | 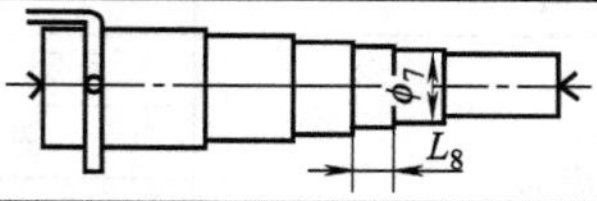 | $L_8$,$\phi_7$ |
| 7 | 调头<br>量 $L_5$,车 $\phi_2$ | 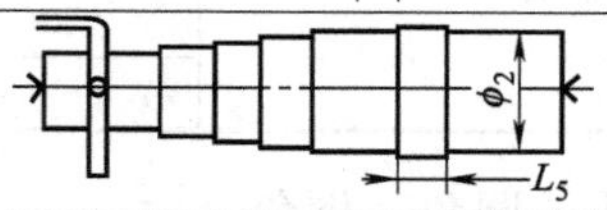 | $L_5$,$\phi_2$ |
| 8 | 量 $L_3$<br>车 $\phi_1$ | 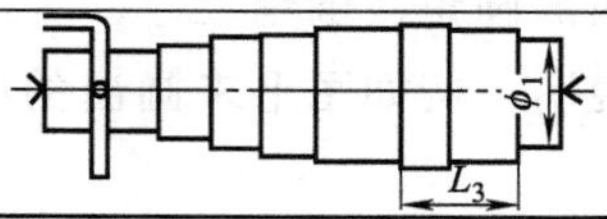 | $L_3$,$\phi_1$ |

（3）形位公差标注

轴类零件图上应标出必要的形位公差，以保证加工精度和装配质量，减速器轴的形位公差推荐标注项目如表 3-15 所示。

（4）表面粗糙度的标注

轴的所有表面都应注明表面粗糙度。轴的表面粗糙度参数 $Ra$ 值参照表 3-16 选择。

（5）技术要求

凡在零件图上不便用符号表示，而在制造上又必须遵循的要求和条件，可在"技术要求"中注出。轴类零件图提出的技术要求一般有以下内容：

① 对材料的化学成分和力学性能的说明；

② 热处理的方法热处理的硬度、渗碳深度等要求；

表 3-15 轴的形位公差推荐标注项目

| 内容 | 项目 | 符号 | 精度等级 | 对工作性能影响 |
|---|---|---|---|---|
| 形状公差 | 与传动零件相配合直径的圆度 | ○ | 7～8 | 影响传动零件与轴配合的松紧及对中性 |
| | 与传动零件相配合直径的圆柱度 | | | |
| | 与轴承相配合的直径的圆柱度 | | 表6-91 | 影响轴承与轴配合的松紧及对中性 |
| 位置公差 | 齿轮的定位端面相对轴心线的端面圆跳动 | | 6～8 | 影响齿轮和轴承的定位及其受载均匀性 |
| | 轴承的定位端面相对轴心线的端面圆跳动 | ∕ | 表6-92 | |
| | 与传动零件配合的直径相对于轴心线的径向圆跳动 | | 6～8 | 影响传动件的运转同心度 |
| | 与轴承相配合的直径相对于轴心线的径向圆跳动 | ∕ | 5～6 | 影响轴和轴承的运转同心度 |
| | 键槽侧面对轴心线的对称度（要求不高时不注） | = | 7～9 | 影响键受载的均匀性及装拆的难易 |

表 3-16 轴的表面粗糙度 *Ra* 荐用值 μm

| 加工表面 | *Ra* | | |
|---|---|---|---|
| 与传动零件、联轴器配合的表面 | 3.2～0.8 | | |
| 传动件及联轴器的定位端面 | 6.3～1.6 | | |
| 与普通精度滚动轴承配合的表面 | 0.8(轴承内径≤80mm) | | 1.6(轴承内径＞80mm) |
| 普通精度滚动轴承的定位端面 | 2.0(轴承内径≤80mm) | | 2.5(轴承内径＞80mm) |
| 平键键槽 | 3.2(键槽侧面) | | 6.3(键槽底面) |
| 密封处表面 | 毡圈 | 橡胶密封圈 | 油沟、迷宫式 |
| | | 密封处圆周速度/(m/s) | |
| | ≤3 | ＞3～5 | ＞5～10 | 3.2～1.6 |
| | 1.6～0.8 | 0.8～0.4 | 0.4～0.2 | |

③ 图中未注明的圆角、倒角尺寸；

④ 其他必要说明，例如图上未画出的中心孔，应注明中心孔的类型及标准代号，或在图中用引线标出。

### 3.5.2 齿轮类零件

（1）视图

一般用两视图表示。主视图通常采用通过齿轮轴线的全剖或半剖视图，侧视图可采用以表达毂孔和键槽的形状、尺寸为主的局部视图。若齿轮是轮辐结构，则应详细画出侧视图，并附加必要的局部视图，如轮辐的横剖面图。

（2）尺寸、公差和粗糙度的标注

齿轮类零件的各径向尺寸，以孔中心线为基准注出。齿宽方向的尺寸则以端面为基准标出。分度圆是设计的基本尺寸，必须标注。齿根圆是根据齿轮参数加工得到的，在图纸上不必标注。另外，还应标注键槽尺寸。轴孔是加工、测量和装配的重要基准，尺寸精度要求高，因而要标出尺寸偏差。齿顶圆的偏差值与该直径是否作为基准有关。有关轮坯位置公差的推荐项目见表 3-17。

表 3-17　轮坯位置公差的推荐项目

| 项目 | 符号 | 精度等级 | 对工作性能的影响 |
|---|---|---|---|
| 圆柱齿轮以顶圆作为测量基准时齿顶圆的径向圆跳动<br>锥齿轮的齿顶圆锥的径向圆跳动<br>蜗轮外圆的径向圆跳动<br>蜗杆外圆的径向圆跳动 | ↗ | 按齿轮、蜗轮精度等级确定 | 影响齿厚的测量精度，并在切齿时产生相应的齿圈径向跳动误差<br>产生传动件的加工中心与使用中心不一致，引起分齿不均。同时会使轴心线与机床垂直导轨不平行而引起齿向误差 |
| 基准端面对轴线的端面圆跳动 | ↗ | | 加工时引起齿轮倾斜或心轴弯曲，对齿轮加工精度有较大影响 |
| 键槽侧面对孔中心线的对称度 | = | 7～9 | 影响键侧面受载的均匀性 |

锥齿轮的锥距和锥角是保证啮合的重要尺寸。标注时，锥距应精确到 0.01mm；锥角应精确到分，分度圆锥角应精确到秒。为了控制锥顶的位置，还应注出基准端面到锥顶的距离，它影响到锥齿轮的啮合精度，因而必须在加工时予以控制。锥齿轮除齿部偏差外，其他必须标注的尺寸及偏差可参见图例。

画蜗轮组件图时，应注出齿圈和轮体的配合尺寸、精度及配合性质。

（3）啮合特性表

齿轮零件工作图要有啮合特性表。表中列出齿轮的基本参数、精度等级及检验项目等，可参考图例。

（4）技术要求

技术要求内容包括对材料、热处理、加工（如未注明圆角等）、齿轮毛坯（锻件、铸件）等方面的要求。对于大齿轮或高速齿轮，还应考虑平衡试验的要求。

### 3.5.3　箱体零件工作图

（1）视图

箱座和箱盖一般要用三个视图来表示，并且常用局部视图、剖视图来表达一些不易看清楚的局部结构。

（2）尺寸标注

箱体结构较复杂，箱体图上要标注的尺寸较多，标注尺寸时要清晰正确，多而不乱，要避免遗漏和重复，避免出现封闭尺寸链。

标注尺寸时应考虑加工测量要求，选择合适的标注基准。箱座和箱盖高度方向的尺寸以箱座底平面或箱体剖分面为基准标注；长度方向的尺寸应以轴承座孔的轴心线为主要基准进行标注；宽度方向的尺寸则以箱体宽度的对称中心线为基准标注。箱体的结构形状尺寸，如箱体长宽高、壁厚、各种孔径、槽深等，以及影响减速器工作性能的尺寸，如轴承座孔中心距，均应直接标出，以便于箱体制造。

箱体的所有圆角、倒角、铸造斜度等都必须标注，或在技术要求中说明。标注尺寸时，应注意箱盖与箱座某些尺寸的相对应关系。

箱体零件图要标注的尺寸公差主要有以下内容。

① 所有配合尺寸的尺寸偏差；

② 轴承座孔中心距的极限偏差，其数值取（$0.7\sim0.8$）$fa$，$fa$ 是齿轮副或蜗杆副的中心距极限偏差；系数（$0.7\sim0.8$）是为了补偿由于轴承制造误差和配合间隙而引起的轴线偏移；

③ 形位公差和表面粗糙度的标注。箱体的形位公差可参照表 3-18 选择标注，箱体的主要加工表面的粗糙度 $Ra$ 推荐值见表 3-19。

表 3-18　箱体的形位公差标注项目

| 加工表面和标注项目 | 精度等级 |
|---|---|
| 箱体剖分面的平面度 | 7～8 |
| 轴承座孔的圆柱度 | 7（适合普通精度级轴承） |
| 轴承座孔端面对孔中心线的垂直度 | 7～8 |
| 两轴承座孔的同轴度 | 6～7 |
| 轴承座孔轴线的平行度 | 6～7（应参考齿轮副轴线平行度公差） |

表 3-19　箱体的表面粗糙度 $Ra$ 推荐值

| 加工表面 | $Ra$ |
|---|---|
| 箱体剖分面 | 3.2～1.6 |
| 定位销孔 | 1.6～0.8 |
| 轴承座孔（适合普通精度级轴承） | 3.2～1.6 |
| 轴承座孔外端面 | 3.2 |
| 其他配合表面 | 6.3～3.2 |
| 其他非配合表面 | 12.5～6.3 |

（3）技术要求

箱体零件图上提出的技术要求一般有以下内容：

① 对铸件质量的要求（如不允许有砂眼、渗漏现象等）；

② 铸件应进行时效处理及对铸件清砂、表面防护（如涂漆）的要求；

③ 对未注明的圆角、倒角，铸造斜度的说明；

④ 箱盖与箱体配做加工（如配做定位销孔、轴承座孔和外端面等）的说明；

⑤ 其他必要的说明，轴承座孔中心线的平行度和垂直度的要求在图中未标注时，可在技术要求中说明。

### 3.5.4　凸轮零件工作图

（1）视图

一般用两个视图表示。对于常用的盘形凸轮，主视图是带有滚子中心轨迹的凸轮轮廓图，需要标注凸轮转动方向，侧视图则表示凸轮的轴向结构形状；对于圆柱凸轮，主视图是凸轮体的侧面投影，同时将凸轮廓线沟槽沿凸轮体的圆柱表面展开，并画在主视图的下面，侧视图则表示凸轮体与轴的联接结构形式。

（2）尺寸标注

凸轮需要标注的尺寸及其尺寸偏差有：

① 运动参数的尺寸数据有基圆半径，最大、最小向径，推程角，远休止角，回程角，滚子直径等；

② 结构尺寸有凸缘结构尺寸，轮毂结构尺寸及键槽，定位销孔等，以及它们的尺寸偏差。

（3）位移线图和数表

为了便于凸轮的加工和检验，工作图中应附有从动件的位移线图或数表，数表中列出每隔一定凸轮转角凸轮的工作轮廓的向径值。

（4）技术要求

主要说明对凸轮材料、热处理、加工及表面粗糙度等方面的要求。

凸轮常用的材料和热处理见表 3-20。

**表 3-20 凸轮常用的材料和热处理**

| 工作条件 | 材料 | 热处理 |
|---|---|---|
| 低速轻载 | 40、45、50 钢 | 调质 HBS 220～260 |
| | 优质灰铸铁 HT 20～40 等 | HBS 170～250 |
| | 球墨铸铁 | HBS 190～270 |
| 中速中载 | 45、40Cr | 表面淬火 HRC 40～50 表面高频淬火 HRC 52～58 |
| | 20、20Cr、20CrMn | 渗碳淬火 HRC 56～62 |
| 高速重载 | 40Cr | 表面高频淬火 HRC 56～60 芯部 HRC 52～58 |
| | 38CrMoAl,35CrAl | 氮化表面硬度 HRC 60～67 |

对于最大向径为 300mm 以下的凸轮，其公差和表面粗糙度可参见表 3-21。

**表 3-21 凸轮公差和表面粗糙度**

| 精度要求 | | 精确 | 中等 | 一般 |
|---|---|---|---|---|
| 极限偏差 | 径向/mm | ±(0.01～0.05) | ±(0.02～0.1) | ±(0.1～0.3) |
| | 角度 | ±(10～20′) | ±(13～40′) | ±1° |
| | 基准孔 | H7 | H7(H8) | H8 |
| | 槽宽 | H7(H8) | H8 | H8 H9(H11) |
| 表面粗糙度 $Ra$ | | 0.8 | 1.6 | 1.6 |

# 4 | 编写设计说明书和准备答辩

## 4.1 编写设计说明书

设计说明书是整个设计的整理和总结，是审核设计的技术文件之一，因此编写设计说明书是设计工作的重要组成部分。通过编写设计说明书，可以培养学生表达、归纳、总结的能力，为以后的实际工作打下很好的基础。

### 4.1.1 设计说明书的内容

（1）目录

（2）设计任务书

（3）机械运动方案的设计

① 拟定执行系统的功能原理；

② 执行机构的选型及构型；

③ 各执行机构的协调设计；

④ 执行机构运动尺寸设计；

⑤ 执行机构运动及动力分析，调速飞轮的设计。

（4）机械传动系统方案设计

① 传动系统类型选择；

② 选择原动机，确定总传动比，分配各级传动比；

③ 计算各轴的转速、转矩及功率。

（5）机械传动装置的设计

① 主要传动零部件的设计计算；

② 传动装置—减速器的设计。

（6）设计体会

（7）参考资料

### 4.1.2 编写设计说明书的注意事项

① 预备好草稿本，将课程设计中的设计构思、查阅资料、初步计算、设计草图等各种草稿积累起来，不要丢失，作为编写正式说明书的基本素材。

② 设计说明书要求按照设计的过程编写，结构思路清晰、论述简明、书写工整。计算部分要求列出计算公式，代入相关数据，计算最后结果并标明单位，写出简短的结论或说明，不必写出计算过程。

③ 为了清楚地说明设计内容，设计说明书中应附有必要的简图，如：机构运动示意图、

轴的结构图、受力图等。

④ 所引用的计算公式和数据应注明来源。说明书写在 16 开纸上，对每一自成单元的内容，都应标出大小标题，使之清晰醒目。主要参数、尺寸和规格以及主要计算结果可写在右侧留出宽 25mm 的长框中，最后加上封面装订成册。

# 4.2 准备答辩

答辩是课程设计教学过程的最后环节，通过答辩准备，全面总结、回顾整个课程设计，巩固、提高所学知识。可以从设计过程的具体问题入手进行总结，例如：运动方案的确定，执行机构的选型、协调、尺寸设计，传动方案的确定，传动零件的选材、受力分析、结构设计、强度校核，设计资料和标准的应用等。

通过答辩，发现设计计算和图纸中存在的问题和不足，理顺思路，深化设计成果，提升自己的综合设计能力。

# 5 課程設計題目及指導

## 5.1 蜂窝煤成型机设计

### 5.1.1 工作原理及工艺动作过程

常用的蜂窝煤成型机采用冲压式，它将煤粉加入转盘上的模筒内，经冲头冲压成蜂窝煤。为了实现蜂窝煤冲压成型，冲压式蜂窝煤成型机必须完成以下几个动作：煤粉加料；冲头将蜂窝煤压制成型；清除冲头和出煤盘的积屑的扫屑运动；将在模筒内的冲压后的蜂窝煤脱模；将冲压成型的蜂窝煤输送装箱。

### 5.1.2 原始数据及设计要求

① 蜂窝煤成型机的生产能力：70 块/分钟；

② 蜂窝煤成品直径 100mm，厚度 75mm；

③ 冲压成型时的生产阻力达到 50000N，压力变化近似认为在冲程的一半进入冲压，压力呈线性变化，由零值至最大值；

④ 为改善蜂窝煤成型机的质量，希望在冲压后有一短暂的保压时间；

⑤ 由于冲压过程要产生较大压力，希望设计飞轮以减小机器的速度波动和减小原动机的功率。

### 5.1.3 设计任务

① 完成各执行机构的选型或构型；

② 按工艺动作要求进行各执行机构的协调设计；

③ 执行机构的运动尺寸设计；

④ 速度波动的调节——飞轮设计（选做）；

⑤ 拟定机械传动方案；

⑥ 画出机械运动方案简图；

⑦ 传动装置（减速器）的技术设计，画出装配图及主要零件的零件工作图；

⑧ 设计计算说明书一份。

### 5.1.4 设计示例

（1）工艺动作分解及工作原理的确定

冲压式蜂窝煤成型机要求完成的工艺动作有以下六个动作。

① 加料：可以利用煤粉的重力打开料斗自动加料。

② 冲压成型：要求冲头上下往复运动，在冲头行程的二分之一进行冲压成型。

③ 脱模：要求脱模盘上下往复移动，将已冲压成型的煤饼压下去而脱离模筒。一般可

以将它与冲头固结在上下往复移动的滑梁上。

④ 扫屑：要求在冲头、脱模盘向上移动过程中用扫屑刷将煤粉扫除。

⑤ 模筒转模间歇运动：以完成冲压、脱模和加料三个工位的转换。

⑥ 输送：将成型的煤饼脱模后落在输送带上送出成品，以便装箱待用。

以上六个动作，加料和输送的动作比较简单，可以略去不考虑，因此主要的执行机构有：冲压成型机构、脱模机构、扫屑机构和模筒转盘间歇转动机构。

（2）执行机构的选型及构型

冲压机构可采用曲柄滑块机构、六杆冲压机构（肘杆机构）、凸轮机构；脱模机构可以单独设计也可以与冲压机构同体；扫屑机构可采用曲柄滑块机构、固定凸轮机构、齿轮齿条机构；模筒转盘间歇运动机构可采用槽轮机构、不完全齿轮机构、凸轮式间歇运动机构。组成的形态学矩阵如表 5-1 所示。

表 5-1　执行机构的形态学矩阵

| 冲压机构 | 曲柄滑块机构 | 肘杆机构 | 凸轮机构 |
| --- | --- | --- | --- |
| 脱模机构 | 曲柄滑块机构 | 固定凸轮机构 | 齿轮齿条机构 |
| 扫屑机构 | 单独脱模机构 | 与冲压机构同体 | |
| 转盘间歇运动机构 | 槽轮机构 | 不完全齿轮机构 | 凸轮式间歇运动机构 |

根据表 5-1 所示的三个执行机构形态学矩阵，可以求出冲压式蜂窝煤成型机的机械运动方案数为：$N = 3 \times 2 \times 3 = 18$。根据给定条件、各机构的相容性和机构尽量简单等要求来选择方案，最终选定方案为：冲压机构为对心曲柄滑块机构、模筒转盘为槽轮机构、扫屑机构为固定凸轮机构，如图 5-1 所示。

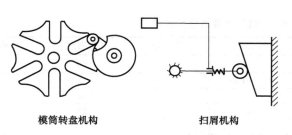 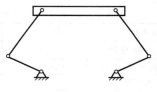

模筒转盘机构　　　　　　扫屑机构　　　　　　冲压机构

图 5-1　执行机构

（3）执行机构的协调设计

冲压机构为主机构，以曲柄轴的转角为横坐标，纵坐标表示各执行构件的位置。冲头和脱模盘都由工作行程和回程两部分组成。模筒转盘的工作行程在冲头的回程后半段和工作行程的前半段完成，使间歇转动在冲压之前完成。扫屑刷要求在冲头回程后半段至工作行程的前半段完成扫屑运动。根据以上分析绘制运动循环图，如图 5-2 所示。

（4）执行机构的运动尺寸设计

根据成品煤块的厚度确定冲头的行程，由此设计曲柄滑块机构、固定凸轮机构及转盘槽轮机构的尺寸。具体设计方法省略，可参考机械原理教材。

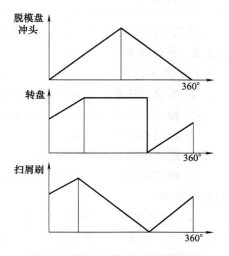

图 5-2　执行机构的运动循环图

55

（5）传动方案确定

① 根据不同传动的特点，选用带传动＋齿轮传动。

② 电动机的选择首先是确定电动机的额定功率，要求其大于等于工作机的功率。对于蜂窝煤成型机来说，最大的功率消耗是冲头，其次是脱模头，然后是扫屑机构和转盘机构。冲头的受力已知，速度按滑块的最大速度计算，曲柄的速度按已知的生产能力计算，由此可以计算冲头的功率，其他功率可以类比估算，由此选定电机功率及转速。

③ 计算总传动比，分配各级传动比，计算传动装置的运动和动力参数。

④ 飞轮调速的设计计算。

（6）传动装置的设计

带传动的设计参照机械设计教材，齿轮减速器的设计参照前面所讲的内容。

# 5.2 液体包装机执行机构及传动系统的设计

## 5.2.1 设计要求

液体包装机主要用于农药的水剂、乳油、洗发液、调味汁、油脂和脂膏等灌入袋内，自动完成制袋、封合、装料、切断、拉袋、输送全过程。连续单向运转，工作时有轻微振动，空载启动，使用年限为 8 年，小批量生产，双班制工作。

## 5.2.2 设计数据

液体包装机的参数见表 5-2。

表 5-2　液体包装机已知参数

| 已知参数 | 第一组 | 第二组 | 第三组 | 第四组 | 第五组 |
| --- | --- | --- | --- | --- | --- |
| 包装速度/（袋/分钟） | 50 | 55 | 60 | 65 | 70 |
| 袋尺寸/（长×宽,mm） | 180×100 | 170×100 | 160×90 | 140×80 | 120×80 |
| 计量/（ml/袋） | 50 | 45 | 40 | 35 | 30 |
| 输送力/N | 300 | 300 | 300 | 300 | 300 |
| 热封和剪切功率/W | 100 | 100 | 100 | 100 | 100 |
| 装料功率/W | 240 | 220 | 200 | 170 | 150 |

输送带滚筒直径 $D=80\text{mm}$；装料压缩泵活塞直径为 30mm；启闭阀摆角约 90°。

## 5.2.3 设计任务

（1）方案设计

① 按设计任务拟定执行系统的功能原理；

② 确定执行机构的类型及组合方式；

③ 绘制执行机构运动循环图；

④ 执行机构运动尺寸设计；

⑤ 确定传动方案：选择原动机，确定总传动比，分配各级传动比，计算各轴的转速、转矩及功率。

（2）传动装置—减速器的设计

① 按运动及动力参数要求对各零件进行结构和强度设计；

② 按运动及动力参数选择键、轴承、联轴器等，并进行相应的校核计算。

（3）绘制机构运动简图、部件工作图、典型零件工作图，编写设计说明书

### 5.2.4 设计提示

（1）执行系统方案设计

① 装料：可采用活塞形式，需要两个运动，一是活塞杆的往复移动，另一个是阀门开启、关闭的往复摆动，两者需要保证严格的协调关系。前者可以选择齿轮齿条与曲柄摇杆的组合机构，后者可以选择曲柄摇杆机构，如图5-3所示。

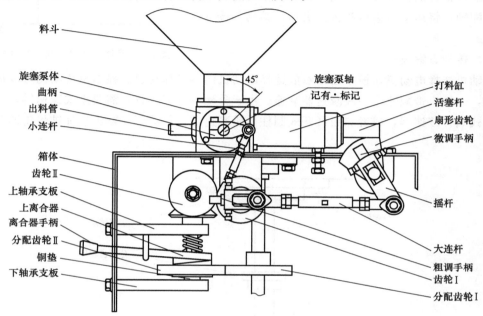

图 5-3　装料机构

② 料袋封合：采用L形热封臂实现横封和纵封，切断采用剪刀形式。热封臂与剪刀的张开、合拢可选择一对共轭摆杆凸轮实现，如图5-4所示。

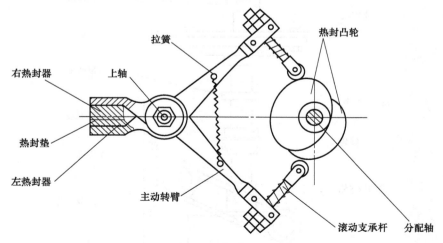

图 5-4　热封机构

③ 拉袋：需要带停歇的单向运动，可选择棘轮机构或其他组合机构实现。

④ 输送：选择带式输送带实现。

（2）执行机构的协调设计

根据工艺要求，各执行机构需要按照严格的顺序动作，热封后装料，然后拉袋，结合执行机构的选型，对执行机构进行协调设计，绘制运动循环图，如图 5-5 所示。

为了保证各执行机构的协调，并且实现方便，设计一分配轴，将运动传递给各执行机构，结构如图 5-6 所示。

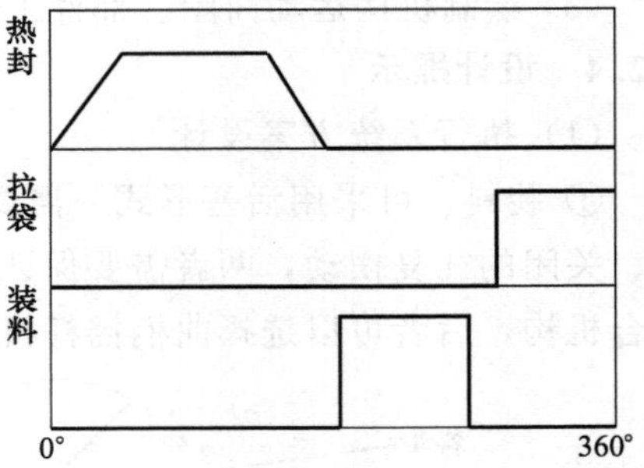

（3）传动方案设计

图 5-5　液体包装机的运动循环图

原动机选择电动机，根据已知参数选择电动机的容量和转速。根据总传动比可以选用两级减速，一级皮带减速，一级减速器减速。由于分配轴垂直布置，需要立式减速器，可以采用侧置式蜗杆减速器，或者二级展开式圆柱齿轮减速器，但需要在输出端加锥齿轮调向。

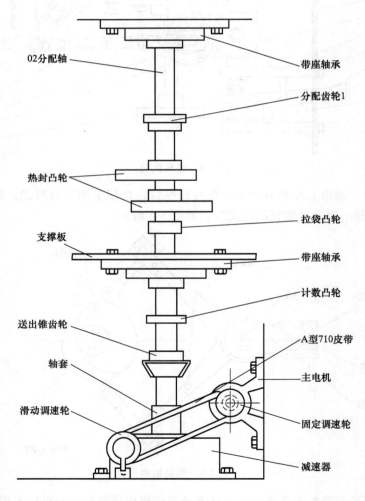

图 5-6　分配轴结构

58

# 5.3 插齿机插刀机构及传动系统的设计

## 5.3.1 设计要求

插齿机一般利用范成法加工齿轮，插刀往复移动进行切削，同时与毛坯对转实现范成，另外插刀在返回行程时应退离加工表面，以免破坏加工面。插齿机要求使用寿命8年，两班制工作，结构紧凑，效率高。

## 5.3.2 设计数据

插齿机的参数见表 5-3。

**表 5-3 插齿机已知参数**

| 已知参数 | 第一组 | 第二组 | 第三组 | 第四组 |
|---|---|---|---|---|
| 模数 $m$/mm | 0.5 | 1 | 2 | 3 |
| 齿宽 $b$/mm | 15 | 20 | 30 | 40 |
| 超越行程量 $\Delta$/mm | 3.5 | 4 | 4.5 | 5 |
| 圆周进给量 $f_t$/mm | 0.16 | 0.216 | 0.248 | 0.3 |
| 切削力 $F$/kN | 0.6 | 1 | 1.28 | 1.5 |

① 切削速度 $v$：指插刀往复运动的平均速度，取决于刀具和工件的材料性能，推荐 $v=14\sim28$m/min。

② 插刀分度圆直径 $D=100$mm。

③ 插刀主动构件的许用速度不均匀系数 $[\delta]=0.025$。

## 5.3.3 设计任务

① 完成实现插刀切削运动、让刀运动、范成运动的机构的选型及设计；

② 按工艺要求进行执行机构的协调设计；

③ 拟定传动系统方案；

④ 绘制机械运动简图；

⑤ 对主运动进行运动分析及速度波动的调节；

⑥ 对传动部件进行结构及强度设计，并绘制装配图及零件工作图。

## 5.3.4 设计提示

① 插刀的行程 $L=b+\Delta$（其中 $b$、$\Delta$ 见表 5-3），因此，插刀每分钟往返次数 $n=1000v/2L$。

② 插刀的切削运动为往复移动且效率要高，可选择具有急回的偏置式曲柄滑块机构来实现，但其切削速度不均匀，所以也可以选择六杆机构或其他组合机构。

③ 让刀运动的让刀量很小，一般取半个齿高，可选凸轮机构来实现。

④ 由圆周进给量 $f_t$ 可以求得插刀的范成速度，速度很低，可选择蜗轮蜗杆减速。

# 5.4 粉料压片机的设计

## 5.4.1 工作过程

采用大压力压制干粉料，在不加任何黏结剂的情况下制成圆形片坯。工艺过程包括干粉料筛入型腔，上下冲头加压压制，顶出片坯。

### 5.4.2 已知条件

① 成品片坯直径 34mm、厚度 5mm；

② 生产率为每分钟 25 片；

③ 上下冲头压力为 150kN，推荐电机：1.7kW，940r/min。

### 5.4.3 设计任务

① 完成各执行机构的选型及构型；

② 按工艺要求进行执行机构的协调设计；

③ 执行机构的尺寸设计；

④ 拟定机械传动方案；

⑤ 画出机械运动方案简图；

⑥ 传动装置的技术设计，画出装配图及主要零件的零件工作图；

⑦ 设计计算说明书一份。

### 5.4.4 设计提示

① 为了避免结块料或杂质进入，采用筛入上料方法；

② 为防止上冲头进入型腔时将粉料扑出，应在上冲头到达型腔之前，将下冲头下沉 3mm；

③ 压制时，上下冲头同时加压能保证成品内部压力均匀；

④ 为了使成品形状稳定，加压后应停歇一段时间保压。

## 5.5 铆钉自动冷镦机的设计

### 5.5.1 工作过程

由盘料送入，然后将料截开并转送到冷镦位置，进行冷镦，最后将加工好的铆钉从模中顶出。

### 5.5.2 已知条件

① 每分钟 120 个；

② 铆钉长度为 6~32mm。

### 5.5.3 设计任务

① 完成冷镦机构、截料及转送机构、间歇送料机构、顶料机构的选型及构型；

② 按工艺要求进行执行机构的协调设计；

③ 执行机构的尺寸设计；

④ 拟定机械传动方案；

⑤ 画出机械运动方案简图；

⑥ 传动装置的技术设计，画出装配图及主要零件的零件工作图；

⑦ 设计计算说明书一份。

## 5.6 冷霜自动灌装机的设计

### 5.6.1 工作过程

空盒间歇转动，完成灌装、刮平、盖盒盖、涂糨糊、贴商标等动作。

### 5.6.2　已知条件

每分钟 25～30 盒。

### 5.6.3　设计任务

① 完成各执行机构的选型及构型；

② 按工艺要求进行执行机构的协调设计；

③ 执行机构的尺寸设计；

④ 拟定机械传动方案；

⑤ 画出机械运动方案简图；

⑥ 传动装置的技术设计，画出装配图及主要零件的零件工作图；

⑦ 设计计算说明书一份。

### 5.6.4　设计提示

可采用六工位槽轮转盘机构，空盒由输送带送至转盘 $A$ 位置，转到 $B$ 位置灌装并刮平，$C$、$D$、$E$、$F$ 位置完成盖盒盖、涂糨糊、贴商标等其他动作。灌装时，可采用四杆机构将空盒顶起，定量泵将冷霜注入空盒，转盘转动时带动刮料板将冷霜刮平。

# 5.7　牛头刨床的设计

### 5.7.1　工作过程

刨刀往复直线运动，空回行程时工作台横向进给。

### 5.7.2　已知条件及设计要求

① 为了提高效率，要求刨刀的往复直线运动具有急回特性，行程速比系数 $K=1.5$；

② 工作台横向进给，要求进给量可调；

③ 刨刀的切削速度 $v=20\sim25\mathrm{m/min}$，速度许用不均匀系数 $[\delta]=0.025$；

### 5.7.3　设计任务

① 完成各执行机构的选型及构型；

② 按工艺要求进行执行机构的协调设计；

③ 执行机构的尺寸设计；

④ 拟定机械传动方案；

⑤ 画出机械运动方案简图；

⑥ 传动装置的技术设计，画出装配图及主要零件的零件工作图；

⑦ 设计计算说明书一份。

# 5.8　四工位专用自动机床的设计

### 5.8.1　工作过程

四工位分别为：装卸、钻孔、扩孔、铰孔。

### 5.8.2　已知条件

① 每分钟 75 件；

② 进给速度 $v=2\text{mm/s}$，装卸工件时间不超过 1s；

③ 孔的深度为 50～80mm，切入空行程量 5mm，切出空行程量 10mm。

### 5.8.3 设计任务

① 完成各执行机构的选型及构型；

② 按工艺要求进行执行机构的协调设计；

③ 执行机构的尺寸设计；

④ 拟定机械传动方案；

⑤ 画出机械运动方案简图；

⑥ 传动装置的技术设计，画出装配图及主要零件的零件工作图；

⑦ 设计计算说明书一份。

# 5.9 糕点切片机的设计

### 5.9.1 工作原理及工艺动作过程

糕点切片机要求实现两个动作：糕点的直线间歇移动和切刀的往复运动。通过两者的动作配合进行切片。改变直线间歇移动速度或每次间歇的输送距离，以满足糕点的不同切片厚度的需要。

### 5.9.2 原始数据及设计要求

① 糕点厚度：10～20mm。

② 糕点切片长度（亦即切片高）范围：50～80mm。

③ 切刀切片时最大作用距离（亦即切片宽度方向）：300mm。

④ 切刀工作节拍：40 次/min。

⑤ 工作阻力很小，要求选用的机构简单、轻便、运动灵活可靠。

⑥ 电机可选用，功率 0.55kW（或 0.75kW）、1390r/min。

### 5.9.3 设计任务

① 完成各执行机构的选型及构型；

② 按工艺要求进行执行机构的协调设计；

③ 执行机构的尺寸设计；

④ 拟定机械传动方案；

⑤ 画出机械运动方案简图；

⑥ 传动装置的技术设计，画出装配图及主要零件的零件工作图；

⑦ 设计计算说明书一份。

# 5.10 带式输送机传动装置的设计

### 5.10.1 原始数据及设计要求

工作条件：连续单向运转，工作时有轻微振动，空载启动，使用年限 8 年，小批量生产，单班制工作，输送带速度允许误差为 5%。带式输送机的参数见表 5-4。其示意见图 5-7。

表 5-4  带式输送机已知参数

| 题号 | 1 | 2 | 3 | 4 | 5 | 6 | 7 | 8 |
|---|---|---|---|---|---|---|---|---|
| 输送带工作拉力 $F/N$ | 2000 | 1800 | 1600 | 2200 | 2400 | 2500 | 1900 | 2000 |
| 输送带工作速度 $v/(m/s)$ | 1.3 | 1.35 | 1.43 | 1.45 | 1.5 | 1.3 | 1.45 | 1.55 |
| 滚筒直径 $D/mm$ | 300 | 310 | 320 | 330 | 340 | 350 | 310 | 330 |

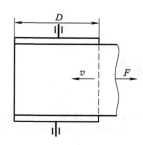

图 5-7  带式输送机示意图

## 5.10.2  设计任务

① 分析不同传动方案的特点,选择一种方案,进行设计;

② 选择电动机,分配各级传动比,进行运动及动力参数计算;

③ 传动装置的技术设计,画出装配图及主要零件的零件工作图;

④ 设计计算说明书一份。

5.10

# 6 机械设计常用标准和规范

## 6.1 常用数据和一般标准

表 6-1 图纸幅面、图标比例

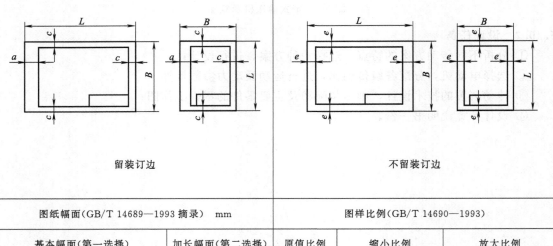

留装订边          不留装订边

| 图纸幅面（GB/T 14689—1993 摘录）　mm | | | | | | 图样比例（GB/T 14690—1993） | | |
|---|---|---|---|---|---|---|---|---|
| 基本幅面（第一选择） | | | | 加长幅面（第二选择） | | 原值比例 | 缩小比例 | 放大比例 |
| 幅面代号 | $B \times L$ | $a$ | $c$ | $e$ | 幅面代号 | $B \times L$ | | |
| A0 | 841×1189 | | | 20 | A3×3 | 420×891 | $1:1$ | $1:2 \quad 1:2\times10^n$ <br> $1:5 \quad 1:5\times10^n$ <br> $1:10 \quad 1:1\times10^n$ | $5:1 \quad 5\times10^n:1$ <br> $2:1 \quad 2\times10^n:1$ <br> $1\times10^n:1$ |
| A1 | 594×841 | | 10 | | A3×4 | 420×1189 | | | |
| A2 | 420×594 | 25 | | | A4×3 | 297×630 | | 必要时允许选取 <br> $1:1.5 \quad 1:1.5\times10^n$ <br> $1:2.5 \quad 1:2.5\times10^n$ <br> $1:3 \quad 1:3\times10^n$ <br> $1:4 \quad 1:4\times10^n$ <br> $1:6 \quad 1:6\times10^n$ | 必要时允许选取 <br> $4:1 \quad 4\times10^n:1$ <br> $2.5:1 \quad 2.5\times10^n:1$ <br><br> $n$—正整数 |
| A3 | 297×420 | | | 10 | A4×4 | 297×841 | | | |
| A4 | 210×297 | | 5 | | A4×5 | 297×1051 | | | |

注　1. 加长幅面的图框尺寸，按所选用的基本幅面大一号图框尺寸确定。例如对 A3×4，按 A2 的图框尺寸确定，即 $e$ 为 10（或 $c$ 为 10）。

2. 加长幅面（第三选择）的尺寸见 GB/T 14689。

**表 6-2　标题栏、明细表**（GB/T 10609.1—1989、GB/T 10609.2—1989）

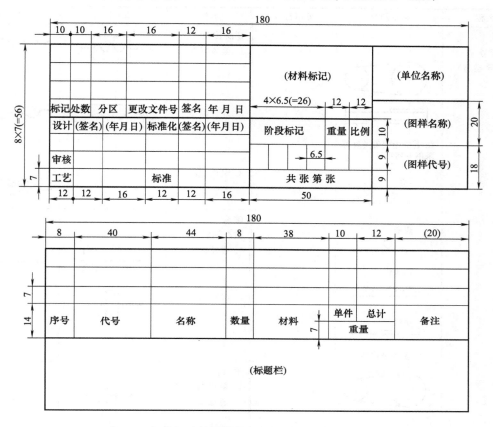

**表 6-3　机构运动简图符号**（GB/T 4460—1984 摘录）

| 名称 | 基本符号 | 可用符号 | 名称 | 基本符号 | 可用符号 |
|---|---|---|---|---|---|
| 齿轮<br>1. 圆柱齿轮<br>(1)直齿 | | | 齿轮传动<br>(不指明齿向)<br>1. 圆柱齿轮 | | |
| (2)斜齿 | | | | | |
| (3)人字齿 | | | 2. 锥齿轮 | | |
| 2. 锥齿轮<br>(1)直齿 | | | | | |
| (2)斜齿 | | | 3. 蜗轮与圆柱<br>蜗杆 | | |
| (3)弧齿 | | | | | |

65

| 名称 | 基本符号 | 可用符号 | 名称 | 基本符号 | 可用符号 |
|---|---|---|---|---|---|
| 带传动 一般符号（不指明类型） 注:若需指明带类型可采用下列符号: V带 圆带 同步带 平带 例:V带传动 | | | 螺旋传动 1. 整体螺母 2. 开合螺母 3. 滚珠螺母 | | |
| | | | 轴承 向心轴承 1. 普通轴承 2. 滚动轴承 | | |
| 链传动 一般符号（不指明类型） 注:若需指明链条类型,可采用下列符号: 环形链 滚子链 无声链 例:无声链传动 | | | 推力轴承 1. 单向推力普通轴承 2. 双向推力普通轴承 3. 推力滚动轴承 | | |
| | | | 向心推力轴承 1. 单向向心推力普通轴承 2. 双向向心推力普通轴承 3. 向心推力滚动轴承 | | |

| 名称 | 基本符号 | 可用符号 | 名称 | 基本符号 | 可用符号 |
|---|---|---|---|---|---|
| 联轴器<br>一般符号<br>（不指明类型）<br>1. 固定联轴器<br>2. 可移式联<br>轴器<br>3. 弹性联轴器 | | | 原动机<br>1. 原动机通用<br>符号<br>2. 电动机的一<br>般符号<br>3. 装在支架上<br>的电动机 | | |
| 制动器<br>一般符号 | | | | | |

**表 6-4  标准尺寸（直径、长度和高度等）（GB/T 2822—2005）** mm

| R系列 | | | R'系列 | | | R系列 | | | R'系列 | | | R系列 | | | R'系列 | | |
|---|---|---|---|---|---|---|---|---|---|---|---|---|---|---|---|---|---|
| R10 | R20 | R40 | R'10 | R'20 | R'40 | R10 | R20 | R40 | R'10 | R'20 | R'40 | R10 | R20 | R40 | R'10 | R'20 | R'40 |
| 1.00 | 1.00 | | 1.0 | 1.0 | | | | 17.0 | | | 17 | | | 85.0 | | | 85 |
| | 1.12 | | | 1.1 | | | 18.0 | 18.0 | | 18 | 18 | | 90.0 | 90.0 | | 90 | 90 |
| 1.25 | 1.25 | | 1.2 | 1.2 | | | | 19.0 | | | 19 | | | 95.0 | | | 95 |
| | 1.40 | | | 1.4 | | 20.0 | 20.0 | 20.0 | 20 | 20 | 20 | 100.0 | 100.0 | 100.0 | 100 | 100 | 100 |
| 1.60 | 1.60 | | 1.6 | 1.6 | | | | 21.2 | | | 21 | | | 106 | | | 105 |
| | 1.80 | | | 1.8 | | | 22.4 | 22.4 | | 22 | 22 | | | 112 | | 110 | 110 |
| 2.00 | 2.00 | | 2.0 | 2.0 | | | | 23.6 | | | 24 | | | 118 | | | 120 |
| | 2.24 | | | 2.2 | | 25.0 | 25.0 | 25.0 | 25 | 25 | 25 | 125 | 125 | 125 | 125 | 125 | 125 |
| 2.50 | 2.50 | | 2.5 | 2.5 | | | | 26.5 | | | 26 | | | 132 | | | 130 |
| | 2.80 | | | 2.8 | | | 28.0 | 28.0 | | 28 | 28 | | 140 | 140 | | 140 | 140 |
| 3.15 | 3.15 | | 3.0 | 3.0 | | | | 30.0 | | | 30 | | | 150 | | | 150 |
| | 3.55 | | | 3.5 | | 31.5 | 31.5 | 31.5 | 32 | 32 | 32 | 160 | 160 | 160 | 160 | 160 | 160 |
| 4.00 | 4.00 | | 4.0 | 4.0 | | | | 33.5 | | | 34 | | | 170 | | | 170 |
| | 4.50 | | | 4.5 | | | 35.5 | 35.5 | | 36 | 36 | | 180 | 180 | | 180 | 180 |
| 5.00 | 5.00 | | 5.0 | 5.0 | | | | 37.5 | | | 38 | | | 190 | | | 190 |
| | 5.60 | | | 5.5 | | 40.0 | 40.0 | 40.0 | 40 | 40 | 40 | 200 | 200 | 200 | 200 | 200 | 200 |
| 6.30 | 6.30 | | 6.0 | 6.0 | | | | 42.5 | | | 42 | | | 212 | | | 210 |
| | 7.10 | | | 7.0 | | | 45.0 | 45.0 | | 45 | 45 | | 224 | 224 | | 220 | 220 |
| 8.00 | 8.00 | | 8.0 | 8.0 | | | | 47.5 | | | 48 | | | 236 | | | 240 |
| | 9.00 | | | 9.0 | | 50.0 | 50.0 | 50.0 | 50 | 50 | 50 | 250 | 250 | 250 | 250 | 250 | 250 |
| 10.00 | 10.00 | | 10.0 | 10.0 | | | | 53.0 | | | 53 | | | 265 | | | 260 |
| | 11.2 | | | 11 | | | 56.0 | 56.0 | | 56 | 56 | | 280 | 280 | | 280 | 280 |
| 12.5 | 12.5 | 12.5 | 12 | 12 | 12 | | | 60.0 | | | 60 | | | 300 | | | 300 |
| | | 13.2 | | | 13 | 63.0 | 63.0 | 63.0 | 63 | 63 | 63 | 315 | 315 | 315 | 320 | 320 | 320 |
| | 14.0 | 14.0 | | 14 | 14 | | | 67.0 | | | 67 | | | 335 | | | 340 |
| | | 15.0 | | | 15 | | 71.0 | 71.0 | | 71 | 71 | | 355 | 355 | 360 | 360 |
| 16.0 | 16.0 | 16.0 | 16 | 16 | 16 | | | 75.0 | | | 75 | | | 375 | | | 380 |
| | | | | | | 80.0 | 80.0 | 80.0 | 80 | 80 | 80 | 400 | 400 | 400 | 400 | 400 | 400 |

注  1.  "标注尺寸"为直径、长度、高度等系列尺寸。

2.  R'系列中的黑体字，为 R 系列相应各项优先数的化整值。

3.  选择尺寸时，优先选用 R 系列，按照 R10、R20、R40 顺序。如必须将数值圆整，可选择相应的 R'系列，应按照 R'10、R'20、R'40 顺序选择。

6.1

表 6-5  中心孔（GB/T 145—2001） mm

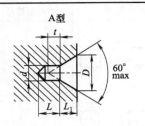

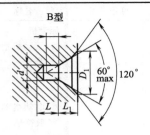

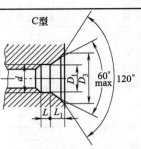

A 型：不带护锥的中心孔（加工后不保留）　B 型：带护锥的中心孔（加工后保留）　C 型：带螺纹的中心孔

| 选择中心孔的参考数据 | | | $d$ | | $D$ | | | $L_1$ | | | $t$（参考） | $D_3$ | $L$ |
|---|---|---|---|---|---|---|---|---|---|---|---|---|---|
| 轴状原料最大直径 $D_0$ | 原料端部最小直径 | 零件最大质量/kg | A、B 型 | C 型 | A 型 | B 型 | C 型 | A 型 | B 型 | C 型 | A、B 型 | C 型 | |
| >8~18 | 8 | 120 | 2.00 | — | 4.25 | 6.30 | — | 1.95 | 2.54 | — | 1.8 | — | — |
| >18~30 | 10 | 200 | 2.50 | — | 5.30 | 8.00 | — | 2.42 | 3.20 | — | 2.2 | — | — |
| >30~50 | 12 | 500 | 3.15 | M3 | 6.70 | 10.00 | 3.2 | 3.07 | 4.03 | 1.8 | 2.8 | 5.8 | 2.6 |
| >50~80 | 15 | 800 | 4.00 | M4 | 8.50 | 12.50 | 4.2 | 3.90 | 5.05 | 2.1 | 3.5 | 7.4 | 3.2 |
| >80~120 | 20 | 1000 | (5.00) | M5 | 10.60 | 16.00 | 5.3 | 4.85 | 6.41 | 2.4 | 4.4 | 8.8 | 4.0 |
| >120~180 | 25 | 1500 | 6.30 | M6 | 13.20 | 18.00 | 6.4 | 5.98 | 7.36 | 2.8 | 5.5 | 10.5 | 5.0 |
| >180~220 | 30 | 2000 | (8.00) | M8 | 17.00 | 22.40 | 8.4 | 7.79 | 9.36 | 3.3 | 7.0 | 13.2 | 6.0 |

注　1. A 型和 B 型中心孔的长度 $L$ 取决于中心钻的长度，此值不应小于 $t$ 值。

2. 括号内尺寸尽量不采用。

3. 选择中心孔参考数据仅供参考。

表 6-6  中心孔表示法（GB/T 4459.5—1999）

| 标 注 示 例 | 解　释 | 标 注 示 例 | 解　释 |
|---|---|---|---|
| B3.15/10 GB/T 4459.5 | 要求作出 B 型中心孔 $d=3.15\text{mm}$，$D_1=10\text{mm}$ 在完工的零件上允许保留中心孔 | A4/8.5 GB/T 4495.5 | 用 A 型中心孔 $d=4\text{mm}$，$D=8.5\text{mm}$ 在完工的零件上不允许保留中心孔 |
| A4/8.5 GB/T 4495.5 | 用 A 型中心孔 $d=4\text{mm}$，$D=8.5\text{mm}$ 在完工的零件上是否保留中心孔都可以 | 2×B3.15/10 | 同一轴的两端中心孔相同，可只在其一端标注，但应注出数量 |

表 6-7  砂轮越程槽（GB/T 6403.5—2008） mm

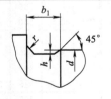

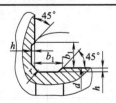

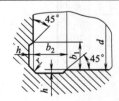

磨外圆　　　　　　　磨外圆及端面　　　　　　　磨内圆及端面

| $b_1$ | 0.6 | 1.0 | 1.6 | 2.0 | 3.0 | 4.0 | 5.0 | 8.0 | 10 |
|---|---|---|---|---|---|---|---|---|---|
| $b_2$ | 2.0 | | 3.0 | | 4.0 | | 5.0 | 8.0 | 10 |
| $h$ | 0.1 | | 0.2 | 0.3 | | 0.4 | 0.6 | 0.8 | 1.2 |
| $r$ | 0.2 | | 0.5 | 0.8 | | 1.0 | 1.6 | 2.0 | 3.0 |
| $d$ | ~10 | | | >10~50 | | | >50~100 | | >100 |

表 6-8　零件倒圆与倒角（GB/T 6403.3—2008）　　　　　　　　　　　　　mm

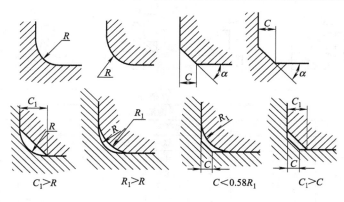

| 直径 $D$ | | ～3 | | ＞3～6 | | ＞6～10 | | ＞10~18 | ＞18~30 | ＞30~50 | | ＞50~80 |
|---|---|---|---|---|---|---|---|---|---|---|---|---|
| $R$ $C$ | $R_1$ | 0.1 | 0.2 | 0.3 | 0.4 | 0.5 | 0.6 | 0.8 | 1.0 | 1.2 | 1.6 | 2.0 |
| | $C_{max}$ $(C<0.58R_1)$ | — | 0.1 | 0.1 | 0.2 | 0.2 | 0.3 | 0.4 | 0.5 | 0.6 | 0.8 | 1.0 |
| 直径 $D$ | | ＞80~120 | ＞120~180 | ＞180~250 | ＞250~320 | ＞320~400 | ＞400~500 | ＞500~630 | ＞630~800 | ＞800~1000 | ＞1000~1250 | ＞1250~1600 |
| $R$ $C$ | $R_1$ | 2.5 | 3.0 | 4.0 | 5.0 | 6.0 | 8.0 | 10 | 12 | 16 | 20 | 25 |
| | $C_{max}$ $(C<0.58R_1)$ | 1.2 | 1.6 | 2.0 | 2.5 | 3.0 | 4.0 | 5.0 | 6.0 | 8.0 | 10 | 12 |

注　$\alpha$ 一般采用 45°，也可采用 30°或 60°。

表 6-9　圆形零件自由表面过渡圆角　　　　　　　　　　　　　mm

| $D-d$ | 2 | 5 | 8 | 10 | 15 | 20 | 25 | 30 | 35 | 40 |
|---|---|---|---|---|---|---|---|---|---|---|
| $R$ | 1 | 2 | 4 | 5 | 8 | 10 | 12 | 12 | 16 |
| $D-d$ | 50 | 55 | 65 | 70 | 90 | 100 | 130 | 140 | 170 | 180 |
| $R$ | 16 | 20 | 20 | 25 | 25 | 30 | 30 | 40 | 40 | 50 |

注：尺寸 $D-d$ 是表中数值的中间值时，则按较小尺寸来选取 $R$。例，$D-d=98$mm，则按 90mm 选 $R=25$mm。

表 6-10　铸件最小壁厚　　　　　　　　　　　　　mm

| 铸造方法 | 铸件尺寸 | 铸钢 | 灰铸铁 | 球墨铸铁 | 可锻铸铁 | 铝合金 | 镁合金 | 铜合金 | 高锰钢 |
|---|---|---|---|---|---|---|---|---|---|
| 砂型 | ～200×200 | 6～8 | 5～6 | 6 | 4～5 | 3 | | 3～5 | 20<br>（最大壁厚<br>不超过 125） |
| | ＞200×200～500×500 | 10～12 | 6～10 | 12 | 5～8 | 4 | 3 | 6～8 | |
| | ＞500×500 | 18～25 | 15～20 | | | 5～7 | | | |
| 金属型 | ～70×70 | 5 | 4 | | 2.5～3.5 | 2～3 | | 3 | |
| | ＞70×70～150×150 | | 5 | | 3.5～4.5 | 4 | 2.5 | 4～5 | |
| | ＞150×150 | 10 | 6 | | | 5 | | 6～8 | |

注　1. 一般铸造条件下，各种灰铸铁的最小允许壁厚：

HT100，HT150　$\delta=4\sim6$mm；HT200　$\delta=6\sim8$mm；HT250　$\delta=8\sim15$mm；HT300，HT350　$\delta=15$mm。

2. 如有特殊需要，在改善铸造条件下，灰铸铁最小壁厚可达 3mm，可锻铸铁可小于 3mm。

6.1

**表 6-11　铸造内圆角**（JB/ZQ 4255—1997）　　　　mm

| $\dfrac{a+b}{2}$ | R 值/mm | | | | | | | | | | | |
|---|---|---|---|---|---|---|---|---|---|---|---|---|
| | 内圆角 α | | | | | | | | | | | |
| | <50° | | 51°~75° | | 76°~105° | | 106°~135° | | 136°~165° | | >165° | |
| | 钢 | 铁 | 钢 | 铁 | 钢 | 铁 | 钢 | 铁 | 钢 | 铁 | 钢 | 铁 |
| ≤8 | 4 | 4 | 4 | 4 | 6 | 4 | 8 | 6 | 16 | 10 | 20 | 16 |
| 9~12 | 4 | 4 | 4 | 4 | 6 | 6 | 10 | 8 | 16 | 12 | 25 | 20 |
| 13~16 | 4 | 4 | 6 | 4 | 8 | 6 | 12 | 10 | 20 | 16 | 30 | 25 |
| 17~20 | 6 | 4 | 8 | 6 | 10 | 8 | 16 | 12 | 25 | 20 | 40 | 30 |
| 21~27 | 6 | 6 | 10 | 8 | 12 | 10 | 20 | 16 | 30 | 25 | 50 | 40 |
| 28~35 | 8 | 6 | 12 | 10 | 16 | 12 | 25 | 20 | 40 | 30 | 60 | 50 |
| 36~45 | 10 | 8 | 16 | 12 | 20 | 16 | 30 | 25 | 50 | 40 | 80 | 60 |
| 46~60 | 12 | 10 | 20 | 16 | 25 | 20 | 35 | 30 | 60 | 50 | 100 | 80 |

| c 和 h 值/mm | | | | |
|---|---|---|---|---|
| b/a | <0.4 | 0.5~0.65 | 0.66~0.8 | >0.8 |
| ≈c | 0.7(a−b) | 0.8(a−b) | a−b | — |
| ≈h | 钢 | 8c | | |
| | 铁 | 9c | | |

**表 6-12　铸造外圆角**（JB/ZQ 4256—1997）　　　　mm

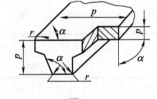

| 表面的最小边尺寸 p/mm | r 值/mm | | | | | |
|---|---|---|---|---|---|---|
| | 外圆角 α | | | | | |
| | <50° | 51°~75° | 76°~105° | 106°~135° | 136°~165° | >165° |
| ≤25 | 2 | 2 | 2 | 4 | 6 | 8 |
| >25~60 | 2 | 4 | 4 | 6 | 10 | 16 |
| >60~160 | 4 | 4 | 6 | 8 | 16 | 25 |
| >160~250 | 4 | 6 | 8 | 12 | 20 | 30 |
| >250~400 | 6 | 8 | 10 | 16 | 25 | 40 |
| >400~600 | 6 | 8 | 12 | 20 | 30 | 50 |

注　如果铸件按上表可选出许多不同的圆角 "r" 时，应尽量减少或只取一适当的 "r" 值以求统一。

**表 6-13　铸造斜度**（JB/ZQ 4257—1986）　　　mm

| 斜度 a:h | 角度 β | 使用范围 |
|---|---|---|
| 1:5 | 11°30′ | h<25mm 的钢和铁铸件 |
| 1:10 | 5°30′ | h 在 25~500mm 时的钢和铁铸件 |
| 1:20 | 3° | |
| 1:50 | 1° | h>500mm 时的钢和铁铸件 |
| 1:100 | 30′ | 有色金属铸件 |

注　当设计不同壁厚的铸件时（参见表中下图），在转折点处的斜角最大可增大到 30°~45°。

**表 6-14　铸造过渡斜度**（JB/ZQ 4254—1986）　　　mm

| 铸铁和铸钢件的壁厚 δ | K | h | R |
|---|---|---|---|
| 10~15 | 3 | 15 | 5 |
| >15~20 | 4 | 20 | 5 |
| >20~25 | 5 | 25 | 5 |
| >25~30 | 6 | 30 | 8 |
| >30~35 | 7 | 35 | 8 |
| >35~40 | 8 | 40 | 10 |
| >40~45 | 9 | 45 | 10 |
| >45~50 | 10 | 50 | 10 |

适用于减速器的机体、机盖、联接管、气缸及其他各种联接法兰的过渡处

表 6-15　机械传动和摩擦副的效率略值

| 种　类 | | 效率 $\eta$ | 种　类 | | 效率 $\eta$ |
|---|---|---|---|---|---|
| 圆柱齿轮传动 | 很好跑合的 6 级精度和 7 级精度齿轮传动（油润滑） | 0.98～0.99 | 摩擦轮 | 平摩擦轮传动 | 0.85～0.92 |
| | 8 级精度的一般齿轮传动（油润滑） | 0.97 | | 槽摩擦轮传动 | 0.88～0.90 |
| | 9 级精度的齿轮传动（油润滑） | 0.96 | | 卷绳轮 | 0.95 |
| | 加工齿的开式齿轮传动（脂润滑） | 0.94～0.96 | 联轴器 | 十字滑块联轴器 | 0.97～0.99 |
| | 铸造齿的开式齿轮传动 | 0.90～0.93 | | 齿式联轴器 | 0.99 |
| 锥齿轮传动 | 很好跑合的 6 级和 7 级精度齿轮传动（油润滑） | 0.97～0.98 | | 弹性联轴器 | 0.99～0.995 |
| | | | | 万向联轴器（ $\alpha \leqslant 3°$ ） | 0.97～0.98 |
| | 8 级精度的一般齿轮传动（油润滑） | 0.94～0.97 | | 万向联轴器（ $\alpha > 3°$ ） | 0.95～0.97 |
| | 加工齿的开式齿轮传动（脂润滑） | 0.92～0.95 | 滑动轴承 | 润滑不良 | 0.94（一对） |
| | 铸造齿的开式齿轮传动 | 0.88～0.92 | | 润滑正常 | 0.97（一对） |
| 蜗杆传动 | 自锁蜗杆（油润滑） | 0.40～0.45 | | 润滑特好（压力润滑） | 0.98（一对） |
| | 单头蜗杆（油润滑） | 0.70～0.75 | | 液体摩擦 | 0.99（一对） |
| | 双头蜗杆（油润滑） | 0.75～0.82 | 滚动轴承 | 球轴承（稀油润滑） | 0.99（一对） |
| | 三头和四头蜗杆（油润滑） | 0.80～0.92 | | 滚子轴承（稀油润滑） | 0.98（一对） |
| | 环面蜗杆传动（油润滑） | 0.85～0.95 | 卷筒 | — | 0.96 |
| 带传动 | 平带无压紧轮的开式传动 | 0.98 | 减（变）速器 | 一级圆柱齿轮减速器 | 0.97～0.98 |
| | 平带有压紧轮的开式传动 | 0.97 | | 二级圆柱齿轮减速器 | 0.95～0.96 |
| | 平带交叉传动 | 0.9 | | 行星圆柱齿轮减速器 | 0.95～0.98 |
| | V 带传动 | 0.96 | | 一级锥齿轮减速器 | 0.95～0.96 |
| 链传动 | 焊接链 | 0.93 | | 二级锥齿轮—圆柱齿轮减速器 | 0.94～0.95 |
| | 片式关节链 | 0.95 | | 无级变速器 | 0.92～0.95 |
| | 滚子链 | 0.96 | | 摆线—针轮减速器 | 0.90～0.97 |
| | 齿形链 | 0.97 | 丝杠传动 | 滑动丝杠 | 0.30～0.60 |
| 复滑轮组 | 滑动轴承（ $i=2～6$ ） | 0.90～0.98 | | 滚动丝杠 | 0.85～0.95 |
| | 滚动轴承（ $i=2～6$ ） | 0.95～0.99 | | | |

# 6.2　常用工程材料

表 6-16　灰铸铁（GB/T 9439—1988）球墨铸铁（GB/T 1348—1988）

| 类别 | 牌号 | 力　学　性　能 | | | | 应用举例 |
|---|---|---|---|---|---|---|
| | | $\sigma_b$ /(N·mm$^{-2}$) | $\sigma_b$ 或 $\sigma_{0.2}$ /(N·mm$^{-2}$) | $\delta$ （%） | 硬度 （HBW） | |
| | | 不小于 | | | | |
| 铸铁 | HT100 | 100 | | | 114～173 | 支架、盖、手把等 |
| | HT150 | 150 | | | 132～197 | 端盖、轴承座、手轮等 |
| | HT200 | 200 | | | 151～229 | 机架、机体、中压阀体 |
| | HT250 | 250 | | | 180～269 | 机体、轴承座、缸体、联轴器、齿轮等 |
| | HT300 | 300 | | | 207～313 | |
| | HT350 | 350 | | | 238～357 | 齿轮、凸轮、床身、导轨等 |

| 类别 | 牌号 | 力学性能 | | | | 应用举例 |
| --- | --- | --- | --- | --- | --- | --- |
| | | $\sigma_b$ /(N·mm⁻²) | $\sigma_b$ 或 $\sigma_{0.2}$ /(N·mm⁻²) | $\delta$ (%) | 硬度 (HBW) | |
| | | 不小于 | | | | |
| 球墨铸铁 | QT400—15 | 400 | 250 | 15 | 130～180 | 齿轮、箱体、管路、阀体、盖、中低压阀体 |
| | QT450—10 | 450 | 310 | 10 | 160～210 | |
| | QT500—7 | 500 | 320 | 7 | 180～230 | 气缸、阀体、轴瓦等 |
| | QT600—3 | 600 | 370 | 3 | 190～270 | 曲轴、缸体、车轮等 |
| | QT700—2 | 700 | 420 | 2 | 225～305 | |

表 6-17　一般工程用铸造碳钢（GB/T 11352—1989）

| 牌号 | 抗拉强度 $\sigma_b$ | 屈服强度 $\sigma_s$ 或 $\sigma_{0.2}$ | 伸长率 $\delta$ | 根据合同选择 | | 硬度 | | 应用举例 |
| --- | --- | --- | --- | --- | --- | --- | --- | --- |
| | | | | 收缩率 $\psi$ | 冲击功 $A_{KV}$ | 正火回火 (HBC) | 表面淬火 (HRC) | |
| | /MPa | | /% | | /J | | | |
| | 最小值 | | | | | | | |
| ZG200—400 | 400 | 200 | 25 | 40 | 30 | | | 各种形状的机件，如机座、变速箱壳等 |
| ZG230—450 | 450 | 230 | 22 | 32 | 25 | ≥131 | | 铸造平坦的零件，如机座、机盖、箱体、铁砧台，工作温度在 450℃ 以下的管路附件等。焊接性良好 |
| ZG270—500 | 500 | 270 | 18 | 25 | 22 | ≥143 | 40～45 | 各种形状的机件，如飞轮、机架、蒸汽锤、桩锤、联轴器、水压机工作缸、横梁等。焊接性尚可 |
| ZG310—570 | 570 | 310 | 15 | 21 | 15 | ≥153 | 40～50 | 各种形状的机件，如联轴器、汽缸、齿轮、齿轮圈及重负荷机架等 |
| ZG340—640 | 640 | 340 | 10 | 18 | 10 | 169～229 | 45～55 | 起重运输机的齿轮、联轴器及重要的机件等 |

注　1. 各牌号铸钢的性能，适用于厚度为 100mm 以下的铸件，当厚度超过 100mm 时，仅表中规定的 $\sigma_{0.2}$ 屈服强度可供设计使用。

2. 表中力学性能的试验环境温度为（20±10）℃。

3. 表中硬度值非 GB/T 11352—1989 内容，仅供参考。

表 6-18　碳素结构钢（GB/T 700—2006 摘录）

| 牌号 | 统一数字代号 | 等级 | 屈服强度 $R_{eH}$/MPa　≥ | | | | | | 抗拉强度 $R_m$/MPa | 断后伸长率 $A$(%)　≥ | | | | | 应用举例 |
| | | | 厚度（或直径）/mm | | | | | | | 厚度（或直径）/mm | | | | | |
| | | | ≤16 | >16~40 | >40~60 | >60~100 | >100~150 | >150~200 | | ≤40 | >40~60 | >60~100 | >100~150 | >150~200 | |
| Q195 | U11952 | — | 195 | 185 | — | — | — | — | 315~430 | 33 | — | — | — | — | 具有良好韧性、较高伸长率，焊接性良好，用于制作螺栓、炉撑、拉杆、犁板、短轴、支架、焊接件等 |
| Q215 | U12152 | A | 215 | 205 | 195 | 185 | 175 | 165 | 335~450 | 31 | 30 | 29 | 27 | 26 | |
| | U12155 | B | | | | | | | | | | | | | |
| Q235 | U12352 | A | 235 | 225 | 215 | 215 | 195 | 185 | 370~500 | 26 | 25 | 24 | 22 | 21 | 韧性良好，冲击和焊接性较好，广泛用于制作一般机械零件，如销、轴、拉杆、套筒、支架、焊接件等，C、D级性能较高，用于重要的焊接结构件 |
| | U12355 | B | | | | | | | | | | | | | |
| | U12358 | C | | | | | | | | | | | | | |
| | U12359 | D | | | | | | | | | | | | | |
| Q275 | U12752 | A | 275 | 265 | 255 | 245 | 225 | 215 | 410~540 | 22 | 21 | 20 | 18 | 17 | 较高强度，一定的焊接性，制作齿轮、心轴、转轴、键、制动板、农机用机架、链和链节等，C、D级用于强度要求较高的零件 |
| | U12755 | B | | | | | | | | | | | | | |
| | U12758 | C | | | | | | | | | | | | | |
| | U12759 | D | | | | | | | | | | | | | |

注　1. 各牌号的化学成分应符合 GB/T 700—2006 的有关规定。

2. 碳素结构钢钢板、钢带、型钢及钢棒的尺寸规格应符合相应标准的规定。

3. Q195 的屈服强度值仅供参考，不作交货条件。

表 6-19　优质碳素结构钢（GB/T 699—1999 摘录）

| 牌号 | 统一数字代号 | 推荐热处理/℃ | | | 力 学 性 能 | | | | | 应用举例 |
| | | 正火 | 淬火 | 回火 | $\sigma_b$/MPa | $\sigma_s$/MPa | $\delta_5$/% | $\psi$/% | $A_K$/J | |
| | | | | | 不　小　于 | | | | | |
| 08F | U20080 | 930 | | | 295 | 175 | 35 | 60 | | 垫片、垫圈、摩擦片等 |
| 20 | U20202 | 910 | | | 410 | 245 | 25 | 55 | | 拉杆、轴套、吊钩等 |
| 30 | U20302 | 880 | 860 | 600 | 490 | 295 | 21 | 50 | 63 | 销轴、套杯、螺栓 |
| 35 | U20352 | 870 | 850 | 600 | 530 | 315 | 20 | 45 | 55 | 轴、圆盘、销轴、螺栓 |
| 40 | U20402 | 860 | 840 | 600 | 570 | 335 | 19 | 45 | 47 | 轴、齿轮、链轮、键等 |
| 45 | U20452 | 850 | 840 | 600 | 600 | 355 | 16 | 40 | 39 | |
| 50 | U20502 | 830 | 830 | 600 | 630 | 375 | 14 | 40 | 31 | 弹簧、凸轮、轴、轧辊 |
| 60 | U20602 | 810 | | | 675 | 400 | 12 | 36 | | |

| 牌号 | 统一数字代号 | 推荐热处理/℃ | | | 力 学 性 能 | | | | | 应用举例 |
|---|---|---|---|---|---|---|---|---|---|---|
| | | 正火 | 淬火 | 回火 | $\sigma_b$ /MPa | $\sigma_s$ MPa | $\delta_5$ /% | $\psi$ /% | $A_K$ /J | |
| | | | | | 不 小 于 | | | | | |
| 15Mn | U21152 | 920 | | | 410 | 245 | 26 | 55 | | 焊接性渗碳性好 |
| 25Mn | U21252 | 900 | 870 | 600 | 490 | 295 | 22 | 50 | 71 | 凸轮、齿轮、链轮等 |
| 40Mn | U21402 | 860 | 840 | 600 | 590 | 355 | 17 | 45 | 47 | 轴、曲轴、拉杆等 |
| 50Mn | U21502 | 830 | 830 | 600 | 645 | 390 | 13 | 40 | 31 | 轴、齿轮、凸轮、摩擦盘等 |
| 65Mn | U21652 | 810 | | | 735 | 430 | 9 | 30 | | 弹簧等 |

注　1. 表中力学性能是试样毛坯尺寸为 25mm 的值。

2. 热处理保温时间为：正火不小于 30min；淬火不小于 30min；回火不小于 1h。

**表 6-20　合金结构钢**（GB/T 3077—1999 摘录）

| 牌号 | 热处理 | | | | 力学性能 | | | | | 供货状态硬度 HBW 不大于 | 表面淬火硬度 HRC 不大于 | 应用举例 |
|---|---|---|---|---|---|---|---|---|---|---|---|---|
| | 淬火 | | 回火 | | $\sigma_b$ /MPa | $\sigma_s$ MPa | $\delta_5$ /% | $\psi$ /% | $A_K$ /J | | | |
| | 温度 /℃ | 冷却剂 | 温度 /℃ | 冷却剂 | | | | | | | | |
| 35Mn | 840 | 水 | 500 | 水 | 835 | 685 | 12 | 45 | 55 | 207 | 40～50 | 直径 $d \leqslant 15$mm 重要用途的冷镦螺栓及小轴 |
| 45Mn2 | 840 | 油 | 550 | 水、油 | 885 | 735 | 10 | 45 | 47 | 217 | 45～55 | 直径 $d \leqslant 60$mm 时与 40Cr 相当，做齿轮轴、蜗杆、连杆 |
| 35SiMn | 900 | 水 | 570 | 水、油 | 885 | 735 | 15 | 45 | 47 | 229 | 45～55 | 代 40Cr 做中小型轴类、齿轮等零件 |
| 42SiMn | 880 | 水 | 590 | 水 | 885 | 735 | 15 | 40 | 47 | 229 | 45～55 | 可代 40Cr 做大齿圈 |
| 37SiMn2MoV | 870 | 水、油 | 650 | 水、空 | 980 | 835 | 12 | 50 | 63 | 269 | 45～55 | 做高强度重负荷轴、曲轴、齿轮、蜗杆等 |
| 40MnB | 850 | 油 | 500 | 水、油 | 980 | 785 | 10 | 45 | 47 | 207 | 45～55 | 代 40Cr 做小截面轴类及齿轮等 |
| 20Cr | 880① | 水、油 | 200 | 水、空 | 835 | 540 | 10 | 40 | 47 | 179 | 渗碳 56～62 | 做心部强度较高、承受磨损、尺寸较大渗碳件，如齿轮 |
| 40Cr | 850 | 油 | 520 | 水、油 | 980 | 785 | 9 | 45 | 47 | 207 | 48～55 | 做较重要的调质件，如连杆、螺栓、齿轮、轴等 |
| 20CrNi | 850 | 水、油 | 460 | 水、油 | 785 | 590 | 10 | 50 | 63 | 197 | 渗碳 56～62 | 做较大负荷渗碳件，如齿轮、轴、键、花键轴等 |

| 牌号 | 热处理 | | | | 力学性能 | | | | | | | 应用举例 |
|---|---|---|---|---|---|---|---|---|---|---|---|---|
| | 淬火 | | 回火 | | $\sigma_b$ /MPa | $\sigma_s$ /MPa | $\delta_5$ /% | $\psi$ /% | $A_K$ /J | 供货状态硬度 HBW 不大于 | 表面淬火硬度 HRC 不大于 | |
| | 温度 /℃ | 冷却剂 | 温度 /℃ | 冷却剂 | | | | | | | | |
| 40CrNi | 820 | 油 | 550 | 水、油 | 980 | 785 | 10 | 45 | 55 | 241 | 45～55 | 做高强度高韧性件,如齿轮、链条、连杆 |
| 35CrMo | 850 | 油 | 550 | 水、油 | 980 | 835 | 12 | 45 | 63 | 229 | 40～55 | 做表面硬度高,心部高强度、韧性好的工件,如齿轮、曲轴 |
| 38CrMoAl | 940 | 水、油 | 640 | 水、油 | 980 | 835 | 14 | 50 | 71 | 229 | >580HV | 高耐磨、高强度渗氮件,如阀门、阀杆、板簧、轴套 |
| 20CrMnMo | 850 | 油 | 220 | 水、空 | 1175 | 885 | 10 | 45 | 55 | 217 | 渗碳 56～62 | 表面硬度高、心部高强度、韧性件,如齿轮、曲轴 |
| 40CrMnMo | 850 | 油 | 600 | 水、油 | 980 | 785 | 10 | 45 | 63 | 217 | 渗碳 56～62 | 相当于40CrNiMo的高级调质件 |
| 20CrMnTi | 880① | 油 | 200 | 水、空 | 1080 | 835 | 10 | 45 | 55 | 217 | 渗碳 56～62 | 强度韧性均高、中重负荷重要件,如渗碳齿轮、凸轮 |
| 20CrNiMo | 850 | 油 | 200 | 空 | 980 | 785 | 9 | 40 | 47 | 197 | 渗碳 56～62 | 强度高、负荷大的重要件,如齿轮、轴等 |
| 40CrNiMoA | 850 | 油 | 600 | 水、油 | 980 | 835 | 12 | 55 | 78 | 269 | — | 重负荷大尺寸调质件,如齿轮、轴、风机叶片 |

注 1. 供货状态为钢材退火或高温回火状态。

2. 试件毛坯尺寸为25mm,20CrMnTi,20CrMnMo,20CrNiMo试件尺寸15mm。

① 为第一次淬火温度。

**表 6-21 常用轧制钢板尺寸规格**(GB/T 708—1988 和 GB/T 709—1988 摘录)

| 公称厚度 /mm | 冷轧 GB 708—1988 | 0.20 0.25 0.30 0.35 0.40 0.45 0.55 0.60 0.65 0.70 0.75 0.80 0.90 1.0 1.1 1.2 1.3 1.4 1.5 1.6 1.7 1.8 2.0 2.2 2.5 2.8 3.2 3.5 3.8 3.9 4.0 4.2 4.5 4.8 5.0 |
|---|---|---|
| | 热轧 GB 709—1988 | 0.50 0.55 0.60 0.65 0.70 0.75 0.80 0.90 1.0 1.2 1.3 1.4 1.5 1.6 1.8 2.0 2.2 2.5 2.8 3.0 3.2 3.5 3.8 3.9 4.0 4.5 5 6 7 8 9 10 11 12 13 14 15 16 17 18 19 20 21 22 25 26 28 30 32 34 36 38 40 42 45 48 50 52 55 ～110(5进位) 120 125 130 140 150 160 165 170 180 185 190 195 200 |

注 钢板宽度为50mm或10mm的倍数,但大于或等于600mm。钢板长度为100mm或50mm的倍数,当厚度≤4mm时,长度≥1.2m;厚度>4mm时,长度≥2m。

## 表 6-22 铸造铜合金、铸造铝合金和铸造轴承合金

| 合金牌号 | 合金名称（或代号） | 铸造方法 | 合金状态 | 力学性能（不低于） | | | | 应用举例 |
|---|---|---|---|---|---|---|---|---|
| | | | | 抗拉强度 $\sigma_b$ | 屈服强度 $\sigma_{0.2}$ | 伸长率 $\delta_5$ | 布氏硬度 HBS | |
| | | | | MPa | | % | | |
| 铸造铜合金（GB 1176—1987 摘录） | | | | | | | | |
| ZCuSn5Pb5Zn5 | 5-5-5 锡青铜 | S、J Li、La | | 200 250 | 90 100 | 13 | 590* 635* | 较高负荷、中速下工作的耐磨耐蚀件，如轴瓦、衬套、缸套及蜗轮等 |
| ZCuSn10P1 | 10-1 锡青铜 | S J Li La | | 220 310 330 360 | 130 170 170 170 | 3 2 4 6 | 785* 885* 885* 885* | 高负荷（20MPa 以下）和高滑动速度（8m/s）下工作的耐磨件，如连杆、衬套、轴瓦、蜗轮等 |
| ZCuSn10Pb5 | 10-5 锡青铜 | S J | | 195 245 | | 10 | 685 | 耐蚀、耐酸件及破碎机衬套、轴瓦等 |
| ZCuPb17Sn4Zn4 | 17-4-4 铅青铜 | S J | | 150 175 | | 5 7 | 540 590 | 一般耐磨件、轴承等 |
| ZCuAl10Fe3 | 10-3 铝青铜 | S J Li、La | | 490 540 540 | 180 200 200 | 13 15 15 | 980* 1080* 1080* | 要求强度高、耐磨、耐蚀的零件，如轴套、螺母、蜗轮、齿轮等 |
| ZCuAl10Fe3Mn2 | 10-3-2 铝青铜 | S J | | 490 540 | | 15 20 | 1080 1175 | |
| ZCuZn38 | 38 黄铜 | S J | | 295 | | 30 | 590 685 | 一般结构件和耐蚀件，如法兰、阀座、螺母等 |
| ZCuZn40Pb2 | 40-2 铅黄铜 | S J | | 220 280 | 120 | 15 20 | 785* 885* | 一般用途的耐磨、耐蚀件，如轴套、齿轮等 |
| ZCuZn38Mn2Pb2 | 38-2-2 锰黄铜 | S J | | 245 345 | | 10 18 | 685 785 | 一般用途的结构件，如套筒、衬套、轴瓦、滑块等 |
| ZCuZn16Si4 | 16-4 硅黄铜 | S J | | 345 390 | | 15 20 | 885 980 | 接触海水工作的管配件以及水泵、叶轮等 |
| 铸造铝合金（GB/T 1173—1995 摘录） | | | | | | | | |
| ZAlSi12 | ZL102 铝硅合金 | SB、JB RB、KB | F T2 | 145 135 | | 4 | 50 | 汽缸活塞以及高温工作的承受冲击载荷的复杂薄壁零件 |
| | | J | F T2 | 155 145 | | 2 3 | | |
| ZAlSi9Mg | ZL104 铝硅合金 | S、J、R、K J SB、RB、KB J、JB | F T1 T6 T6 | 145 195 225 235 | | 2 1.5 2 2 | 50 65 70 70 | 形状复杂的高温静载荷或受冲击作用的大型零件，如扇风机叶片、水冷汽缸头 |
| ZAlMg5Si1 | ZL303 铝镁合金 | S、J、R、K | F | 145 | | 1 | 55 | 高耐蚀性或在高温度下工作的零件 |
| ZAlZn11Si7 | ZL401 铝锌合金 | S、R、K J | T1 | 195 245 | | 2 1.5 | 80 90 | 铸造性能较好，可不热处理，用于形状复杂的大型薄壁零件，耐蚀性差 |

| 合金牌号 | 合金名称（或代号） | 铸造方法 | 合金状态 | 力学性能（不低于） | | | | 应用举例 |
|---|---|---|---|---|---|---|---|---|
| | | | | 抗拉强度 $\sigma_b$ | 屈服强度 $\sigma_{0.2}$ | 伸长率 $\delta_5$ | 布氏硬度 HBS | |
| | | | | MPa | | % | | |
| 铸造轴承合金（GB/T 1174—1992 摘录） | | | | | | | | |
| ZSnSb12Pb10Cu4 | 锡基轴承合金 | J | | | | | 29 | 汽轮机、压缩机、机车、发电机、球磨机、轧机减速器、发动机等各种机器的滑动轴承衬 |
| ZSnSb11Cu6 | | J | | | | | 27 | |
| ZSnSb8Cu4 | | J | | | | | 24 | |
| ZPbSb16Sn16Cu2 | 铅基轴承合金 | J | | | | | 30 | |
| ZPbSb15Sn10 | | J | | | | | 24 | |
| ZPbSb15Sn5 | | J | | | | | 20 | |

注　1. 铸造方法代号：S—砂型铸造；J—金属型铸造；Li—离心铸造；La—连续铸造；R—熔模铸造；K—壳型铸造；B—变质处理。

2. 合金状态代号：F—铸态；T1—人工时效；T2—退火；T6—固溶处理加人工完全时效。

3. 铸造铜合金的布氏硬度试验力的单位为 N，有 * 者为参考值。

**表 6-23　常用工程塑料的物理性能**

| 品种 | 力学性能 | | | | | | | 热性能 | | | | 应用举例 |
|---|---|---|---|---|---|---|---|---|---|---|---|---|
| | 抗拉强度 /MPa | 抗压强度 /MPa | 抗弯强度 /MPa | 伸长率 /% | 冲击韧度 /(MJ /m²) | 弹性模量 ×10³ /MPa | 硬度 | 熔点 /℃ | 马丁耐热 /℃ | 脆化温度 /℃ | 线胀系数 ×10⁻⁵ /℃⁻¹ | |
| 尼龙 6 | 53～77 | 59～88 | 69～98 | 150～250 | 带缺口 0.0031 | 0.83～2.6 | 85～114 HRR | 215～223 | 40～50 | －20～－30 | 7.9～8.7 | 具有优良的机械强度和耐磨性，广泛用作机械、化工及电气零件，例如：轴承、齿轮、凸轮、滚子、辊轴、泵叶轮、风扇叶轮、蜗轮、螺钉、螺母、垫圈、高压密封圈、阀座、输油管、储油容器等。尼龙粉末还可喷涂于各种零件表面，以提高耐磨性能和密封性能 |
| 尼龙 9 | 57～64 | | 79～84 | | 无缺口 0.25～0.30 | 0.97～1.2 | | 209～215 | 12～48 | | 8～12 | |
| 尼龙 66 | 66～82 | 88～118 | 98～108 | 60～200 | 带缺口 0.0039 | 1.4～3.3 | 100～118 HRR | 265 | 50～60 | －25～－30 | 9.1～10.0 | |
| 尼龙 610 | 46～59 | 69～88 | 69～98 | 100～240 | 带缺口 0.0035～0.0055 | 1.2～2.3 | 90～113 HRR | 210～223 | 51～56 | | 9.0～12.0 | |
| 尼龙 1010 | 51～54 | 108 | 81～87 | 100～250 | 带缺口 0.0040～0.0050 | 1.6 | 7.1HB | 200～210 | 45 | －60 | 10.5 | |
| MC尼龙（无填充） | 90 | 105 | 156 | 20 | 无缺口 0.520～0.624 | 3.6（拉伸） | 21.3HB | | 55 | | 8.3 | 强度特高，适于制造大型齿轮、蜗轮、轴套、大型阀门密封面、导向环、导轨、滚动轴承保持架、船尾轴承、起重汽车吊索绞盘蜗轮、柴油发动机燃料泵齿轮、矿山铲掘机轴承、水压机立柱导套、大型轧钢机辊道轴瓦等 |

6. 2

续表

| 品种 | 力学性能 | | | | | | | 热性能 | | | | 应用举例 |
|---|---|---|---|---|---|---|---|---|---|---|---|---|
| | 抗拉强度/MPa | 抗压强度/MPa | 抗弯强度/MPa | 伸长率/% | 冲击韧度/(MJ/m²) | 弹性模量×10³/MPa | 硬度 | 熔点/℃ | 马丁耐热/℃ | 脆化温度/℃ | 线胀系数×10⁻⁵/℃⁻¹ | |
| 聚甲醛（均聚物） | 69（屈服） | 125 | 96 | 15 | 带缺口0.0076 | 2.9（弯曲） | 17.2HB | | 60～64 | | 8.1～10.0（0～40℃时） | 具有良好的摩擦磨损性能，尤其是优越的干摩擦性能。用于制造轴承、齿轮、凸轮、辊子、阀门上的阀杆螺母、垫圈、法兰、垫片、泵叶轮、鼓风机叶片、弹簧、管道等 |
| 聚碳酸酯 | 65～69 | 82～86 | 104 | 100 | 带缺口0.064～0.075 | 2.2～2.5（拉伸） | 9.7～10.4HB | 220～230 | 110～130 | −100 | 6～7 | 具有高的冲击韧性和优异的尺寸稳定性。用于制造齿轮、蜗轮、蜗杆、齿条、凸轮、心轴、轴承、滑轮、铰链、传动链、螺栓、螺母、垫圈、铆钉、泵叶轮、汽车化油器部件、节流阀、各种外壳等 |

**表 6-24  常用材料大致价格比**

| 材料种类 | Q235 | 45 | 40Cr | 铸铁 | 角钢 | 槽钢工字钢 | 铝锭 | 黄铜 | 青铜 | 尼龙 |
|---|---|---|---|---|---|---|---|---|---|---|
| 价格比 | 1 | 1.05～1.15 | 1.4～1.6 | ～0.5 | 0.8～0.9 | ～1 | 4～5 | 8～9 | 9～10 | 10～11 |

注　本表以 Q235 中等尺寸圆钢单位质量价格为 1 计算，其他为相对值。由于市场价格变化，本表仅供课程设计参考。

# 6.3 联接件和轴系紧固件

## 6.3.1 螺纹

**表 6-25  普通螺纹基本尺寸**（GB/T 193、196、197—2003摘录）　　　　　mm

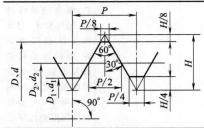

$H=0.866P$

$d_2=d-0.6495P$

$d_1=d-1.0825P$

$D、d$—内、外螺纹大径

$D_2、d_2$—内、外螺纹中径

$D_1、d_1$—内、外螺纹小径

$P$—螺距

标记示例：

M 20—6H（公称直径20粗牙右旋内螺纹，中径和大径的公差带均为6H）

M 20—6g（公称直径20粗牙右旋外螺纹，中径和大径的公差带均为6g）

M 20—6H/6g（上述规格的螺纹副）

M 20×2—5g6g—L—S（公称直径20，螺距2的细牙左旋外螺纹，中径、大径的公差带分别为5g，6g，短旋合长度）

| 公称直径 D、d 第一系列 | 公称直径 D、d 第二系列 | 螺距 P | 中径 $D_2$、$d_2$ | 小径 $D_1$、$d_1$ |
|---|---|---|---|---|
| 3 | | **0.5** | 2.675 | 2.459 |
| | | 0.35 | 2.773 | 2.621 |
| | 3.5 | **0.6** | 3.110 | 2.850 |
| | | 0.35 | 3.273 | 3.121 |
| 4 | | **0.7** | 3.545 | 3.242 |
| | | 0.5 | 3.675 | 3.459 |
| | 4.5 | **0.75** | 4.013 | 3.688 |
| | | 0.5 | 4.175 | 3.959 |
| 5 | | **0.8** | 4.480 | 4.134 |
| | | 0.5 | 4.675 | 4.459 |
| 6 | | **1** | 5.350 | 4.917 |
| | | 0.75 | 5.513 | 5.188 |
| 8 | | **1.25** | 7.188 | 6.647 |
| | | 1 | 7.350 | 6.917 |
| | | 0.75 | 7.513 | 7.188 |
| 10 | | **1.5** | 9.026 | 8.376 |
| | | 1.25 | 9.188 | 8.647 |
| | | 1 | 9.350 | 8.917 |
| | | 0.75 | 9.513 | 9.188 |
| 12 | | **1.75** | 10.863 | 10.106 |
| | | 1.5 | 11.026 | 10.376 |
| | | 1.25 | 11.188 | 10.647 |
| | | 1 | 11.350 | 10.917 |
| | 14 | **2** | 12.701 | 11.835 |
| | | 1.5 | 13.026 | 12.376 |
| | | 1 | 13.350 | 12.917 |
| 16 | | **2** | 14.701 | 13.835 |
| | | 1.5 | 15.026 | 14.376 |
| | | 1 | 15.350 | 14.917 |
| | 18 | **2.5** | 16.376 | 15.294 |
| | | 2 | 16.701 | 15.835 |

| 公称直径 D、d 第一系列 | 公称直径 D、d 第二系列 | 螺距 P | 中径 $D_2$、$d_2$ | 小径 $D_1$、$d_1$ |
|---|---|---|---|---|
| | 18 | 1.5 | 17.026 | 16.376 |
| | | 1 | 17.350 | 16.917 |
| 20 | | **2.5** | 18.376 | 17.294 |
| | | 2 | 18.701 | 17.835 |
| | | 1.5 | 19.026 | 18.376 |
| | | 1 | 19.350 | 18.917 |
| | 22 | **2.5** | 20.376 | 19.294 |
| | | 2 | 20.701 | 19.835 |
| | | 1.5 | 21.026 | 20.376 |
| | | 1 | 21.350 | 20.917 |
| 24 | | **3** | 22.051 | 20.752 |
| | | 2 | 22.701 | 21.835 |
| | | 1.5 | 23.026 | 22.376 |
| | | 1 | 23.350 | 22.917 |
| | 27 | **3** | 25.051 | 23.752 |
| | | 2 | 25.701 | 24.835 |
| | | 1.5 | 26.026 | 25.376 |
| | | 1 | 26.350 | 25.917 |
| 30 | | **3.5** | 27.727 | 26.211 |
| | | 2 | 28.701 | 27.835 |
| | | 1.5 | 29.026 | 28.376 |
| | | 1 | 29.350 | 28.917 |
| | 33 | **3.5** | 30.727 | 29.211 |
| | | 2 | 31.701 | 30.835 |
| | | 1.5 | 32.026 | 31.376 |
| 36 | | **4** | 33.402 | 31.670 |
| | | 3 | 34.051 | 32.752 |
| | | 2 | 34.701 | 33.835 |
| | | 1.5 | 35.026 | 34.376 |
| | 39 | **4** | 36.402 | 34.670 |
| | | 3 | 37.051 | 35.572 |

| 公称直径 D、d 第一系列 | 公称直径 D、d 第二系列 | 螺距 P | 中径 $D_2$、$d_2$ | 小径 $D_1$、$d_1$ |
|---|---|---|---|---|
| | 39 | 2 | 37.701 | 36.835 |
| | | 1.5 | 38.026 | 37.376 |
| 42 | | **4.5** | 39.077 | 37.129 |
| | | 3 | 40.051 | 38.752 |
| | | 2 | 40.701 | 39.835 |
| | | 1.5 | 41.026 | 40.376 |
| | 45 | **4.5** | 42.077 | 40.129 |
| | | 3 | 43.051 | 41.752 |
| | | 2 | 43.701 | 42.835 |
| | | 1.5 | 44.026 | 43.376 |
| 48 | | **5** | 44.752 | 42.587 |
| | | 3 | 46.051 | 44.752 |
| | | 2 | 46.701 | 45.835 |
| | | 1.5 | 47.026 | 46.376 |
| | 52 | **5** | 48.752 | 46.587 |
| | | 3 | 50.051 | 48.752 |
| | | 2 | 50.701 | 49.835 |
| | | 1.5 | 51.026 | 50.376 |
| 56 | | **5.5** | 52.428 | 50.046 |
| | | 4 | 53.402 | 51.670 |
| | | 3 | 54.051 | 52.752 |
| | | 2 | 54.701 | 53.835 |
| | | 1.5 | 55.026 | 54.376 |
| | 60 | (5.5) | 56.428 | 54.046 |
| | | 4 | 57.402 | 55.670 |
| | | 3 | 58.051 | 56.752 |
| | | 2 | 58.701 | 57.835 |
| | | 1.5 | 59.026 | 58.376 |
| 64 | | **6** | 60.103 | 57.505 |
| | | 4 | 61.402 | 59.670 |
| | | 3 | 62.051 | 60.752 |

注　1. "螺距 P"栏中第一个数值（黑体字）为粗牙螺距，其余为细牙螺距。
　　2. 优先选用第一系列，其次第二系列，第三系列（表中未列出）尽可能不用。

### 表 6-26　梯形螺纹基本尺寸（GB/T 5796.3—2005）　　　　　　　　mm

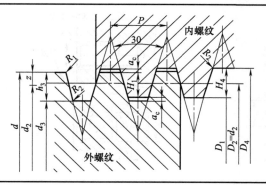

$H_1 = 0.5P$

$h_3 = H_1 + a_c = 0.5P + a_c$

$h_4 = H_1 + a_c = 0.5P + a_c$

$Z = 0.25P = H_1/2$

$d_2 = d - 2Z = d - 0.5P$

$D_2 = d - 2Z = d - 0.5P$

$d_3 = d - 2h_3$

$D_1 = d - 2H_1 = d - p$

$D_4 = d + 2a_c$

$R_{1max} = 0.5a_c$

$R_{2max} = a_c$

标记示例：

内螺纹　Tr40×7—7H

外螺纹　Tr40×7—7e

左旋外螺纹　Tr40×7LH—7e

螺纹副　Tr40×7—7H/7e

旋合长度为 L 组的多线螺纹

Tr40×14(p7)—8e—L

6.3

第 6 章 机械设计常用标准和规范

| 公称直径 d | | 螺距 | 中径 | 大径 | 小径 | | 公称直径 d | | 螺距 | 中径 | 大径 | 小径 | |
|---|---|---|---|---|---|---|---|---|---|---|---|---|---|
| 第一系列 | 第二系列 | P | $d_2=D_2$ | $D_4$ | $d_3$ | $D_1$ | 第一系列 | 第二系列 | P | $d_2=D_2$ | $D_4$ | $d_3$ | $D_1$ |
| 16 | | 2 | 15 | 16.5 | 13.5 | 14 | | 38 | 3 | 36.5 | 38.5 | 34.5 | 35 |
| | | 4* | 14 | 16.5 | 11.5 | 12 | | | 7* | 34.5 | 39 | 30 | 31 |
| | 18 | 2 | 17 | 18.5 | 15.5 | 16 | | | 10 | 33 | 39 | 27 | 28 |
| | | 4* | 16 | 18.5 | 13.5 | 14 | 40 | | 3 | 38.5 | 40.5 | 36.5 | 37 |
| 20 | | 2 | 19 | 20.5 | 17.5 | 18 | | | 7* | 36.5 | 41 | 32 | 33 |
| | | 4* | 18 | 20.5 | 15.5 | 16 | | | 10 | 35 | 41 | 29 | 30 |
| | 22 | 3 | 20.5 | 22.5 | 18.5 | 19 | | 42 | 3 | 40.5 | 42.5 | 38.5 | 39 |
| | | 5* | 19.5 | 22.5 | 16.5 | 17 | | | 7* | 38.5 | 43 | 34 | 35 |
| | | 8 | 18 | 23 | 13 | 14 | | | 10 | 37 | 43 | 31 | 32 |
| 24 | | 3 | 22.5 | 24.5 | 20.5 | 21 | 44 | | 3 | 42.5 | 44.5 | 40.5 | 41 |
| | | 5* | 21.5 | 24.5 | 18.5 | 19 | | | 7* | 40.5 | 45 | 36 | 37 |
| | | 8 | 20 | 25 | 15 | 16 | | | 12 | 38 | 45 | 31 | 32 |
| | 26 | 3 | 24.5 | 26.5 | 22.5 | 23 | | 46 | 3 | 44.5 | 46.5 | 42.5 | 43 |
| | | 5* | 23.5 | 26.5 | 20.5 | 21 | | | 8* | 42 | 47 | 37 | 38 |
| | | 8 | 22 | 27 | 17 | 18 | | | 12 | 40 | 47 | 33 | 34 |
| 28 | | 3 | 26.5 | 28.5 | 24.5 | 25 | 48 | | 3 | 46.5 | 48.5 | 44.5 | 45 |
| | | 5* | 25.5 | 28.5 | 22.5 | 23 | | | 8* | 44 | 49 | 39 | 40 |
| | | 8 | 24 | 29 | 19 | 20 | | | 12 | 42 | 49 | 35 | 36 |
| | 30 | 3 | 28.5 | 30.5 | 26.5 | 27 | | 50 | 3 | 48.5 | 50.5 | 46.5 | 47 |
| | | 6* | 27 | 31 | 23 | 24 | | | 8* | 46 | 51 | 41 | 42 |
| | | 10 | 25 | 31 | 19 | 20 | | | 12 | 44 | 51 | 37 | 38 |
| 32 | | 3 | 30.5 | 32.5 | 28.5 | 29 | 52 | | 3 | 50.5 | 52.5 | 48.5 | 49 |
| | | 6* | 29 | 33 | 25 | 26 | | | 8* | 48 | 53 | 43 | 44 |
| | | 10 | 27 | 33 | 21 | 22 | | | 12 | 46 | 53 | 39 | 40 |
| | 34 | 3 | 32.5 | 34.5 | 30.5 | 31 | | 55 | 3 | 53.5 | 55.5 | 51.5 | 52 |
| | | 6* | 31 | 35 | 27 | 28 | | | 9* | 50.5 | 56 | 45 | 46 |
| | | 10 | 29 | 35 | 23 | 24 | | | 14 | 48 | 57 | 39 | 41 |
| 36 | | 3 | 34.5 | 36.5 | 32.5 | 33 | | | 3 | 58.5 | 60.5 | 56.5 | 57 |
| | | 6* | 33 | 37 | 29 | 30 | 60 | | 9* | 55.5 | 61 | 50 | 51 |
| | | 10 | 31 | 37 | 25 | 26 | | | 14 | 53 | 62 | 44 | 46 |

注 1. 带＊者为优先选择的螺距。

2. 旋合长度：N 为正常组（不标注），L 为加长组。

### 6.3.2 螺纹零件的结构要素

表 6-27 普通螺纹收尾、肩距、退刀槽、倒角 mm

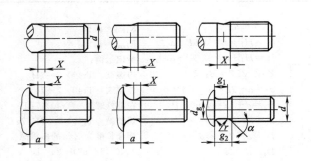

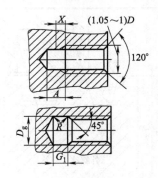

| 螺距 P | 外螺纹 收尾X max 一般 | 收尾X max 短的 | 肩距a max 一般 | 肩距a max 长的 | 肩距a max 短的 | 退刀槽 g2 max | g1 min | r ≈ | $d_g$ | 内螺纹 收尾X max 一般 | 收尾X max 短的 | 肩距A 一般 | 肩距A 长的 | 退刀槽 G1 一般 | G1 短的 | R ≈ | $D_g$ |
|---|---|---|---|---|---|---|---|---|---|---|---|---|---|---|---|---|---|
| 0.5 | 1.25 | 0.7 | 1.5 | 2 | 1 | 1.5 | 0.8 | 0.2 | $d-0.8$ | 2 | 1 | 3 | 4 | 2 | 1 | 0.2 | |
| 0.6 | 1.5 | 0.75 | 1.8 | 2.4 | 1.2 | 1.8 | 0.9 | 0.4 | $d-1$ | 2.4 | 1.2 | 3.2 | 4.8 | 2.4 | 1.2 | 0.3 | $D+0.3$ |
| 0.7 | 1.75 | 0.9 | 2.1 | 2.8 | 1.4 | 2.1 | 1.1 | 0.4 | $d-1.1$ | 2.8 | 1.4 | 3.5 | 5.6 | 2.8 | 1.4 | 0.4 | |
| 0.75 | 1.9 | 1 | 2.25 | 3 | 1.5 | 2.25 | 1.2 | 0.4 | $d-1.2$ | 3 | 1.5 | 3.8 | 6 | 3 | 1.5 | 0.4 | |
| 0.8 | 2 | 1 | 2.4 | 3.2 | 1.6 | 2.4 | 1.3 | 0.4 | $d-1.3$ | 3.2 | 1.6 | 4 | 6.4 | 3.2 | 1.6 | 0.4 | |
| 1 | 2.5 | 1.25 | 3 | 4 | 2 | 3 | 1.6 | 0.6 | $d-1.6$ | 4 | 2 | 5 | 8 | 4 | 2 | 0.5 | |
| 1.25 | 3.2 | 1.6 | 4 | 5 | 2.5 | 3.75 | 2 | 0.6 | $d-2$ | 5 | 2.5 | 6 | 10 | 5 | 2.5 | 0.6 | |
| 1.5 | 3.8 | 1.9 | 4.5 | 6 | 3 | 4.5 | 2.5 | 0.8 | $d-2.3$ | 6 | 3 | 7 | 12 | 6 | 3 | 0.8 | |
| 1.75 | 4.3 | 2.2 | 5.3 | 7 | 3.5 | 5.25 | 3 | 0.8 | $d-2.6$ | 7 | 3.5 | 9 | 14 | 7 | 3.5 | 0.9 | |
| 2 | 5 | 2.5 | 6 | 8 | 4 | 6 | 3.4 | 1 | $d-3$ | 8 | 4 | 10 | 16 | 8 | 4 | 1 | |
| 2.5 | 6.3 | 3.2 | 7.5 | 10 | 5 | 7.5 | 4.4 | 1.2 | $d-3.6$ | 10 | 5 | 12 | 18 | 10 | 5 | 1.2 | |
| 3 | 7.5 | 3.8 | 9 | 12 | 6 | 9 | 5.2 | 1.6 | $d-4.4$ | 12 | 6 | 14 | 22 | 12 | 6 | 1.5 | $D+0.5$ |
| 3.5 | 9 | 4.5 | 10.5 | 14 | 7 | 10.5 | 6.2 | 1.6 | $d-5$ | 14 | 7 | 16 | 24 | 14 | 7 | 1.8 | |
| 4 | 10 | 5 | 12 | 16 | 8 | 12 | 7 | 2 | $d-5.7$ | 16 | 8 | 18 | 26 | 16 | 8 | 2 | |
| 4.5 | 11 | 5.5 | 13.5 | 18 | 9 | 13.5 | 8 | 2.5 | $d-6.4$ | 18 | 9 | 21 | 29 | 18 | 9 | 2.2 | |
| 5 | 12.5 | 6.3 | 15 | 20 | 10 | 15 | 9 | 2.5 | $d-7$ | 20 | 10 | 23 | 32 | 20 | 10 | 2.5 | |
| 5.5 | 14 | 7 | 16.5 | 22 | 11 | 17.5 | 11 | 3.2 | $d-7.7$ | 22 | 11 | 25 | 35 | 22 | 11 | 2.8 | |
| 6 | 15 | 7.5 | 18 | 24 | 12 | 18 | 11 | 3.2 | $d-8.3$ | 24 | 12 | 28 | 38 | 24 | 12 | 3 | |

注　1. 外螺纹倒角一般为45°，也可采用60°或30°倒角；倒角深度应大于或等于牙型高度，过渡角 $\alpha$ 应不小于30°。内螺纹入口端面的倒角一般为120°，也可采用90°倒角。端面倒角直径为（1.05～1）D（D为螺纹公称直径）。

　　2. 应优先选用"一般"长度的收尾和肩距。

## 表 6-28　螺栓和螺钉通孔及沉孔尺寸　　　　mm

| 螺纹规格 d | 螺栓和螺钉通孔直径 $d_h$ (GB/T 5277—1985) 精装配 | 中等装配 | 粗装配 | 沉头螺钉及半沉头螺钉的沉孔 (GB/T 152.2—1988) $d_2$ | $t≈$ | $d_1$ | $\alpha$ | 内六角圆柱头螺钉的圆柱头沉孔 (GB/T 152.3—1988) $d_2$ | $t$ | $d_3$ | $d_1$ | 六角头螺栓和六角螺母的沉孔 (GB/T 152.4—1988) $d_2$ | $d_3$ | $d_1$ | $t$ |
|---|---|---|---|---|---|---|---|---|---|---|---|---|---|---|---|
| M3 | 3.2 | 3.4 | 3.6 | 6.4 | 1.6 | 3.4 | | 6.0 | 3.4 | — | 3.4 | 9 | — | 3.4 | |
| M4 | 4.3 | 4.5 | 4.8 | 9.6 | 2.7 | 4.5 | | 8.0 | 4.6 | — | 4.5 | 10 | — | 4.5 | |
| M5 | 5.3 | 5.5 | 5.8 | 10.6 | 2.7 | 5.5 | | 10.0 | 5.7 | — | 5.5 | 11 | — | 5.5 | |
| M6 | 6.4 | 6.6 | 7 | 12.8 | 3.3 | 6.6 | | 11.0 | 6.8 | — | 6.6 | 13 | — | 6.6 | |
| M8 | 8.4 | 9 | 10 | 17.6 | 4.6 | 9 | | 15.0 | 9.0 | — | 9.0 | 18 | — | 9.0 | |
| M10 | 10.5 | 11 | 12 | 20.3 | 5.0 | 11 | | 18.0 | 11.0 | — | 11.0 | 22 | — | 11.0 | |
| M12 | 13 | 13.5 | 14.5 | 24.4 | 6.0 | 13.5 | | 20.0 | 13.0 | 16 | 13.5 | 26 | 16 | 13.5 | |
| M14 | 15 | 15.5 | 16.5 | 28.4 | 7.0 | 15.5 | 90°−2°/−4° | 24.0 | 15.0 | 18 | 15.5 | 30 | 18 | 13.5 | 只要能制出与通孔轴线垂直的圆平面即可 |
| M16 | 17 | 17.5 | 18.5 | 32.4 | 8.0 | 17.5 | | 26.0 | 17.5 | 20 | 17.5 | 33 | 20 | 17.5 | |
| M18 | 19 | 20 | 21 | — | — | — | | | | | | 36 | 22 | 20.0 | |
| M20 | 21 | 22 | 24 | 40.4 | 10.0 | 22 | | 33.0 | 21.5 | 24 | 22.0 | 40 | 24 | 22.0 | |
| M22 | 23 | 24 | 26 | | | | | | | | | 43 | 26 | 24 | |
| M24 | 25 | 26 | 28 | | | | | 40.0 | 25.5 | 28 | 26.0 | 48 | 28 | 26 | |
| M27 | 28 | 30 | 32 | | | | | | | | | 53 | 33 | 30 | |
| M30 | 31 | 33 | 35 | | | | | 48.0 | 32.0 | 36 | 33.0 | 61 | 36 | 33 | |
| M36 | 37 | 39 | 42 | | | | | 57.0 | 38.0 | 42 | 39.0 | 71 | 42 | 39 | |

6. 3

**表 6-29　普通粗牙螺纹的余留长度、钻孔余留深度**（JB/ZQ 4247—1986 摘录）　　　mm

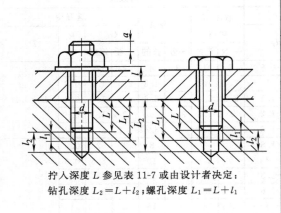

拧入深度 $L$ 参见表 11-7 或由设计者决定；
钻孔深度 $L_2 = L + l_2$；螺孔深度 $L_1 = L + l_1$

| 螺纹直径 $d$ | 余 留 长 度 | | | 末端长度 $a$ |
|---|---|---|---|---|
| | 内螺纹 $l_1$ | 外螺纹 $l$ | 钻孔 $l_2$ | |
| 5 | 1.5 | 2.5 | 5 | 1～2 |
| 6 | 2 | 3.5 | 6 | 1.5～2.5 |
| 8 | 2.5 | 4 | 8 | |
| 10 | 3 | 4.5 | 9 | 2～3 |
| 12 | 3.5 | 5.5 | 11 | |
| 14、16 | 4 | 6 | 12 | 2.5～4 |
| 18、20、22 | 5 | 7 | 15 | |
| 24、27 | 6 | 8 | 18 | 3～5 |
| 30 | 7 | 9 | 21 | |
| 36 | 8 | 10 | 24 | 4～7 |
| 42 | 9 | 11 | 27 | |
| 48 | 10 | 13 | 30 | 6～10 |
| 56 | 11 | 16 | 33 | |

**表 6-30　粗牙螺栓、螺钉的拧入深度和螺纹孔尺寸**（参考）　　　mm

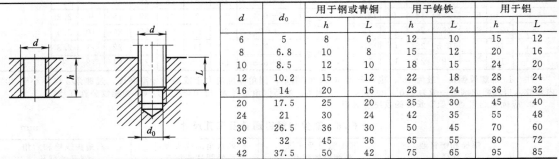

| $d$ | $d_0$ | 用于钢或青铜 | | 用于铸铁 | | 用于铝 | |
|---|---|---|---|---|---|---|---|
| | | $h$ | $L$ | $h$ | $L$ | $h$ | $L$ |
| 6 | 5 | 8 | 6 | 12 | 10 | 15 | 12 |
| 8 | 6.8 | 10 | 8 | 15 | 12 | 20 | 16 |
| 10 | 8.5 | 12 | 10 | 18 | 15 | 24 | 20 |
| 12 | 10.2 | 15 | 12 | 22 | 18 | 28 | 24 |
| 16 | 14 | 20 | 16 | 28 | 24 | 36 | 32 |
| 20 | 17.5 | 25 | 20 | 35 | 30 | 45 | 40 |
| 24 | 21 | 30 | 24 | 42 | 35 | 55 | 48 |
| 30 | 26.5 | 36 | 30 | 50 | 45 | 70 | 60 |
| 36 | 32 | 45 | 36 | 65 | 55 | 80 | 72 |
| 42 | 37.5 | 50 | 42 | 75 | 65 | 95 | 85 |

注　$h$ 为内螺纹通孔长度；$L$ 为双头螺栓或螺钉拧入深度；$d_0$ 为螺纹攻丝前钻孔直径。

**表 6-31　扳手空间**（JB/ZQ 4005—1985 摘录）　　　mm

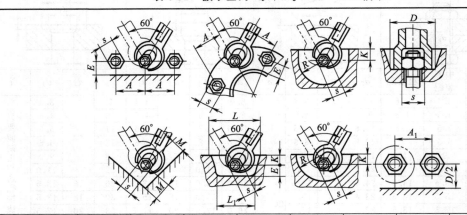

| 螺纹直径 $d$ | $s$ | $A$ | $A_1$ | $E=K$ | $M$ | $L$ | $L_1$ | $R$ | $D$ |
|---|---|---|---|---|---|---|---|---|---|
| 6 | 10 | 26 | 18 | 8 | 15 | 46 | 38 | 20 | 24 |
| 8 | 13 | 32 | 24 | 11 | 18 | 55 | 44 | 25 | 28 |
| 10 | 16 | 38 | 28 | 13 | 22 | 62 | 50 | 30 | 30 |
| 12 | 18 | 42 | — | 14 | 24 | 70 | 55 | 32 | — |
| 14 | 21 | 48 | 36 | 15 | 26 | 80 | 65 | 36 | 40 |

| 螺纹直径 d | s | A | A₁ | E=K | M | L | L₁ | R | D |
|---|---|---|---|---|---|---|---|---|---|
| 16 | 24 | 55 | 38 | 16 | 30 | 85 | 70 | 42 | — |
| 18 | 27 | 62 | 45 | 19 | 32 | 95 | 75 | 46 | 52 |
| 20 | 30 | 68 | 48 | 20 | 35 | 105 | 85 | 50 | 56 |
| 22 | 34 | 76 | 55 | 24 | 40 | 120 | 95 | 58 | 60 |
| 24 | 36 | 80 | 58 | 24 | 42 | 125 | 100 | 60 | 70 |
| 27 | 41 | 90 | 65 | 26 | 46 | 135 | 110 | 65 | 76 |
| 30 | 46 | 100 | 72 | 30 | 50 | 155 | 125 | 75 | 82 |
| 33 | 50 | 108 | 76 | 32 | 55 | 165 | 130 | 80 | 88 |
| 36 | 55 | 118 | 85 | 36 | 60 | 180 | 145 | 88 | 95 |
| 39 | 60 | 125 | 90 | 38 | 65 | 190 | 155 | 92 | 100 |
| 42 | 65 | 135 | 96 | 42 | 70 | 205 | 165 | 100 | 106 |
| 45 | 70 | 145 | 105 | 45 | 75 | 220 | 175 | 105 | 112 |
| 48 | 75 | 160 | 115 | 48 | 80 | 235 | 185 | 115 | 126 |
| 52 | 80 | 170 | 120 | 48 | 84 | 245 | 195 | 125 | 132 |
| 56 | 85 | 180 | 126 | 52 | 90 | 260 | 205 | 130 | 138 |
| 60 | 90 | 185 | 134 | 58 | 95 | 275 | 215 | 135 | 145 |
| 64 | 95 | 195 | 140 | 58 | 100 | 285 | 225 | 140 | 152 |
| 68 | 100 | 205 | 145 | 65 | 105 | 300 | 235 | 150 | 158 |

### 6.3.3 螺栓、双头螺柱、螺钉

**表 6-32 六角头螺栓—A 和 B 级（GB/T 5782—2000）、**

**六角头螺栓—全螺纹—A 和 B 级（GB/T 5783—2000）** mm

六角头螺栓—A 和 B 级（GB/T 5782—2000）　　六角头螺栓—全螺纹—A 和 B 级（GB/T 5783—2000）

标记示例：

螺纹规格 d＝M12mm，公称长度 l＝80mm，性能等级为 8.8 级，表面氧化，A 级的六角头螺栓

螺栓 GB/T 5782—2000 M12×80

| 螺纹规格 d | M3 | M4 | M5 | M6 | M8 | M10 | M12 | (M14) | M16 | (M18) | M20 | (M22) | M24 | (M27) | M30 | M36 |
|---|---|---|---|---|---|---|---|---|---|---|---|---|---|---|---|---|
| s | 5.5 | 7 | 8 | 10 | 13 | 16 | 18 | 21 | 24 | 27 | 30 | 34 | 36 | 41 | 46 | 55 |
| k | 2 | 2.8 | 3.5 | 4 | 5.3 | 6.4 | 7.5 | 8.8 | 10 | 11.5 | 12.5 | 14 | 15 | 17 | 18.7 | 22.5 |
| r | 0.1 | 0.2 | 0.2 | 0.25 | 0.4 | 0.4 | 0.6 | 0.6 | 0.6 | 0.6 | 0.8 | 1 | 0.8 | 1 | 1 | 1 |
| e | 6.1 | 7.7 | 8.8 | 11.1 | 11.4 | 17.8 | 20 | 23.4 | 26.8 | 30 | 33.5 | 37.7 | 40 | 45.2 | 50.9 | 60.8 |
| a | 1.5 | 2.1 | 2.4 | 3 | 3.75 | 4.5 | 5.25 | 6 | 6 | 7.5 | 7.5 | 7.5 | 9 | 9 | 10.5 | 12 |
| b 参考 l≤125 | 12 | 14 | 16 | 18 | 22 | 26 | 30 | 34 | 38 | 42 | 46 | 50 | 54 | 60 | 66 | 78 |
| 125<l≤200 | 18 | 20 | 22 | 24 | 28 | 32 | 36 | 40 | 44 | 48 | 52 | 56 | 60 | 66 | 72 | 84 |
| l>200 | 31 | 33 | 35 | 37 | 41 | 45 | 49 | 53 | 57 | 61 | 65 | 69 | 73 | 79 | 85 | 97 |
| l | 20~30 | 25~40 | 25~50 | 30~60 | 35~80 | 40~100 | 45~120 | 50~140 | 55~160 | 60~180 | 65~200 | 70~220 | 80~240 | 90~260 | 90~330 | 110~360 |

6.3

| 螺纹规格 $d$ | M3 | M4 | M5 | M6 | M8 | M10 | M12 | (M14) | M16 | (M18) | M20 | (M22) | M24 | (M27) | M30 | M36 |
|---|---|---|---|---|---|---|---|---|---|---|---|---|---|---|---|---|
| 全螺纹长度 $l$ | 6~30 | 8~40 | 10~50 | 12~60 | 16~80 | 20~100 | 25~100 | 30~140 | 35~100 | 35~180 | 40~100 | 45~200 | 40~100 | 55~200 | 40~100 | |
| $l$ 系列 | 6,8,10,12,16,20,25,30,35,40,45,50,(55),60,(65),70,80,90,100,110,120,130,140,150,160,180,200,220,240,260,280,300,320,340,360,380,400,420,440,460,480,500 | | | | | | | | | | | | | | | |

| 技术条件 | 材料 | | 力学性能等级 | | 产品公差等级 | 表面处理 | 螺纹公差 |
|---|---|---|---|---|---|---|---|
| | 钢 | GB/T 5782 | $d\leqslant 39$ 时为 8.8,$d>39$ 时按协议 | | A、B | ①氧化,②镀锌钝化 | 6g |
| | | GB/T 5783 | 8.8 | | | | |

注 1. 产品等级 A 级用于 $d\leqslant 24$mm 和 $l\leqslant 10d$ 或 $\leqslant 150$mm 的螺栓,B 级用于 $d>24$mm 和 $l>10d$ 或 $>150$mm 的螺栓。

2. M3~M36 为商品规格,M42~M64 为通用规格,带括号的规格尽量不用。

**表 6-33　六角头铰制孔用螺栓 A 和 B 级**（GB/T 27—1988 摘录）　　　mm

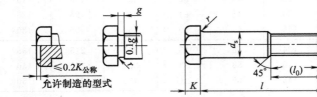 

标记示例:

螺纹规格 $d$=M12、$d_s$ 尺寸按表 11-10 规定,公称长度 $l$=80、力学性能 8.8 级、表面氧化处理、A 级的六角头铰制孔用螺栓的标记为

螺栓　　　　　　　　　　　　　　GB/T 27—1988　M12×80

当 $d_s$ 按 m6 制造时应标记为

螺栓　GB/T 27—1988　M12×m6×80

| 螺纹规格 $d$ | | M6 | M8 | M10 | M12 | (M14) | M16 | (M18) | M20 | (M22) | M24 | (M27) | M30 | M36 |
|---|---|---|---|---|---|---|---|---|---|---|---|---|---|---|
| $d_s$(h9) | max | 7 | 9 | 11 | 13 | 15 | 17 | 19 | 21 | 23 | 25 | 28 | 32 | 38 |
| $s$ | max | 10 | 13 | 16 | 18 | 21 | 24 | 27 | 30 | 34 | 36 | 41 | 46 | 55 |
| $K$ | 公称 | 4 | 5 | 6 | 7 | 8 | 9 | 10 | 11 | 12 | 13 | 15 | 17 | 20 |
| $r$ | min | 0.25 | 0.4 | 0.4 | 0.6 | 0.6 | 0.6 | 0.6 | 0.8 | 0.8 | 0.8 | 1 | 1 | 1 |
| $d_p$ | | 4 | 5.5 | 7 | 8.5 | 10 | 12 | 13 | 15 | 17 | 18 | 21 | 23 | 28 |
| $l_2$ | | 1.5 | | 2 | | 3 | | | 4 | | | 5 | | 6 |
| $e_{min}$ | A | 11.05 | 14.38 | 17.77 | 20.03 | 23.35 | 26.75 | 30.14 | 33.53 | 37.72 | 39.98 | — | — | — |
| | B | 10.89 | 14.20 | 17.59 | 19.85 | 22.78 | 26.17 | 29.56 | 32.95 | 37.29 | 39.55 | 45.2 | 50.85 | 60.79 |
| $g$ | | 2.5 | | | 3.5 | | | | 5 | | | | | |
| $l_0$ | | 12 | 15 | 18 | 22 | 25 | 28 | 30 | 32 | 35 | 38 | 42 | 50 | 55 |
| $l$ 范围 | | 25~65 | 25~80 | 30~120 | 35~180 | 40~180 | 45~200 | 50~200 | 55~200 | 60~200 | 65~200 | 75~200 | 80~230 | 90~300 |
| $l$ 系列 | | 25,(28),30,(32),35,(38),40,45,50,(55),60,(65),70,(75),80,85,90,(95),100~260(10 进位),280,300 | | | | | | | | | | | | |

注　尽可能不采用括号内的规格。

**表 6-34 双头螺柱** $b_m = d$（GB/T 897—1988 摘录）、$b_m = 1.25d$（GB/T 898—1988 摘录）、

$b_m = 1.5d$（GB/T 899—1988 摘录）                                                              mm

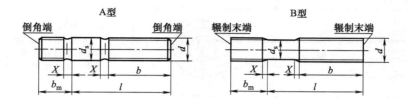

标记示例：

两端均为粗牙普通螺纹，$d = 10$、$l = 50$、性能等级为 4.8 级、不经表面处理、$B$ 型、$b_m = 1.25d$ 的双头螺柱的标记为

螺柱　GB/T 898—1988　M10×50

旋入机体一端为粗牙普通螺纹，旋螺母一端为螺距 $P = 1$ 的细牙普通螺纹，$d = 10$、$l = 50$、性能等级为 4.8 级、不经表面处理、$A$ 型、$b_m = 1.25d$ 的双头螺柱的标记为

螺柱　GB/T 898—1988　AM10—M10×1×50

旋入机体一端为过渡配合螺纹的第一种配合，旋螺母一端为粗牙普通螺纹，$d = 10$、$l = 50$、性能等级为 8.8 级、镀锌钝化、$B$ 型、$b_m = 1.25d$ 的双头螺柱的标记为

螺柱　GB/T 898—1988　GM10—M10×50—8.8—Zn·D

| 螺纹规格 $d$ | | M5 | M6 | M8 | M10 | M12 | (M14) | M16 |
|---|---|---|---|---|---|---|---|---|
| $b_m$（公称） | $b_m = d$ | 5 | 6 | 8 | 10 | 12 | 14 | 16 |
| | $b_m = 1.25d$ | 6 | 8 | 10 | 12 | 15 | 18 | 20 |
| | $b_m = 1.5d$ | 8 | 10 | 12 | 15 | 18 | 21 | 24 |
| $\dfrac{l（公称）}{b}$ | | $\dfrac{16\sim22}{10}$ | $\dfrac{20\sim22}{10}$ | $\dfrac{20\sim22}{12}$ | $\dfrac{25\sim28}{14}$ | $\dfrac{25\sim30}{16}$ | $\dfrac{30\sim35}{18}$ | $\dfrac{30\sim38}{20}$ |
| | | $\dfrac{25\sim50}{16}$ | $\dfrac{25\sim30}{14}$ | $\dfrac{25\sim30}{16}$ | $\dfrac{30\sim38}{16}$ | $\dfrac{32\sim40}{20}$ | $\dfrac{38\sim45}{25}$ | $\dfrac{40\sim55}{30}$ |
| | | | $\dfrac{32\sim75}{18}$ | $\dfrac{32\sim90}{22}$ | $\dfrac{40\sim120}{26}$ | $\dfrac{45\sim120}{30}$ | $\dfrac{50\sim120}{34}$ | $\dfrac{60\sim120}{38}$ |
| | | | | | $\dfrac{130}{32}$ | $\dfrac{130\sim180}{36}$ | $\dfrac{130\sim180}{40}$ | $\dfrac{130\sim200}{44}$ |
| 螺纹规格 $d$ | | (M18) | M20 | (M22) | M24 | (M27) | M30 | M36 |
| $b_m$（公称） | $b_m = d$ | 18 | 20 | 22 | 24 | 27 | 30 | 36 |
| | $b_m = 1.25d$ | 22 | 25 | 28 | 30 | 35 | 38 | 45 |
| | $b_m = 1.5d$ | 27 | 30 | 33 | 36 | 40 | 45 | 54 |
| $\dfrac{l（公称）}{b}$ | | $\dfrac{35\sim40}{22}$ | $\dfrac{35\sim40}{25}$ | $\dfrac{40\sim45}{30}$ | $\dfrac{45\sim50}{30}$ | $\dfrac{50\sim60}{35}$ | $\dfrac{60\sim65}{40}$ | $\dfrac{65\sim75}{45}$ |
| | | $\dfrac{45\sim60}{35}$ | $\dfrac{45\sim65}{35}$ | $\dfrac{50\sim70}{40}$ | $\dfrac{55\sim75}{45}$ | $\dfrac{65\sim85}{50}$ | $\dfrac{70\sim90}{50}$ | $\dfrac{80\sim110}{60}$ |
| | | $\dfrac{65\sim120}{42}$ | $\dfrac{70\sim120}{46}$ | $\dfrac{75\sim120}{50}$ | $\dfrac{80\sim120}{54}$ | $\dfrac{90\sim120}{60}$ | $\dfrac{95\sim120}{66}$ | $\dfrac{120}{78}$ |
| | | $\dfrac{130\sim200}{48}$ | $\dfrac{130\sim200}{52}$ | $\dfrac{130\sim200}{56}$ | $\dfrac{130\sim200}{60}$ | $\dfrac{130\sim200}{66}$ | $\dfrac{130\sim200}{72}$ | $\dfrac{130\sim200}{84}$ |
| | | | | | | | $\dfrac{210\sim250}{85}$ | $\dfrac{210\sim300}{97}$ |
| 公称长度 $l$ 的系列 | | 16、(18)、20、(22)、25、(28)、30、(32)、35、(38)、40、45、50、(55)、60、(65)、70、(75)、80、(85)、90、(95)、100～260(10 进位)、280、300 | | | | | | |

注　尽可能不采用括号内的规格。

**表 6-35 地脚螺栓（GB/T 799—1988 摘录）** mm

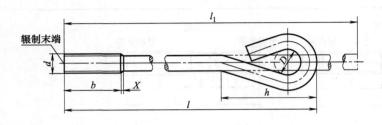

标记示例：
$d=20$、$l=400$、性能等级为 3.6 级、不经表面处理的地脚螺栓的标记为
螺栓 GB/T 799—1988 M20×400

| 螺纹规格 $d$ | | M6 | M8 | M10 | M12 | M16 | M20 | M24 | M30 | M36 | M42 |
|---|---|---|---|---|---|---|---|---|---|---|---|
| $b$ | max | 27 | 31 | 36 | 40 | 50 | 58 | 68 | 80 | 94 | 106 |
| | min | 24 | 28 | 32 | 36 | 44 | 52 | 60 | 72 | 84 | 96 |
| $X$ | max | 2.5 | 3.2 | 3.8 | 4.2 | 5 | 6.3 | 7.5 | 8.8 | 10 | 11.3 |
| $D$ | | 10 | 10 | 15 | 20 | 20 | 30 | 30 | 45 | 60 | 60 |
| $h$ | | 41 | 46 | 65 | 82 | 93 | 127 | 139 | 192 | 244 | 261 |
| $l_1$ | | $l+37$ | $l+37$ | $l+53$ | $l+72$ | $l+72$ | $l+110$ | $l+110$ | $l+165$ | $l+217$ | $l+217$ |
| $l$ 范围 | | 80～160 | 120～220 | 160～300 | 160～400 | 220～500 | 300～600 | 300～800 | 400～1000 | 500～1000 | 600～1250 |
| $l$ 系列 | | 80,120,160,220,300,400,500,600,800,1000,1250 | | | | | | | | | |

| 技术条件 | 材料 | 力学性能等级 | 螺纹公差 | 产品等级 | 表面处理 |
|---|---|---|---|---|---|
| | 钢 | $d<39$,3.6 级;$d>39$,按协议 | 8g | C | 1. 不处理；2. 氧化；3. 镀锌 |

**表 6-36 内六角圆柱头螺钉（GB/T 70.1—2000）** mm

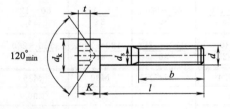

标记示例：
螺纹规格 $d=$M5、公称长度 $l=20$mm、性能等级为 8.8 级、表面氧化的内六角圆柱头螺钉的标记为

螺钉 GB/T 70.1—2000 M5×20

| 螺纹规格 $d$ | M5 | M6 | M8 | M10 | M12 | M16 | M20 | M24 | M30 | M36 |
|---|---|---|---|---|---|---|---|---|---|---|
| $b$(参考) | 22 | 24 | 28 | 32 | 36 | 44 | 52 | 60 | 72 | 84 |
| $d_k$(max) | 8.5 | 10 | 13 | 16 | 18 | 24 | 30 | 36 | 45 | 54 |
| $e$(min) | 4.58 | 5.72 | 6.86 | 9.15 | 11.43 | 16 | 19.44 | 21.73 | 25.15 | 30.85 |
| $K$(max) | 5 | 6 | 8 | 10 | 12 | 16 | 20 | 24 | 30 | 36 |
| $s$(公称) | 4 | 5 | 6 | 8 | 10 | 14 | 17 | 19 | 22 | 27 |
| $t$(min) | 2.5 | 3 | 4 | 5 | 6 | 8 | 10 | 12 | 15.5 | 19 |
| $l$ 范围(公称) | 8～50 | 10～60 | 12～80 | 16～100 | 20～120 | 25～160 | 30～200 | 40～200 | 45～200 | 55～200 |
| 制成全螺纹时 $l\leqslant$ | 25 | 30 | 35 | 40 | 45 | 55 | 65 | 80 | 90 | 110 |
| $l$ 系列(公称) | 8,10,12,(14),16,20～50(5 进位),(55),60,(65),70～160(10 进位),180,200 | | | | | | | | | |

| 技术条件 | 材料 | 力学性能等级 | 螺纹公差 | 产品等级 | 表面处理 |
|---|---|---|---|---|---|
| | 钢 | 8.8,12.9 | 12.9 级为 5g 或 6g 其他等级为 6g | A | 氧化或镀锌钝化 |

注 括号内规格尽可能不采用。

**表 6-37　十字槽盘头螺钉**（GB/T 818—2000）、**十字槽沉头螺钉**（GB/T 819.1—2000）　mm

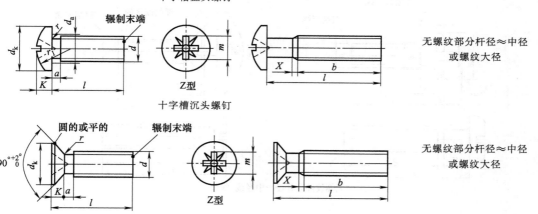

标记示例：

螺纹规格 $d$＝M5、公称长度 $l$＝20mm、性能等级为 4.8 级、不经表面处理的十字槽盘头螺钉（或十字槽沉头螺钉）的标记为

螺钉 GB/T 818—2000　M5×20（或 GB/T 819.1—2000　M5×20）

| 螺纹规格 $d$ | | M1.6 | M2 | M2.5 | M3 | M4 | M5 | M6 | M8 | M10 |
|---|---|---|---|---|---|---|---|---|---|---|
| 螺距 $P$ | | 0.35 | 0.4 | 0.45 | 0.5 | 0.7 | 0.8 | 1 | 1.25 | 1.5 |
| $a$ | max | 0.7 | 0.8 | 0.9 | 1 | 1.4 | 1.6 | 2 | 2.5 | 3 |
| $b$ | min | 25 | 25 | 25 | 25 | 38 | 38 | 38 | 38 | 38 |
| $X$ | max | 0.9 | 1 | 1.1 | 1.25 | 1.75 | 2 | 2.5 | 3.2 | 3.8 |
| 十字槽盘头螺钉 | $d_a$　max | 2.1 | 2.6 | 3.1 | 3.6 | 4.7 | 5.7 | 6.8 | 9.2 | 11.2 |
| | $d_k$　max | 3.2 | 4 | 5 | 5.6 | 8 | 9.5 | 12 | 16 | 20 |
| | $K$　max | 1.3 | 1.6 | 2.1 | 2.4 | 3.1 | 3.7 | 4.6 | 6 | 7.5 |
| | $r$　min | 0.1 | 0.1 | 0.1 | 0.1 | 0.2 | 0.2 | 0.25 | 0.4 | 0.4 |
| | $r_1$　≈ | 2.5 | 3.2 | 4 | 5 | 6.5 | 8 | 10 | 13 | 16 |
| | $m$　参考 | 1.7 | 1.9 | 2.6 | 2.9 | 4.4 | 4.6 | 6.8 | 8.8 | 10 |
| | $l$ 商品规格范围 | 3～16 | 3～20 | 3～25 | 4～30 | 5～40 | 6～45 | 8～60 | 10～60 | 12～60 |
| 十字槽沉头螺钉 | $d_k$　max | 3 | 3.8 | 4.7 | 5.5 | 8.4 | 9.3 | 11.3 | 15.8 | 18.3 |
| | $K$　max | 1 | 1.2 | 1.5 | 1.65 | 2.7 | 2.7 | 3.3 | 4.65 | 5 |
| | $r$　max | 0.4 | 0.5 | 0.6 | 0.8 | 1 | 1.3 | 1.5 | 2 | 2.5 |
| | $m$　参考 | 1.8 | 2 | 3 | 3.2 | 4.6 | 5.1 | 6.8 | 9 | 10 |
| | $l$ 商品规格范围 | 3～16 | 3～20 | 3～25 | 4～30 | 5～40 | 6～50 | 8～60 | 10～60 | 12～60 |
| 公称长度 $l$ 的系列 | | 3,4,5,6,8,10,12,(14),16,20～60(5 进位) | | | | | | | | |

| 技术条件 | 材料 | 力学性能等级 | 螺纹公差 | 产品等级 | 表面处理 |
|---|---|---|---|---|---|
| | 钢 | 4.8 | 6g | A | 1. 不经处理　2. 镀锌钝化 |

注　1. 公称长度 $l$ 中的 (14)、(55) 等规格尽可能不采用。

2. 对十字槽盘头螺钉，$d$≤M3、$l$≤25mm 或 $d$＞M4、$l$≤40mm 时，制出全螺纹（$b＝l-a$）；

对十字槽沉头螺钉，$d$≤M3、$l$≤30mm 或 $d$＞M4、$l$≤45mm 时，制出全螺纹 [$b＝l-(K+a)$]。

6.3

**表 6-38** 开槽盘头螺钉（GB/T 67—2000）、开槽沉头螺钉（GB/T 68—2000）    mm

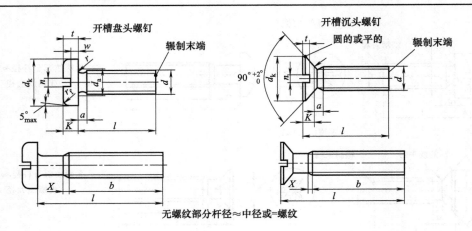

无螺纹部分杆径≈中径或=螺纹

标记示例：

螺纹规格 $d$＝M5、公称长度 $l$＝20mm、性能等级为 4.8 级、不经表面处理的开槽盘头螺钉（或开槽沉头螺钉）的标记为

螺钉　GB/T 67—2000　M5×20（或 GB/T 68—2000　M5×20）

| | 螺纹规格 $d$ | | M1.6 | M2 | M2.5 | M3 | M4 | M5 | M6 | M8 | M10 |
|---|---|---|---|---|---|---|---|---|---|---|---|
| | 螺距 $P$ | | 0.35 | 0.4 | 0.45 | 0.5 | 0.7 | 0.8 | 1 | 1.25 | 1.5 |
| | $a$ | max | 0.7 | 0.8 | 0.9 | 1 | 1.4 | 1.6 | 2 | 2.5 | 3 |
| | $b$ | min | 25 | 25 | 25 | 25 | 38 | 38 | 38 | 38 | 38 |
| | $n$ | 公称 | 0.4 | 0.5 | 0.6 | 0.8 | 1.2 | 1.2 | 1.6 | 2 | 2.5 |
| | $X$ | max | 0.9 | 1 | 1.1 | 1.25 | 1.75 | 2 | 2.5 | 3.2 | 3.8 |
| 开槽盘头螺钉 | $d_a$ | max | 2.1 | 2.6 | 3.1 | 3.6 | 4.7 | 5.7 | 6.8 | 9.2 | 11.2 |
| | $d_k$ | max | 3.2 | 4 | 5 | 5.6 | 8 | 9.5 | 12 | 16 | 20 |
| | $K$ | max | 1 | 1.3 | 1.5 | 1.8 | 2.4 | 3 | 3.6 | 4.8 | 6 |
| | $r$ | min | 0.1 | 0.1 | 0.1 | 0.1 | 0.2 | 0.2 | 0.25 | 0.4 | 0.4 |
| | $r_f$ | 参考 | 0.5 | 0.6 | 0.8 | 0.9 | 1.2 | 1.5 | 1.8 | 2.4 | 3 |
| | $t$ | min | 0.35 | 0.5 | 0.6 | 0.7 | 1 | 1.2 | 1.4 | 1.9 | 2.4 |
| | $w$ | min | 0.3 | 0.4 | 0.5 | 0.7 | 1 | 1.2 | 1.4 | 1.0 | 2.4 |
| | $l$ 商品规格范围 | | 2～16 | 2.5～20 | 3～25 | 4～30 | 5～40 | 6～50 | 8～60 | 10～80 | 12～80 |
| 开槽沉头螺钉 | $d_k$ | max | 3 | 3.8 | 4.7 | 5.5 | 8.4 | 9.3 | 11.3 | 15.8 | 18.3 |
| | $K$ | max | 1 | 1.2 | 1.5 | 1.65 | 2.7 | 2.7 | 3.3 | 4.65 | 5 |
| | $r$ | max | 0.4 | 0.5 | 0.6 | 0.8 | 1 | 1.3 | 1.5 | 2 | 2.5 |
| | $t$ | min | 0.32 | 0.4 | 0.5 | 0.6 | 1 | 1.1 | 1.2 | 1.8 | 2 |
| | $l$ 商品规格范围 | | 2.5～16 | 3～20 | 4～25 | 5～30 | 6～40 | 8～50 | 8～60 | 10～80 | 12～80 |
| | 公称长度 $l$ 的系列 | | 2,2.5,3,4,5,6,8,10,12,(14),16,20～80(5 进位) | | | | | | | | |

| 技术条件 | 材料 | 力学性能等级 | 螺纹公差 | 产品等级 | 表面处理 |
|---|---|---|---|---|---|
| | 钢 | 4.8、5.8 | 6g | A | 1. 不经处理　2. 镀锌钝化 |

注　1. 公称长度 $l$ 中的（14）、（55）、（65）、（75）等规格尽可能不采用。

2. 对开槽盘头螺钉，$d \leqslant$M3、$l \leqslant$30mm 或 $d>$M4、$l \leqslant$40mm 时，制出全螺纹（$b=l-a$）；

对开槽沉头螺钉，$d \leqslant$M3、$l \leqslant$30mm 或 $d>$M4、$l \leqslant$45mm 时，制出全螺纹 [$b=l-(K+a)$]。

**表 6-39　定位（紧定）螺钉（GB/T 72—1988 摘录）GB/T 829—1988**　　　mm

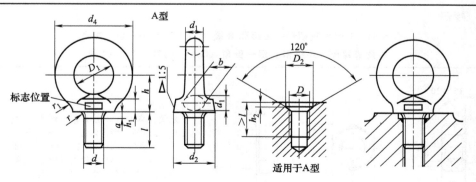

标记示例：

螺纹规格 $d$＝M10、公称长度 $l$＝20mm、性能等级为 14H 级、不经表面处理的开槽锥端定位螺钉标记为

螺钉　GB/T 72　M10×20

螺纹规格 $d$＝M5、公称长度 $l$＝10mm、长度 $Z$＝5mm、性能等级为 14H 级、不经表面处理的开槽圆柱端定位螺钉标记为

螺钉　GB/T 829　M5×10×5

| 螺纹规格 $d$ | | | M1.6 | M2 | M2.5 | M3 | M4 | M5 | M6 | M8 | M10 | M12 |
|---|---|---|---|---|---|---|---|---|---|---|---|---|
| $d_p$ max | | | 0.8 | 1 | 1.5 | 2 | 2.5 | 3.5 | 4 | 5.5 | 7.0 | 8.5 |
| $n$ 公称 | | | 0.25 | | | 0.4 | | 0.6 | 0.8 | 1 | 1.2 | 1.6 | 2 |
| $t$ max | | | 0.74 | 0.84 | 0.95 | 1.05 | 1.42 | 1.63 | 2 | 2.5 | 3 | 3.6 |
| $R≈$ | | | 1.6 | 2 | 2.5 | 3 | 4 | 5 | 6 | 8 | 10 | 12 |
| $d_1≈$ | | | — | | | 1.7 | 2.1 | 2.5 | 3.4 | 4.7 | 6 | 7.3 |
| $d_2$（推荐） | | | — | | | 1.8 | 2.2 | 2.6 | 3.5 | 5 | 6.5 | 8 |
| $z$ | GB/T 72 | | — | | | 1.5 | 2 | 2.5 | 3 | 4 | 5 | 6 |
| | GB/T 829 | 范围 | 1～1.5 | 1～2 | 1.2～2.5 | 1.5～3 | 2～4 | 2.5～5 | 3～6 | 4～8 | 5～10 | — |
| | | 系列 | 1,1.2,1.5,2,2.5,3,4,5,6,8,10 | | | | | | | | | |
| $l$[①] 长度范围 | GB/T 72 | | — | | | 4～16 | 4～20 | 5～20 | 6～25 | 8～35 | 10～45 | 12～50 |
| | GB/T 829 | | 1.5～3 | 1.5～4 | 2～5 | 2.5～6 | 3～8 | 4～10 | 5～12 | 6～16 | 8～20 | |
| 性能等级 | 钢 | | 14H、33H | | | | | | | | | |
| | 不锈钢 | | A1-50、C4-50 | | | | | | | | | |
| 表面处理 | 钢 | | 1)不经处理；2)氧化(仅用于 GB/T 72)；3)镀锌钝化 | | | | | | | | | |
| | 不锈钢 | | 不经处理 | | | | | | | | | |

① 长度系列（单位为 mm）为 1.5、2、2.5、3、4、5、6～12（2 进位）、(14)、16、20～50（5 进位）。

注　尽可能不采用括号内规格。

**表 6-40　吊环螺钉（GB/T 825—1988）**　　　mm

标记示例：

螺纹规格 M20、材料为 20 钢、经正火处理、不经表面处理的 A 型吊环螺钉的标记为

螺钉　GB/T 825—1988　M20

| $d(D)$ | M8 | M10 | M12 | M16 | M20 | M24 | M30 | M36 |
|---|---|---|---|---|---|---|---|---|
| $d_1(max)$ | 9.1 | 11.1 | 13.1 | 15.2 | 17.4 | 21.4 | 25.7 | 30 |
| $D_1(公称)$ | 20 | 24 | 28 | 34 | 40 | 48 | 56 | 67 |
| $d_2(max)$ | 21.1 | 25.1 | 29.1 | 35.2 | 41.4 | 49.4 | 57.7 | 69 |
| $h_1(max)$ | 7 | 9 | 11 | 13 | 15.1 | 19.1 | 23.2 | 27.4 |
| $h$ | 18 | 22 | 26 | 31 | 36 | 44 | 53 | 63 |
| $d_4(参考)$ | 36 | 44 | 52 | 62 | 72 | 88 | 104 | 123 |
| $r_1$ | 4 | 4 | 6 | 6 | 8 | 12 | 15 | 18 |
| $r(min)$ | 1 | 1 | 1 | 1 | 1 | 2 | 2 | 3 |
| $l(公称)$ | 16 | 20 | 22 | 28 | 35 | 40 | 45 | 55 |
| $a(max)$ | 2.5 | 3 | 3.5 | 4 | 5 | 6 | 7 | 8 |
| $b$ | 10 | 12 | 14 | 16 | 19 | 24 | 28 | 32 |
| $D_2(公称\ min)$ | 13 | 15 | 17 | 22 | 28 | 32 | 38 | 45 |
| $h_2(公称\ min)$ | 2.5 | 3 | 3.5 | 4.5 | 5 | 7 | 8 | 9.5 |
| 最大起吊重量/kN 单螺钉起吊 | 1.6 | 2.5 | 4 | 6.3 | 10 | 16 | 25 | 40 |
| 最大起吊重量/kN 双螺钉起吊 45°(max) | 0.8 | 1.25 | 2 | 3.2 | 5 | 8 | 12.5 | 20 |

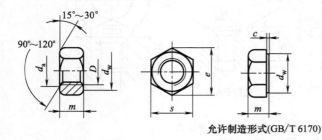

减速器重量 W/kN（供参考）

| | 一级圆柱齿轮减速器 | | | | | 二级圆柱齿轮减速器 | | | | |
|---|---|---|---|---|---|---|---|---|---|---|
| $a$ | 100 | 160 | 200 | 250 | 315 | $a$ | 100×140 | 140×200 | 180×250 | 200×280 | 250×355 |
| $W$ | 0.26 | 1.05 | 2.1 | 4 | 8 | $W$ | 1 | 2.6 | 4.8 | 6.8 | 12.5 |

注　1. 材料为 20 或 25 钢；
　　2. $d$ 为商品规格；
　　3. "减速器重量 $W$" 非 GB 825 内容，仅供课程设计参考。

### 6.3.4　螺母

**表 6-41　1 型六角螺母—A 级和 B 级**（GB/T 6170—2000 摘录）、

**六角薄螺母—A 级和 B 级一倒角**（GB/T 6172—2000 摘录）　　　　　　mm

标记示例：

　　螺纹规格 $D$＝M12、性能等级为 10 级、不经表面处理、A 级的 1 型六角螺母的标记为

　　　　螺母　GB/T 6170—2000　M12

　　螺纹规格 $D$＝M12、性能等级为 04 级、不经表面处理、A 级的六角薄螺母的标记为

　　　　螺母　GB/T 6172—2000　M12

允许制造形式(GB/T 6170)

| 螺纹规格 $D$ | | M3 | M4 | M5 | M6 | M8 | M10 | M12 | (M14) | M16 | (M18) | M20 | (M22) | M24 | (M27) | M30 | M36 |
|---|---|---|---|---|---|---|---|---|---|---|---|---|---|---|---|---|---|
| $d_a$ | max | 3.45 | 4.6 | 5.75 | 6.75 | 8.75 | 10.8 | 13 | 15.1 | 17.30 | 19.5 | 21.6 | 23.7 | 25.9 | 29.1 | 32.4 | 38.9 |
| $d_w$ | min | 4.6 | 5.9 | 6.9 | 8.9 | 11.6 | 14.6 | 16.6 | 19.6 | 22.5 | 24.8 | 27.7 | 31.4 | 33.2 | 38 | 42.7 | 51.1 |
| $e$ | min | 6.01 | 7.66 | 8.79 | 11.05 | 14.38 | 17.77 | 20.03 | 23.35 | 26.75 | 29.56 | 32.95 | 37.29 | 39.55 | 45.2 | 50.85 | 60.79 |
| $s$ | max | 5.5 | 7 | 8 | 10 | 13 | 16 | 18 | 21 | 24 | 27 | 30 | 34 | 36 | 41 | 46 | 55 |
| $c$ | max | 0.4 | 0.4 | 0.5 | 0.5 | 0.6 | 0.6 | 0.6 | 0.6 | 0.8 | 0.8 | 0.8 | 0.8 | 0.8 | 0.8 | 0.8 | 0.8 |
| $m$（max） | 六角螺母 | 2.4 | 3.2 | 4.7 | 5.2 | 6.8 | 8.4 | 10.8 | 12.8 | 14.8 | 15.8 | 18 | 19.4 | 21.5 | 23.8 | 25.6 | 31 |
| | 薄螺母 | 1.8 | 2.2 | 2.7 | 3.2 | 4 | 5 | 6 | 7 | 8 | 9 | 10 | 11 | 12 | 13.5 | 15 | 18 |

| 技术条件 | 材料 | 力学性能等级 | 螺纹公差 | 表面处理 | 公差产品等级 |
|---|---|---|---|---|---|
| | 钢 | 6、8、10 | 6H | 不经处理或镀锌钝化 | A 级用于 $D{\leqslant}$M16<br>B 级用于 $D>$M16 |

注　尽可能不采用括号内的规格。

### 6.3.5　垫圈

**表 6-42　平垫圈 A 级（GB/T 97.1—2002 摘录）、倒角型平垫圈 A 级（GB/T 97.2—2002）、**
**小垫圈 A 级（GB/T 84.8—2002 摘录）、大垫圈 A 级（GB/T 96.1—2002 摘录）**　　mm

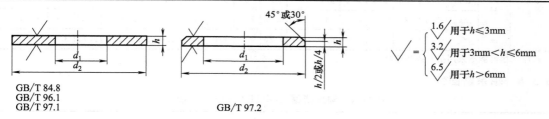

GB/T 84.8
GB/T 96.1
GB/T 97.1
　　　　　　　　GB/T 97.2

标记示例：

标准系列、公称规格 8mm、由钢制造的硬度等级为 200HV 级，不经表面处理，产品等级为 A 级的平垫圈的标记：

垫圈　GB/T 97.1　8

由 A2 不锈钢制造，其余同上，标记为：

垫圈 GB/T 97.1　8　A2

| 公称规格（螺纹大径 $d$） | | GB/T 97.1 | | | GB/T 97.2 | | | GB/T 848 | | | GB/T 96.1 | | |
|---|---|---|---|---|---|---|---|---|---|---|---|---|---|
| | | 内径 $d_1$ | 外径 $d_2$ | 厚度 $h$ | 内径 $d_1$ | 外径 $d_2$ | 厚度 $h$ | 内径 $d_1$ | 外径 $d_2$ | 厚度 $h$ | 内径 $d_1$ | 外径 $d_2$ | 厚度 $h$ |
| 优选尺寸 | 1.6 | 1.7 | 4 | 0.3 | — | — | — | 1.7 | 3.5 | 0.3 | — | — | — |
| | 2 | 2.2 | 5 | 0.3 | — | — | — | 2.2 | 4.5 | 0.3 | — | — | — |
| | 2.5 | 2.7 | 6 | 0.5 | — | — | — | 2.7 | 5 | 0.5 | — | — | — |
| | 3 | 3.2 | 7 | 0.5 | — | — | — | 3.2 | 6 | 0.5 | 3.2 | 9 | 0.8 |
| | 4 | 4.3 | 9 | 0.8 | — | — | — | 4.3 | 8 | 0.5 | 4.3 | 12 | 1 |
| | 5 | 5.3 | 10 | 1 | 5.3 | 10 | 1 | 5.3 | 9 | 1 | 5.3 | 15 | 1 |
| | 6 | 6.4 | 12 | 1.6 | 6.4 | 12 | 1.6 | 6.4 | 11 | 1.6 | 6.4 | 18 | 1.6 |
| | 8 | 8.4 | 16 | 1.6 | 8.4 | 16 | 1.6 | 8.4 | 15 | 1.6 | 8.4 | 24 | 2 |
| | 10 | 10.5 | 20 | 2 | 10.5 | 20 | 2 | 10.5 | 18 | 1.6 | 10.5 | 30 | 2.5 |
| | 12 | 13 | 24 | 2.5 | 13 | 24 | 2.5 | 13 | 20 | 2 | 13 | 37 | 3 |
| | 16 | 17 | 30 | 3 | 17 | 30 | 3 | 17 | 28 | 2.5 | 17 | 50 | 3 |
| | 20 | 21 | 37 | 3 | 21 | 37 | 3 | 21 | 34 | 3 | 21 | 60 | 4 |
| | 24 | 25 | 44 | 4 | 25 | 44 | 4 | 25 | 39 | 4 | 25 | 72 | 5 |
| | 30 | 31 | 56 | 4 | 31 | 56 | 4 | 31 | 50 | 4 | 33 | 92 | 6 |
| | 36 | 37 | 66 | 5 | 37 | 66 | 5 | 37 | 60 | 5 | 39 | 110 | 8 |

**表 6-43　标准型弹簧垫圈（GB/T 93—1987 摘录）、轻型弹簧垫圈（GB/T 859—1987 摘录）**

mm

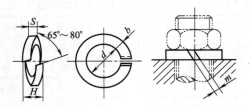

标记示例：

　　规格为 16、材料为 65Mn、表面氧化的标准型（或轻型）弹簧垫圈的标记为

　　　　垫圈　GB/T 93—1987　16

　　（或 GB/T 859—1987　16）

| 规格(螺纹大径) | | | 3 | 4 | 5 | 6 | 8 | 10 | 12 | (14) | 16 | (18) | 20 | (22) | 24 | (27) | 30 | (33) | 36 |
|---|---|---|---|---|---|---|---|---|---|---|---|---|---|---|---|---|---|---|---|
| GB/T 93—1987 | $S(b)$ | 公称 | 0.8 | 1.1 | 1.3 | 1.6 | 2.1 | 2.6 | 3.1 | 3.6 | 4.1 | 4.5 | 5.0 | 5.5 | 6.0 | 6.8 | 7.5 | 8.5 | 9 |
| | $H$ | min | 1.6 | 2.2 | 2.6 | 3.2 | 4.2 | 5.2 | 6.2 | 7.2 | 8.2 | 9 | 10 | 11 | 12 | 13.6 | 15 | 17 | 18 |
| | | max | 2 | 2.75 | 3.25 | 4 | 5.25 | 6.5 | 7.75 | 9 | 10.25 | 11.25 | 12.5 | 13.75 | 15 | 17 | 18.75 | 21.25 | 22.5 |
| | $m$ | ≤ | 0.4 | 0.55 | 0.65 | 0.8 | 1.05 | 1.3 | 1.55 | 1.8 | 2.05 | 2.25 | 2.5 | 2.75 | 3 | 3.4 | 3.75 | 4.25 | 4.5 |
| GB/T 859—87 | $S$ | 公称 | 0.6 | 0.8 | 1.1 | 1.3 | 1.6 | 2 | 2.5 | 3 | 3.2 | 3.6 | 4 | 4.5 | 5 | 5.5 | 6 | — | — |
| | $b$ | 公称 | 1 | 1.2 | 1.5 | 2 | 2.5 | 3 | 3.5 | 4 | 4.5 | 5 | 5.5 | 7 | 8 | 9 | — | — | |
| | $H$ | min | 1.2 | 1.6 | 2.2 | 2.6 | 3.2 | 4 | 5 | 6 | 6.4 | 7.2 | 8 | 9 | 10 | 11 | 12 | — | — |
| | | max | 1.5 | 2 | 2.75 | 3.25 | 4 | 5 | 6.25 | 7.5 | 8 | 9 | 10 | 11.25 | 12.5 | 13.75 | 15 | — | — |
| | $m$ | ≤ | 0.3 | 0.4 | 0.55 | 0.65 | 0.8 | 1.0 | 1.25 | 1.5 | 1.6 | 1.8 | 2.0 | 2.25 | 2.5 | 2.75 | 3.0 | — | — |

注　尽可能不采用括号内的规格。

### 6.3.6　轴系紧固件

**表 6-44　轴肩挡圈（GB/T 886—1986 摘录）**　　mm

标记示例：

挡圈　GB 886—86　40×52

（直径 $d$＝40、$D$＝52、材料为 35 钢、不经热处理及表面处理的轴肩挡圈）

| 公称直径 $d$（轴径） | $D_1 \geq$ | (0)2 尺寸系列径向轴承用 | | (0)3 尺寸系列径向轴承和(0)2 尺寸系列角接触轴承用 | | (0)4 尺寸系列径向轴承和(0)3 尺寸系列角接触轴承用 | |
|---|---|---|---|---|---|---|---|
| | | $D$ | $H$ | $D$ | $H$ | $D$ | $H$ |
| 20 | 22 | — | — | 27 | | 30 | |
| 25 | 27 | — | — | 32 | | 35 | |
| 30 | 32 | 36 | | 38 | | 40 | |
| 35 | 37 | 42 | | 45 | 4 | 47 | 5 |
| 40 | 42 | 47 | 4 | 50 | | 52 | |
| 45 | 47 | 52 | | 55 | | 58 | |
| 50 | 52 | 58 | | 60 | | 65 | |
| 55 | 58 | 65 | | 68 | | 70 | |
| 60 | 63 | 70 | | 72 | | 75 | |
| 65 | 68 | 75 | 5 | 78 | 5 | 80 | 6 |
| 70 | 73 | 80 | | 82 | | 85 | |
| 75 | 78 | 85 | | 88 | | 90 | |
| 80 | 83 | 90 | | 95 | | 100 | |
| 85 | 88 | 95 | 6 | 100 | 6 | 105 | 8 |
| 90 | 93 | 100 | | 105 | | 110 | |
| 95 | 98 | 110 | | 110 | | 115 | |
| 100 | 103 | 115 | 8 | 115 | 8 | 120 | 10 |

表 6-45　轴端挡圈　　　　　　　　　　　　　　　mm

螺钉紧固轴端挡圈(GB/T 891—86摘录)　　　　　　　螺栓紧固轴端挡圈(GB/T 892—86摘录)

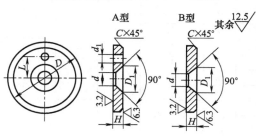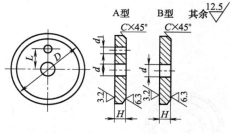

轴端单孔挡圈的固定

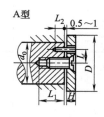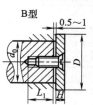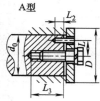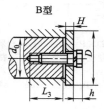

标记示例：
挡圈　GB/T 891—86　45(公称直径 $D$=45、材料为 Q235—A、不经表面处理的 A 型螺钉紧固轴端挡圈)
挡圈　GB/T 891—86　B45(公称直径 $D$=45、材料为 Q235—A、不经表面处理的 B 型螺钉紧固轴端挡圈)

| 轴径≤ | 公称直径 $D$ | $H$ | $L$ | $d$ | $d_1$ | $C$ | 螺钉紧固轴端挡圈 | | | 螺栓紧固轴端挡圈 | | | 安装尺寸(参考) | | | |
|---|---|---|---|---|---|---|---|---|---|---|---|---|---|---|---|---|
| | | | | | | | $D_1$ | 螺钉 GB 819—85 (推荐) | 圆柱销 GB 119—86 (推荐) | 螺栓 GB 5783—86 (推荐) | 圆柱销 GB 119—86 (推荐) | 垫圈 GB 93—87 (推荐) | $L_1$ | $L_2$ | $L_3$ | $h$ |
| 14 | 20 | 4 | — | | | | | | | | | | | | | |
| 16 | 22 | 4 | — | | | | | | | | | | | | | |
| 18 | 25 | 4 | — | 5.5 | 2.1 | 0.5 | 11 | M5×12 | A2×10 | M5×16 | A2×10 | 5 | 14 | 6 | 16 | 4.8 |
| 20 | 28 | 4 | 7.5 | | | | | | | | | | | | | |
| 22 | 30 | 4 | 7.5 | | | | | | | | | | | | | |
| 25 | 32 | 5 | 10 | | | | | | | | | | | | | |
| 28 | 35 | 5 | 10 | | | | | | | | | | | | | |
| 30 | 38 | 5 | 10 | 6.6 | 3.2 | 1 | 13 | M6×16 | A3×12 | M6×20 | A3×12 | 6 | 18 | 7 | 20 | 5.6 |
| 32 | 40 | 5 | 12 | | | | | | | | | | | | | |
| 35 | 45 | 5 | 12 | | | | | | | | | | | | | |
| 40 | 50 | 5 | 12 | | | | | | | | | | | | | |
| 45 | 55 | 6 | 16 | | | | | | | | | | | | | |
| 50 | 60 | 6 | 16 | | | | | | | | | | | | | |
| 55 | 65 | 6 | 16 | 9 | 4.2 | 1.5 | 17 | M8×20 | A4×14 | M8×25 | A4×14 | 8 | 22 | 8 | 24 | 7.4 |
| 60 | 70 | 6 | 20 | | | | | | | | | | | | | |
| 65 | 75 | 6 | 20 | | | | | | | | | | | | | |
| 70 | 80 | 6 | 20 | | | | | | | | | | | | | |
| 75 | 90 | 8 | 25 | 13 | 5.2 | 2 | 25 | M12×25 | A5×16 | M12×30 | A5×16 | 12 | 26 | 10 | 28 | 10.6 |
| 85 | 100 | 8 | 25 | | | | | | | | | | | | | |

注　1. 当挡圈装在带螺纹孔的轴端时，紧固用螺钉允许加长。
2. 材料为 Q235—A，35 钢，45 钢。
3. "轴端单孔挡圈的固定"不属 GB/T 891—86、GB/T 892—86，仅供参考。

6. 3

表 6-46　圆螺母（GB/T 812—1988 摘录）　　　　mm

| 螺纹规格 D×P | $d_k$ | $d_1$ | $m$ | $h$/min | $t$/min | $C$ | $C_1$ |
|---|---|---|---|---|---|---|---|
| M18×1.5 | 32 | 24 | 8 | | | | |
| M20×1.5 | 35 | 27 | | | | 0.5 | |
| M22×1.5 | 38 | 30 | | | | | |
| M24×1.5 | 42 | 34 | | 5 | 2.5 | | |
| M25×1.5* | | | | | | | |
| M27×1.5 | 45 | 37 | | | | | 0.5 |
| M30×1.5 | 48 | 40 | | | | | |
| M33×1.5 | 52 | 43 | 10 | | | 1 | |
| M35×1.5* | | | | | | | |
| M36×1.5 | 55 | 46 | | | | | |
| M39×1.5 | 58 | 49 | | 6 | 3 | | |
| M40×1.5* | | | | | | | |
| M42×1.5 | 62 | 53 | | | | | |
| M45×1.5 | 68 | 59 | | | | | |
| M48×1.5 | 72 | 61 | | | | | |
| M50×1.5* | | | | | | | |
| M52×1.5 | 78 | 67 | | | | 1.5 | |
| M55×2* | | | | | | | |
| M56×2 | 85 | 74 | 12 | 8 | 3.5 | | |
| M60×2 | 90 | 79 | | | | | 1 |
| M64×2 | 95 | 84 | | | | | |
| M65×2* | | | | | | | |

标记示例:

螺纹规格 $D×P$＝M18×1.5，材料 45 钢、槽或全部热处理后硬度为 35～45HRC、表面氧化的圆螺母的标记为

螺母　GB/T 812—1988　M18×1.5

注　1. 表中带"*"者仅用于滚动轴承锁紧装置。
　　2. 材料：45 钢。

表 6-47　圆螺母用止动垫圈（GB/T 858—1988 摘录）　　　　mm

| 规格（螺纹大径） | $d$ | $D$（参考） | $D_1$ | $S$ | $h$ | $b$ | $a$ | 轴端 $b_1$ | 轴端 $t$ |
|---|---|---|---|---|---|---|---|---|---|
| 18 | 18.5 | 35 | 24 | | | | 15 | | 14 |
| 20 | 20.5 | 38 | 27 | | | | 17 | | 16 |
| 22 | 22.5 | 42 | 30 | 1 | 4 | 4.8 | 19 | 5 | 18 |
| 24 | 24.5 | 45 | 34 | | | | 21 | | 20 |
| 25* | 25.5 | | | | | | 22 | | — |
| 27 | 27.5 | 48 | 37 | | | | 24 | | 23 |
| 30 | 30.5 | 52 | 40 | | | | 27 | | 26 |
| 33 | 33.5 | 56 | 43 | | | | 30 | | 29 |
| 35* | 35.5 | | | | | | 32 | | — |
| 36 | 36.5 | 60 | 46 | | | | 33 | | 32 |
| 39 | 39.5 | 62 | 49 | | 5 | 5.7 | 36 | 6 | 35 |
| 40* | 40.5 | | | | | | 37 | | — |
| 42 | 42.5 | 66 | 53 | | | | 39 | | 38 |
| 45 | 45.5 | 72 | 59 | | | | 42 | | 41 |
| 48 | 48.5 | 76 | 61 | 1.5 | | | 45 | | 44 |
| 50* | 50.5 | | | | | | 47 | | — |
| 52 | 52.5 | 82 | 67 | | | | 49 | | 48 |
| 55* | 56 | | | | | 7.7 | 52 | 8 | — |
| 56 | 57 | 90 | 74 | | 6 | | 53 | | 52 |
| 60 | 61 | 94 | 79 | | | | 57 | | 56 |
| 64 | 65 | 100 | 84 | | | | 61 | | 60 |
| 65* | 66 | | | | | | 62 | | — |

标记示例:

规格为 18，材料 Q235—A、经退火、表面氧化的圆螺母用止动垫圈的标记为

垫圈　GB/T 858—1988　18

注　1. 表中带"*"者仅用于滚动轴承锁紧装置。
　　2. 材料：Q215—A，Q235—A，10，15 钢。

表 6-48 孔用弹性挡圈—A 型（GB/T 893.1—1986 摘录） mm

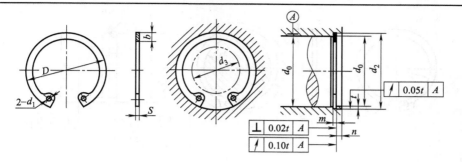

标记示例：

孔径 $d_0 = 50$、材料 65Mn、热处理硬度 44～51HRC、经表面氧化处理的 A 型孔用弹性挡圈的标记为

挡圈 GB/T 893.1—1986—50

| 孔径 $d_0$ | 挡圈 | | | 沟槽（推荐） | | | | | 允许套入轴径 $d_3 \leqslant$ | 孔径 $d_0$ | 挡圈 | | | 沟槽（推荐） | | | | | 允许套入轴径 $d_3 \leqslant$ |
|---|---|---|---|---|---|---|---|---|---|---|---|---|---|---|---|---|---|---|---|
| | $D$ | $S$ | $b\approx$ | $d_2$ | | $m$ | | $n \geqslant$ | | | $D$ | $S$ | $b\approx$ | $d_2$ | | $m$ | | $n \geqslant$ | |
| | | | | 基本尺寸 | 极限偏差 | 基本尺寸 | 极限偏差 | | | | | | | 基本尺寸 | 极限偏差 | 基本尺寸 | 极限偏差 | | |
| 32 | 34.4 | 1.2 | 3.2 | 33.7 | | 1.3 | | 2.6 | 20 | 75 | 79.5 | | 6.3 | 78 | +0.30 0 | | | 4.5 | 56 |
| 34 | 36.5 | | | 35.7 | | | | | 22 | 78 | 82.5 | | | 81 | | | | | 60 |
| 35 | 37.8 | | 3.6 | 37 | | | | 3 | 23 | 80 | 85.5 | | | 83.5 | | | | | 63 |
| 36 | 38.8 | | | 38 | | | | | 24 | 82 | 87.5 | | 6.8 | 85.5 | | | | | 65 |
| 37 | 39.8 | | | 39 | +0.25 0 | | | | 25 | 85 | 90.5 | | | 88.5 | | | | | 68 |
| 38 | 40.8 | 1.5 | | 40 | | 1.7 | | | 26 | 88 | 93.5 | 2.5 | 7.3 | 91.5 | +0.35 0 | 2.7 | +0.14 0 | 5.3 | 70 |
| 40 | 43.5 | | 4 | 42.5 | | | | | 27 | 90 | 95.5 | | | 93.5 | | | | | 72 |
| 42 | 45.5 | | | 44.5 | | | | | 29 | 92 | 97.5 | | | 95.5 | | | | | 73 |
| 45 | 48.5 | | | 47.5 | | | | 3.8 | 31 | 95 | 100.5 | | 7.7 | 98.5 | | | | | 75 |
| 47 | 50.5 | | | 49.5 | | | | | 32 | 98 | 103.5 | | | 101.5 | | | | | 78 |
| 48 | 51.5 | | 4.7 | 50.5 | | | | | 33 | 100 | 105.5 | | | 103.5 | | | | | 80 |
| 50 | 54.2 | | | 53 | | | +0.14 0 | | 36 | 102 | 108 | | 8.1 | 106 | | | | | 82 |
| 52 | 56.2 | | | 55 | | | | | 38 | 105 | 112 | | | 109 | | | | | 83 |
| 55 | 59.2 | | | 58 | | | | | 40 | 108 | 115 | | 8.8 | 112 | +0.54 0 | | | | 86 |
| 56 | 60.2 | 2 | | 59 | | 2.2 | | | 41 | 110 | 117 | | | 114 | | | | | 88 |
| 58 | 62.2 | | | 61 | +0.30 0 | | | | 43 | 112 | 119 | | | 116 | | | | | 89 |
| 60 | 64.2 | | 5.2 | 63 | | | | 4.5 | 44 | 115 | 122 | 3 | 9.3 | 119 | | 3.2 | +0.18 0 | 6 | 90 |
| 62 | 66.2 | | | 65 | | | | | 45 | 120 | 127 | | | 124 | | | | | 95 |
| 63 | 67.2 | | | 66 | | | | | 46 | 125 | 132 | | 10 | 129 | | | | | 100 |
| 65 | 69.2 | | | 68 | | | | | 48 | 130 | 137 | | | 134 | +0.63 0 | | | | 105 |
| 68 | 72.5 | 2.5 | | 71 | | 2.7 | | | 50 | 135 | 142 | | 10.7 | 139 | | | | | 110 |
| 70 | 74.5 | | 5.7 | 73 | | | | | 53 | 140 | 147 | | | 144 | | | | | 115 |
| 72 | 76.5 | | | 75 | | | | | 55 | 145 | 152 | | 10.9 | 149 | | | | | 118 |

注 1. 挡圈尺寸 $d_1$：当 $32 \leqslant d_0 \leqslant 40$ 时，$d_1 = 2.5$；当 $42 \leqslant d_0 \leqslant 100$ 时，$d_1 = 3$；当 $102 \leqslant d_0 \leqslant 145$ 时，$d_1 = 4$。

2. 材料：65Mn、60Si2MnA。热处理硬度：$d_0 \leqslant 48$ 时，47～54HRC；当 $d_0 > 48$ 时，44～51HRC。

6.3

### 表 6-49　轴用弹性挡圈—A 型（GB/T 894.1—1986 摘录）　　　　mm

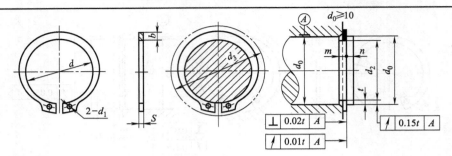

标记示例：

轴径 $d_0$＝50、材料 65Mn、热处理硬度 44～51HRC、经表面氧化处理的 A 型轴用弹性挡圈的标记为

挡圈　GB/T 894.1—1986—50

| 轴径 $d_0$ | 挡圈 $d$ | $S$ | $b\approx$ | $d_2$ 基本尺寸 | $d_2$ 极限偏差 | $m$ 基本尺寸 | $m$ 极限偏差 | $n \geqslant$ | 允许套入孔径 $d_3 \geqslant$ |
|---|---|---|---|---|---|---|---|---|---|
| 14 | 12.9 | | 1.88 | 13.4 | | | | 0.9 | 22 |
| 15 | 13.8 | | 2.00 | 14.3 | | | | 1.1 | 23.2 |
| 16 | 14.7 | | 2.32 | 15.2 | 0 −0.11 | | | 1.2 | 24.4 |
| 17 | 15.7 | | | 16.2 | | | | 1.2 | 25.6 |
| 18 | 16.5 | 1 | 2.48 | 17 | | 1.1 | | | 27 |
| 19 | 17.5 | | | 18 | | | | | 28 |
| 20 | 18.5 | | | 19 | | | 1.5 | | 29 |
| 21 | 19.5 | | 2.68 | 20 | 0 −0.13 | | | | 31 |
| 22 | 20.5 | | | 21 | | | | | 32 |
| 24 | 22.2 | | | 22.9 | | | | | 34 |
| 25 | 23.2 | | 3.32 | 23.9 | | +0.14 0 | | 1.7 | 35 |
| 26 | 24.2 | | | 24.9 | 0 −0.21 | 1.3 | | | 36 |
| 28 | 25.9 | 1.2 | 3.60 | 26.6 | | | | | 38.4 |
| 29 | 26.9 | | 3.72 | 27.6 | | | | 2.1 | 39.8 |
| 30 | 27.9 | | | 28.6 | | | | | 42 |
| 32 | 29.6 | | 3.92 | 30.3 | | | | | 44 |
| 34 | 31.5 | | 4.32 | 32.3 | | | | 2.6 | 46 |
| 35 | 32.2 | | | 33 | | | | | 48 |
| 36 | 33.2 | | 4.52 | 34 | 0 −0.25 | | 1.7 | | 49 |
| 37 | 34.2 | 1.5 | | 35 | | | | 3 | 50 |
| 38 | 35.2 | | | 36 | | | | | 51 |
| 40 | 36.5 | | 5.0 | 37.5 | | | | | 53 |
| 42 | 38.5 | | | 39.5 | | | | 3.8 | 56 |

| 轴径 $d_0$ | 挡圈 $d$ | $S$ | $b\approx$ | $d_2$ 基本尺寸 | $d_2$ 极限偏差 | $m$ 基本尺寸 | $m$ 极限偏差 | $n \geqslant$ | 允许套入孔径 $d_3 \geqslant$ |
|---|---|---|---|---|---|---|---|---|---|
| 45 | 41.5 | 1.5 | 5.0 | 42.5 | | 1.7 | | 3.8 | 59.4 |
| 48 | 44.5 | | | 45.5 | 0 −0.25 | | | | 62.8 |
| 50 | 45.8 | | | 47 | | | | | 64.8 |
| 52 | 47.8 | | 5.48 | 49 | | | | | 67 |
| 55 | 50.8 | | | 52 | | | | | 70.4 |
| 56 | 51.8 | 2 | | 53 | | 2.2 | | | 71.7 |
| 58 | 53.8 | | | 55 | | | | | 73.6 |
| 60 | 55.8 | | 6.12 | 57 | | | | | 75.8 |
| 62 | 57.8 | | | 59 | | | | 4.5 | 79 |
| 63 | 58.8 | | | 60 | | | | | 79.6 |
| 65 | 60.8 | | | 62 | | | | | 81.6 |
| 68 | 63.5 | | | 65 | 0 −0.30 | | +0.14 0 | | 85 |
| 70 | 65.5 | | | 67 | | | | | 87.2 |
| 72 | 67.5 | | 6.32 | 69 | | | | | 89.4 |
| 75 | 70.5 | | | 72 | | | | | 92.8 |
| 78 | 73.5 | 2.5 | | 75 | | | | | 96.2 |
| 80 | 74.5 | | | 76.5 | | | 2.7 | | 98.2 |
| 82 | 76.5 | | | 78.5 | | | | | 101 |
| 85 | 79.5 | | 7.0 | 81.5 | | | | | 104 |
| 88 | 82.5 | | | 84.5 | | | | 5.3 | 107.3 |
| 90 | 84.5 | | 7.6 | 86.5 | 0 −0.35 | | | | 110 |
| 95 | 89.5 | | | 91.5 | | | | | 115 |
| 100 | 94.5 | | 9.2 | 96.5 | | | | | 121 |

注　1. 挡圈尺寸 $d_1$：$14 \leqslant d_0 \leqslant 18$ 时，$d_1=1.7$；$19 \leqslant d_0 \leqslant 30$ 时，$d_1=2$；$32 \leqslant d_0 \leqslant 40$ 时，$d_1=2.5$，$42 \leqslant d_0 \leqslant 100$ 时，$d_1=3$。

2. 材料：65Mn，60Si2MnA。热处理硬度：$d_0 \leqslant 48$ 时，HRC＝47～54；当 $d_0 > 48$ 时，HRC＝44～51。

### 表 6-50 轴上固定螺钉用的孔（JB/ZQ 4251—1986 摘录） mm

| $d$ | 3 | 4 | 6 | 8 | 10 | 12 | 16 | 20 | 24 |
|---|---|---|---|---|---|---|---|---|---|
| $d_1$ | | | 4.5 | 6 | 7 | 9 | 12 | 15 | 18 |
| $c_1$ | | | 4 | 5 | 6 | 7 | 8 | 10 | 12 |
| $c_2$ | 1.5 | 2 | 3 | 3 | 3.5 | 4 | 5 | 6 | |
| $h_1 \geqslant$ | | | 4 | 5 | 6 | 7 | 8 | 10 | 12 |
| $h_2$ | 1.5 | 2 | 3 | 3 | 3.5 | 4 | 5 | 6 | |

注 1. 工作图上除 $c_1$、$c_2$ 外其他尺寸应全部注出。

2. $d$ 为螺纹规格。

## 6.3.7 键联接和销联接

### 表 6-51 平键联接的剖面和键槽尺寸（GB/T 1095—2003 摘录）、
### 普通平键的型式和尺寸（GB/T 1096—2003 摘录） mm

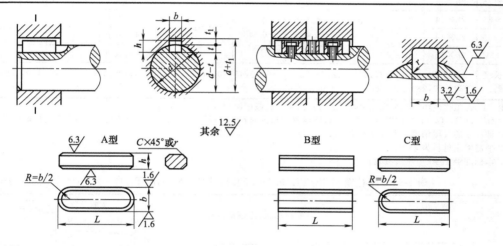

标记示例：

键 16×100　GB/T 1096—2003[圆头普通平键（A 型）、$b=16$、$h=10$、$L=100$]

键 B16×100　GB/T 1096—2003[平头普通平键（B 型）、$b=16$、$h=10$、$L=100$]

键 C16×100　GB/T 1096—2003[单圆头普通平键（C 型）、$b=16$、$h=10$、$L=100$]

| 轴 | 键 | 键　槽 | | | | | | | | | | |
|---|---|---|---|---|---|---|---|---|---|---|---|---|
| | | 宽　度 $b$ | | | | | 深　度 | | | | 半径 $r$ | |
| | | 公称尺寸 $b$ | 极　限　偏　差 | | | | 轴 $t$ | | 毂 $t_1$ | | | |
| 公称直径 $d$ | 公称尺寸 $b×h$ | | 较松键联结 | | 一般键联结 | | 较紧键联结 | | | | | |
| | | | 轴 H9 | 毂 D10 | 轴 N9 | 毂 Js9 | 轴和毂 P9 | 公称尺寸 | 极限偏差 | 公称尺寸 | 极限偏差 | 最小 | 最大 |
| 自 6~8 | 2×2 | 2 | +0.025 0 | +0.060 +0.020 | −0.004 −0.029 | ±0.0125 | −0.006 −0.031 | 1.2 | | 1 | | | |
| >8~10 | 3×3 | 3 | | | | | | 1.8 | +0.1 0 | 1.4 | +0.1 0 | 0.08 | 0.16 |
| >10~12 | 4×4 | 4 | +0.030 0 | +0.078 +0.030 | 0 −0.030 | ±0.015 | −0.012 −0.042 | 2.5 | | 1.8 | | | |
| >12~17 | 5×5 | 5 | | | | | | 3.0 | | 2.3 | | | |
| >17~22 | 6×6 | 6 | | | | | | 3.5 | | 2.8 | | 0.16 | 0.25 |
| >22~30 | 8×7 | 8 | +0.036 0 | +0.098 +0.040 | 0 −0.036 | ±0.018 | −0.015 −0.051 | 4.0 | +0.2 0 | 3.3 | +0.2 0 | | |
| >30~38 | 10×8 | 10 | | | | | | 5.0 | | 3.3 | | 0.25 | 0.40 |

| 轴 | 键 | 键 槽 | | | | | | | | | | |
|---|---|---|---|---|---|---|---|---|---|---|---|---|
| | | 宽 度 $b$ | | | | | 深 度 | | | | 半径 $r$ | |
| | | | 极 限 偏 差 | | | | 轴 $t$ | | 毂 $t_1$ | | | |
| 公称直径 $d$ | 公称尺寸 $b×h$ | 公称尺寸 $b$ | 较松键联结 | | 一般键联结 | | 较紧键联结 | | | | | |
| | | | 轴 H9 | 毂 D10 | 轴 N9 | 毂 Js9 | 轴和毂 P9 | 公称尺寸 | 极限偏差 | 公称尺寸 | 极限偏差 | 最小 | 最大 |
| >38~44 | 12×8 | 12 | | | | | | 5.0 | | 3.3 | | | |
| >44~50 | 14×9 | 14 | +0.043 0 | +0.120 +0.050 | 0 −0.043 | ±0.0215 | −0.018 −0.061 | 5.5 | | 3.8 | | 0.25 | 0.40 |
| >50~58 | 16×10 | 16 | | | | | | 6.0 | | 4.3 | | | |
| >58~65 | 18×11 | 18 | | | | | | 7.0 | +0.2 0 | 4.4 | +0.2 0 | | |
| >65~75 | 20×12 | 20 | | | | | | 7.5 | | 4.9 | | | |
| >75~85 | 22×14 | 22 | +0.052 0 | +0.149 +0.065 | 0 −0.052 | ±0.026 | −0.022 −0.074 | 9.0 | | 5.4 | | 0.40 | 0.60 |
| >85~95 | 25×14 | 25 | | | | | | 9.0 | | 5.4 | | | |
| >95~110 | 28×16 | 28 | | | | | | 10.0 | | 6.4 | | | |
| 键的长度系列 | 6,8,10,12,14,16,18,20,22,25,28,32,36,40,45,50,56,63,70,80,90,100,110,125,140,160,180,200,220,250,280,320,360 | | | | | | | | | | | | |

注 1. 在工作图中,轴槽深用 $t$ 或 $(d-t)$ 标注,轮毂槽深用 $(d+t_1)$ 标注。

2. $(d-t)$ 和 $(d+t_1)$ 两组合尺寸的极限偏差按相应的 $t$ 和 $t_1$ 极限偏差选取,但 $(d-t)$ 极限偏差值应取负号 (一)。

3. 键尺寸的极限偏差 $b$ 为 h9, $h$ 为 h11, $L$ 为 h14。

4. 平键常用材料为 45 钢。

5. 本标准经 1990 年确认有效。

表 6-52 圆柱销 (GB/T 119.1—2000)、圆锥销 (GB/T 117—2000)　　　　mm

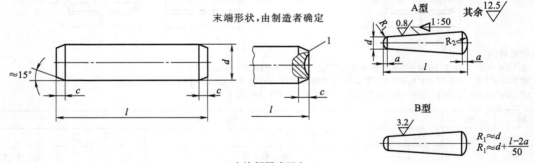

1 允许倒圆或凹穴。

公差 m6:$Ra≤0.8μm$

公差 h8:$Ra≤1.6μm$

标记示例:公称直径 $d=8mm$、长度 $l=30mm$、材料为 35 钢、不经热处理、不经表面处理的圆柱销的标记为

销 GB/T 119.1—2000 8m6×30

| $d$(公称) | | | 3 | 4 | 5 | 6 | 8 | 10 | 12 | 16 | 20 | 25 |
|---|---|---|---|---|---|---|---|---|---|---|---|---|
| 圆柱销 | $c≈$ | | 0.5 | 0.63 | 0.8 | 1.2 | 1.6 | 2.0 | 2.5 | 3.0 | 3.5 | 4.0 |
| | $l$ | | 8~30 | 8~40 | 10~50 | 12~60 | 14~80 | 18~95 | 22~140 | 26~180 | 35~200 | 50~200 |
| 圆锥销 | $d$ | min | 2.96 | 3.95 | 4.95 | 5.95 | 7.94 | 9.94 | 11.93 | 15.93 | 19.92 | 24.92 |
| | | max | 3 | 4 | 5 | 6 | 8 | 10 | 12 | 16 | 20 | 25 |
| | $a≈$ | | 0.4 | 0.5 | 0.63 | 0.8 | 1.0 | 1.2 | 1.6 | 2.0 | 2.5 | 3.0 |
| | $l$(公称) | | 12~45 | 14~55 | 18~60 | 22~90 | 22~120 | 26~160 | 32~180 | 40~200 | 45~200 | 50~200 |
| $l$(公称)的系列 | | | 12~32(2 进位),35~100(5 进位)、100~200(20 进位) | | | | | | | | | |

**表 6-53 开口销**（GB/T 91—2000）　　　　mm

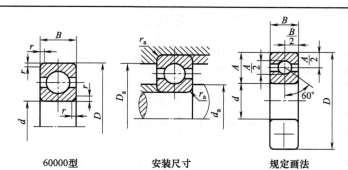

标记示例:公称直径 $d=5$mm、长度 $l=50$mm、材料为低碳钢、不经表面处理的开口销的标记为
　　　　销 GB/T 91—2000　5×50

| 公称规格 $d$ | | 0.6 | 0.8 | 1 | 1.2 | 1.6 | 2 | 2.5 | 3.2 | 4 | 5 | 6.3 | 8 | 10 | 12 |
|---|---|---|---|---|---|---|---|---|---|---|---|---|---|---|---|
| $a$ | max | | 1.6 | | | 2.5 | | | 3.2 | | 4 | | | | 6.3 |
| $c$ | max | 1 | 1.4 | 1.8 | 2 | 2.8 | 3.6 | 4.6 | 5.8 | 7.4 | 9.2 | 11.8 | 15 | 19 | 24.8 |
| | min | 0.9 | 1.2 | 1.6 | 1.7 | 2.4 | 3.2 | 4 | 5.1 | 6.5 | 8 | 10.3 | 13.1 | 16.6 | 21.7 |
| $b\approx$ | | 2 | 2.4 | 3 | 3 | 3.2 | 4 | 5 | 6.4 | 8 | 10 | 12.6 | 16 | 20 | 26 |
| $l$(公称) | | 4～12 | 5～16 | 6～20 | 8～26 | 8～32 | 10～40 | 12～50 | 14～65 | 18～80 | 22～100 | 30～120 | 40～160 | 45～200 | 70～200 |
| $l$(公称)的系列 | | 6～32(2 进位),36～100(5 进位)、100～200(20 进位) | | | | | | | | | | | | | |

注　销孔的公称直径等于销的公称规格 $d$。

# 6.4 滚动轴承

**表 6-54 深沟球轴承**（GB/T 276—1994 摘录）

60000型　　　安装尺寸　　　规定画法

标记示例:滚动轴承 6210 GB/T 276—1994

| $F_a/C_{0r}$ | $e$ | $Y$ | 径向当量动载荷 | 径向当量静载荷 |
|---|---|---|---|---|
| 0.014 | 0.19 | 2.30 | | |
| 0.028 | 0.22 | 1.99 | | |
| 0.056 | 0.26 | 1.71 | 当 $\dfrac{F_a}{F_r}\leqslant e,P_r=F_r$ | $P_{0r}=F_r$ |
| 0.084 | 0.28 | 1.55 | | $P_{0r}=0.6F_r+0.5F_a$ |
| 0.11 | 0.30 | 1.45 | | 取上列两式计算结果的较大值 |
| 0.17 | 0.34 | 1.31 | 当 $\dfrac{F_a}{F_r}>e,P_r=0.56F_r+YF_a$ | |
| 0.28 | 0.38 | 1.15 | | |
| 0.42 | 0.42 | 1.04 | | |
| 0.56 | 0.44 | 1.00 | | |

| 轴承代号 | 基本尺寸/mm | | | 安装尺寸/mm | | | 基本额定动载荷 $C_r$ | 基本额定静载荷 $C_{0r}$ | 极限转速/(r/min) | | 原轴承代号 |
|---|---|---|---|---|---|---|---|---|---|---|---|
| | $d$ | $D$ | $B$ | $d_a$ min | $D_a$ max | $r_a$ max | kN | | 脂润滑 | 油润滑 | |
| (1)0 尺寸系列 | | | | | | | | | | | |
| 6000 | 10 | 26 | 8 | 12.4 | 23.6 | 0.3 | 4.58 | 1.98 | 20000 | 28000 | 100 |
| 6001 | 12 | 28 | 8 | 14.4 | 25.6 | 0.3 | 5.10 | 2.38 | 19000 | 26000 | 101 |
| 6002 | 15 | 32 | 9 | 17.4 | 29.6 | 0.3 | 5.58 | 2.85 | 18000 | 24000 | 102 |

第 6 章 机械设计常用标准和规范

| 轴承代号 | 基本尺寸/mm | | | 安装尺寸/mm | | | 基本额定动载荷 $C_r$ | 基本额定静载荷 $C_{0r}$ | 极限转速/(r/min) | | 原轴承代号 |
|---|---|---|---|---|---|---|---|---|---|---|---|
| | $d$ | $D$ | $B$ | $d_a$ min | $D_a$ max | $r_a$ max | kN | | 脂润滑 | 油润滑 | |
| (1)0 尺寸系列 | | | | | | | | | | | |
| 6003 | 17 | 35 | 10 | 19.4 | 32.6 | 0.3 | 6.00 | 3.25 | 17000 | 22000 | 103 |
| 6004 | 20 | 42 | 12 | 25 | 37 | 0.6 | 9.38 | 5.02 | 15000 | 19000 | 104 |
| 6005 | 25 | 47 | 12 | 30 | 42 | 0.6 | 10.0 | 5.85 | 13000 | 17000 | 105 |
| 6006 | 30 | 55 | 13 | 36 | 49 | 1 | 13.2 | 8.30 | 10000 | 14000 | 106 |
| 6007 | 35 | 62 | 14 | 41 | 56 | 1 | 16.2 | 10.5 | 9000 | 12000 | 107 |
| 6008 | 40 | 68 | 15 | 46 | 62 | 1 | 17.0 | 11.8 | 8500 | 11000 | 108 |
| 6009 | 45 | 75 | 16 | 51 | 69 | 1 | 21.0 | 14.8 | 8000 | 10000 | 109 |
| 6010 | 50 | 80 | 16 | 56 | 74 | 1 | 22.0 | 16.2 | 7000 | 9000 | 110 |
| 6011 | 55 | 90 | 18 | 62 | 83 | 1 | 30.2 | 21.8 | 6300 | 8000 | 111 |
| 6012 | 60 | 95 | 18 | 67 | 88 | 1 | 31.5 | 24.2 | 6000 | 7500 | 112 |
| 6013 | 65 | 100 | 18 | 72 | 93 | 1 | 32.0 | 24.8 | 5600 | 7000 | 113 |
| 6014 | 70 | 110 | 20 | 77 | 103 | 1 | 38.5 | 30.5 | 5300 | 6700 | 114 |
| 6015 | 75 | 115 | 20 | 82 | 108 | 1 | 40.2 | 33.2 | 5000 | 6300 | 115 |
| 6016 | 80 | 125 | 22 | 87 | 118 | 1 | 47.5 | 39.8 | 4800 | 6000 | 116 |
| 6017 | 85 | 130 | 22 | 92 | 123 | 1 | 50.8 | 42.8 | 4500 | 5600 | 117 |
| 6018 | 90 | 140 | 24 | 99 | 131 | 1.5 | 58.0 | 49.8 | 4300 | 5300 | 118 |
| 6019 | 95 | 145 | 24 | 104 | 136 | 1.5 | 57.8 | 50.0 | 4000 | 5000 | 119 |
| 6020 | 100 | 150 | 24 | 109 | 141 | 1.5 | 64.5 | 56.2 | 3800 | 4800 | 120 |
| (0)2 尺寸系列 | | | | | | | | | | | |
| 6200 | 10 | 30 | 9 | 15 | 25 | 0.6 | 5.10 | 2.38 | 19000 | 26000 | 200 |
| 6201 | 12 | 32 | 10 | 17 | 27 | 0.6 | 6.82 | 3.05 | 18000 | 24000 | 201 |
| 6202 | 15 | 35 | 11 | 20 | 30 | 0.6 | 7.65 | 3.72 | 17000 | 22000 | 202 |
| 6203 | 17 | 40 | 12 | 22 | 35 | 0.6 | 9.58 | 4.78 | 16000 | 20000 | 203 |
| 6204 | 20 | 47 | 14 | 26 | 41 | 1 | 12.8 | 6.65 | 14000 | 18000 | 204 |
| 6205 | 25 | 52 | 15 | 31 | 46 | 1 | 14.0 | 7.88 | 12000 | 16000 | 205 |
| 6206 | 30 | 62 | 16 | 36 | 56 | 1 | 19.5 | 11.5 | 9500 | 13000 | 206 |
| 6207 | 35 | 72 | 17 | 42 | 65 | 1 | 25.5 | 15.2 | 8500 | 11000 | 207 |
| 6208 | 40 | 80 | 18 | 47 | 72 | 1 | 29.5 | 18.0 | 8000 | 10000 | 208 |
| 6209 | 45 | 85 | 19 | 52 | 78 | 1 | 31.5 | 20.5 | 7000 | 9000 | 209 |
| 6210 | 50 | 90 | 20 | 57 | 83 | 1 | 35.0 | 23.2 | 6700 | 8500 | 210 |
| 6211 | 55 | 100 | 21 | 64 | 71 | 1.5 | 43.2 | 29.2 | 6000 | 7500 | 211 |
| 6212 | 60 | 110 | 22 | 69 | 101 | 1.5 | 47.8 | 32.8 | 5600 | 7000 | 212 |
| 6213 | 65 | 120 | 23 | 74 | 111 | 1.5 | 57.2 | 40.0 | 5000 | 6300 | 213 |
| 6214 | 70 | 125 | 24 | 79 | 116 | 1.5 | 60.8 | 45.0 | 4800 | 6000 | 214 |
| 6215 | 75 | 130 | 25 | 84 | 121 | 1.5 | 66.0 | 49.5 | 4500 | 5600 | 215 |
| 6216 | 80 | 140 | 26 | 90 | 130 | 2 | 71.5 | 54.2 | 4300 | 5300 | 216 |
| 6217 | 85 | 150 | 28 | 95 | 140 | 2 | 83.2 | 63.8 | 4000 | 5000 | 217 |
| 6218 | 90 | 160 | 30 | 100 | 150 | 2 | 95.8 | 71.5 | 3800 | 4800 | 218 |
| 6219 | 95 | 170 | 32 | 107 | 158 | 2.1 | 110 | 82.8 | 3600 | 4500 | 219 |
| 6220 | 100 | 180 | 34 | 112 | 168 | 2.1 | 122 | 92.8 | 3400 | 4300 | 220 |
| (0)3 尺寸系列 | | | | | | | | | | | |
| 6300 | 10 | 35 | 11 | 15 | 30 | 0.6 | 7.65 | 3.48 | 18000 | 24000 | 300 |
| 6301 | 12 | 37 | 12 | 18 | 31 | 1 | 9.72 | 5.08 | 17000 | 22000 | 301 |
| 6302 | 15 | 42 | 13 | 21 | 36 | 1 | 11.5 | 5.42 | 16000 | 20000 | 302 |
| 6303 | 17 | 47 | 14 | 23 | 41 | 1 | 13.5 | 6.58 | 15000 | 19000 | 303 |
| 6304 | 20 | 52 | 15 | 27 | 45 | 1 | 15.8 | 7.88 | 13000 | 17000 | 304 |
| 6305 | 25 | 62 | 17 | 32 | 55 | 1 | 22.2 | 11.5 | 10000 | 14000 | 305 |

| 轴承代号 | 基本尺寸/mm | | | 安装尺寸/mm | | | 基本额定动载荷 $C_r$ | 基本额定静载荷 $C_{0r}$ | 极限转速/(r/min) | | 原轴承代号 |
|---|---|---|---|---|---|---|---|---|---|---|---|
| | $d$ | $D$ | $B$ | $d_a$ min | $D_a$ max | $r_a$ max | kN | | 脂润滑 | 油润滑 | |
| (1)0 尺寸系列 | | | | | | | | | | | |
| 6306 | 30 | 72 | 19 | 37 | 65 | 1 | 27.0 | 15.2 | 9000 | 12000 | 306 |
| 6307 | 35 | 80 | 21 | 44 | 71 | 1.5 | 33.2 | 19.2 | 8000 | 10000 | 307 |
| 6308 | 40 | 90 | 23 | 49 | 81 | 1.5 | 40.8 | 24.0 | 7000 | 9000 | 308 |
| 6309 | 45 | 100 | 25 | 54 | 91 | 1.5 | 52.8 | 31.8 | 6300 | 8000 | 309 |
| 6310 | 50 | 110 | 27 | 60 | 100 | 2 | 61.8 | 38.0 | 6000 | 7500 | 310 |
| 6311 | 55 | 120 | 29 | 65 | 110 | 2 | 71.5 | 44.8 | 5300 | 6700 | 311 |
| 6312 | 60 | 130 | 31 | 72 | 118 | 2.1 | 81.8 | 51.8 | 5000 | 6300 | 312 |
| 6313 | 65 | 140 | 33 | 77 | 128 | 2.1 | 93.8 | 60.5 | 4500 | 5600 | 313 |
| 6314 | 70 | 150 | 35 | 82 | 138 | 2.1 | 105 | 68.0 | 4300 | 5300 | 314 |
| 6315 | 75 | 160 | 37 | 87 | 148 | 2.1 | 112 | 76.8 | 4000 | 5000 | 315 |
| 6316 | 80 | 170 | 39 | 92 | 158 | 2.1 | 122 | 86.5 | 3800 | 4800 | 316 |
| 6317 | 85 | 180 | 41 | 99 | 166 | 2.5 | 132 | 96.5 | 3600 | 4500 | 317 |
| 6318 | 90 | 190 | 43 | 104 | 176 | 2.5 | 145 | 108 | 3400 | 4300 | 318 |
| 6319 | 95 | 200 | 45 | 109 | 186 | 2.5 | 155 | 122 | 3200 | 4000 | 319 |
| 6320 | 100 | 215 | 47 | 114 | 201 | 2.5 | 172 | 140 | 2800 | 3600 | 320 |
| (0)4 尺寸系列 | | | | | | | | | | | |
| 6403 | 17 | 62 | 17 | 24 | 55 | 1 | 22.5 | 10.8 | 11000 | 15000 | 403 |
| 6404 | 20 | 72 | 19 | 27 | 65 | 1 | 31.0 | 15.2 | 9500 | 13000 | 404 |
| 6405 | 25 | 80 | 21 | 34 | 71 | 1.5 | 38.2 | 19.2 | 8500 | 11000 | 405 |
| 6406 | 30 | 90 | 23 | 39 | 81 | 1.5 | 47.5 | 24.5 | 8000 | 10000 | 406 |
| 6407 | 35 | 100 | 25 | 44 | 91 | 1.5 | 56.8 | 29.5 | 6700 | 8500 | 407 |
| 6408 | 40 | 110 | 27 | 50 | 100 | 2 | 65.5 | 37.5 | 6300 | 8000 | 408 |
| 6409 | 45 | 120 | 29 | 55 | 110 | 2 | 77.5 | 45.5 | 5600 | 7000 | 409 |
| 6410 | 50 | 130 | 31 | 62 | 118 | 2.1 | 92.2 | 55.2 | 5300 | 6700 | 410 |
| 6411 | 55 | 140 | 33 | 67 | 128 | 2.1 | 100 | 62.5 | 4800 | 6000 | 411 |
| 6412 | 60 | 150 | 35 | 72 | 138 | 2.1 | 108 | 70.0 | 4500 | 5600 | 412 |
| 6413 | 65 | 160 | 37 | 77 | 148 | 2.1 | 118 | 78.5 | 4300 | 5300 | 413 |
| 6414 | 70 | 180 | 42 | 84 | 166 | 2.5 | 140 | 99.5 | 3800 | 4800 | 414 |
| 6415 | 75 | 190 | 45 | 89 | 176 | 2.5 | 155 | 115 | 3600 | 4500 | 415 |
| 6416 | 80 | 200 | 48 | 94 | 186 | 2.5 | 162 | 125 | 3400 | 4300 | 416 |
| 6417 | 85 | 210 | 52 | 103 | 192 | 3 | 175 | 138 | 3200 | 4000 | 417 |
| 6418 | 90 | 225 | 54 | 108 | 207 | 3 | 192 | 158 | 2800 | 3600 | 418 |
| 6420 | 100 | 250 | 58 | 118 | 232 | 3 | 222 | 195 | 2400 | 3200 | 420 |

注 1. 表中 $C_r$ 值适用于轴承为真空脱气轴承钢材料。如为普通电炉钢，$C_r$ 值降低；如为真空重熔或电渣重熔轴承钢，$C_r$ 值提高。

2. $r_{smin}$ 为 $r$ 的单向最小倒角尺寸；$r_{asmax}$ 为 $r_{as}$ 的单向最大倒角尺寸。

6.4

**表 6-55 调心球轴承（GB/T 281—1994 摘录）**

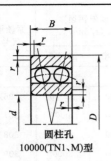

圆柱孔
10000(TN1、M)型

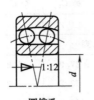

圆锥孔
10000K(KTN1、KM)型

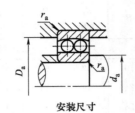

安装尺寸

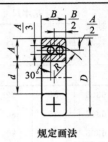

规定画法

标记示例：滚动轴承 1207 GB/T 281—1994

| 径向当量动载荷 | 径向当量静载荷 |
|---|---|
| 当 $\dfrac{F_a}{F_r} \leqslant e$ $P_r = F_r + Y_1 F_a$<br><br>当 $\dfrac{F_a}{F_r} > e$ $P_r = 0.65F_r + Y_2 F_a$ | $P_{0r} = F_r + Y_0 F_a$ |

| 轴承代号 | 基本尺寸/mm | | | 安装尺寸/mm | | | 计算系数 | | | | 基本额定动载荷 $C_r$ | 基本额定静载荷 $C_{0r}$ | 极限转速/(r/min) | | 原轴承代号 |
|---|---|---|---|---|---|---|---|---|---|---|---|---|---|---|---|
| | $d$ | $D$ | $B$ | $d_a$ max | $D_a$ max | $r_a$ max | $e$ | $Y_1$ | $Y_2$ | $Y_0$ | kN | | 脂润滑 | 油润滑 | |
| (0)2 尺寸系列 | | | | | | | | | | | | | | | |
| 1200 | 10 | 30 | 9 | 15 | 25 | 0.6 | 0.32 | 2.0 | 3.0 | 2.0 | 5.48 | 1.20 | 24000 | 28000 | 1200 |
| 1201 | 12 | 32 | 10 | 17 | 27 | 0.6 | 0.33 | 1.9 | 2.9 | 2.0 | 5.55 | 1.25 | 22000 | 26000 | 1201 |
| 1202 | 15 | 35 | 11 | 20 | 30 | 0.6 | 0.33 | 1.9 | 3.0 | 2.0 | 7.48 | 1.75 | 18000 | 22000 | 1202 |
| 1203 | 17 | 40 | 12 | 22 | 35 | 0.6 | 0.31 | 2.0 | 3.2 | 2.1 | 7.90 | 2.02 | 16000 | 20000 | 1203 |
| 1204 | 20 | 47 | 14 | 26 | 41 | 1 | 0.27 | 2.3 | 3.6 | 2.4 | 9.95 | 2.65 | 14000 | 17000 | 1204 |
| 1205 | 25 | 52 | 15 | 31 | 46 | 1 | 0.27 | 2.3 | 3.6 | 2.4 | 12.0 | 3.30 | 12000 | 14000 | 1205 |
| 1206 | 30 | 62 | 16 | 36 | 56 | 1 | 0.24 | 2.6 | 4.0 | 2.7 | 15.8 | 4.70 | 10000 | 12000 | 1206 |
| 1207 | 35 | 72 | 17 | 42 | 65 | 1 | 0.23 | 2.7 | 4.2 | 2.9 | 15.8 | 5.08 | 8500 | 10000 | 1207 |
| 1208 | 40 | 80 | 18 | 47 | 73 | 1 | 0.22 | 2.9 | 4.4 | 3.0 | 19.2 | 6.40 | 7500 | 9000 | 1208 |
| 1209 | 45 | 85 | 19 | 52 | 78 | 1 | 0.21 | 2.9 | 4.6 | 3.1 | 21.8 | 7.32 | 7100 | 8500 | 1209 |
| 1210 | 50 | 90 | 20 | 57 | 83 | 1 | 0.20 | 3.1 | 4.8 | 3.3 | 22.8 | 8.08 | 6300 | 8000 | 1210 |
| 1211 | 55 | 100 | 21 | 64 | 91 | 1.5 | 0.20 | 3.2 | 5.0 | 3.4 | 26.8 | 10.0 | 6000 | 7100 | 1211 |
| 1212 | 60 | 110 | 22 | 69 | 101 | 1.5 | 0.19 | 3.4 | 5.3 | 3.6 | 30.2 | 11.5 | 5300 | 6300 | 1212 |
| 1213 | 65 | 120 | 23 | 74 | 111 | 1.5 | 0.17 | 3.7 | 5.7 | 3.9 | 31.0 | 12.5 | 4800 | 6000 | 1213 |
| 1214 | 70 | 125 | 24 | 79 | 116 | 1.5 | 0.18 | 3.5 | 5.4 | 3.7 | 34.5 | 13.5 | 4800 | 5600 | 1214 |
| 1215 | 75 | 130 | 25 | 84 | 121 | 1.5 | 0.17 | 3.6 | 5.6 | 3.8 | 38.8 | 15.2 | 4300 | 5300 | 1215 |
| 1216 | 80 | 140 | 26 | 90 | 130 | 2 | 0.18 | 3.6 | 5.5 | 3.7 | 39.5 | 16.8 | 4000 | 5000 | 1216 |
| 1217 | 85 | 150 | 28 | 95 | 140 | 2 | 0.17 | 3.7 | 5.7 | 3.9 | 48.8 | 20.5 | 3800 | 4500 | 1217 |
| 1218 | 90 | 160 | 30 | 100 | 150 | 2 | 0.17 | 3.8 | 5.7 | 4.0 | 56.5 | 23.2 | 3600 | 4300 | 1218 |
| 1219 | 95 | 170 | 32 | 107 | 158 | 2.1 | 0.17 | 3.7 | 5.7 | 3.9 | 63.5 | 27.0 | 3400 | 4000 | 1219 |
| 1220 | 100 | 180 | 34 | 112 | 168 | 2.1 | 0.18 | 3.5 | 5.4 | 3.7 | 68.5 | 29.2 | 3200 | 3800 | 1220 |
| (0)3 尺寸系列 | | | | | | | | | | | | | | | |
| 1300 | 10 | 35 | 11 | 15 | 30 | 0.6 | 0.33 | 1.9 | 3.0 | 2.0 | 7.22 | 1.62 | 20000 | 24000 | 1300 |
| 1301 | 12 | 37 | 12 | 18 | 31 | 1 | 0.35 | 1.8 | 2.8 | 1.9 | 9.42 | 2.12 | 18000 | 22000 | 1301 |
| 1302 | 15 | 42 | 13 | 21 | 36 | 1 | 0.33 | 1.9 | 2.9 | 2.0 | 9.50 | 2.28 | 16000 | 20000 | 1302 |
| 1303 | 17 | 47 | 14 | 23 | 41 | 1 | 0.33 | 1.9 | 3.0 | 2.0 | 12.5 | 3.18 | 14000 | 17000 | 1303 |
| 1304 | 20 | 52 | 15 | 27 | 45 | 1 | 0.29 | 2.2 | 3.4 | 2.3 | 12.5 | 3.38 | 12000 | 15000 | 1304 |
| 1305 | 25 | 62 | 17 | 32 | 55 | 1 | 0.27 | 2.3 | 3.5 | 2.4 | 17.8 | 5.05 | 10000 | 13000 | 1305 |
| 1306 | 30 | 72 | 19 | 37 | 65 | 1 | 0.26 | 2.4 | 3.8 | 2.6 | 21.5 | 6.28 | 8500 | 11000 | 1306 |
| 1307 | 35 | 80 | 21 | 44 | 71 | 1.5 | 0.25 | 2.6 | 4.0 | 2.7 | 25.0 | 7.95 | 7500 | 9500 | 1307 |
| 1308 | 40 | 90 | 23 | 49 | 81 | 1.5 | 0.24 | 2.6 | 4.0 | 2.7 | 29.5 | 9.50 | 6700 | 8500 | 1308 |

| 轴承代号 | 基本尺寸/mm | | | 安装尺寸/mm | | | 计算系数 | | | | 基本额定动载荷 $C_r$ | 基本额定静载荷 $C_{0r}$ | 极限转速/(r/min) | | 原轴承代号 |
|---|---|---|---|---|---|---|---|---|---|---|---|---|---|---|---|
| | $d$ | $D$ | $B$ | $d_a$ max | $D_a$ max | $r_a$ max | $e$ | $Y_1$ | $Y_2$ | $Y_0$ | kN | | 脂润滑 | 油润滑 | |

| | | | | | | | | | | | | | | | |
|---|---|---|---|---|---|---|---|---|---|---|---|---|---|---|---|
| (0)3 尺寸系列 | | | | | | | | | | | | | | | |
| 1309 | 45 | 100 | 25 | 54 | 91 | 1.5 | 0.25 | 2.5 | 3.9 | 2.6 | 38.0 | 12.8 | 6000 | 7500 | 1309 |
| 1310 | 50 | 110 | 27 | 60 | 100 | 2 | 0.24 | 2.7 | 4.1 | 2.8 | 43.2 | 14.2 | 5600 | 6700 | 1310 |
| 1311 | 55 | 120 | 29 | 65 | 110 | 2 | 0.23 | 2.7 | 4.2 | 2.8 | 51.5 | 18.2 | 5000 | 6300 | 1311 |
| 1312 | 60 | 130 | 31 | 72 | 118 | 2.1 | 0.23 | 2.8 | 4.3 | 2.9 | 57.2 | 20.8 | 4500 | 5600 | 1312 |
| 1313 | 65 | 140 | 33 | 77 | 128 | 2.1 | 0.23 | 2.8 | 4.3 | 2.9 | 61.8 | 22.8 | 4300 | 5300 | 1313 |
| 1314 | 70 | 150 | 35 | 82 | 138 | 2.1 | 0.22 | 2.8 | 4.4 | 2.9 | 74.5 | 27.5 | 4000 | 5000 | 1314 |
| 1315 | 75 | 160 | 37 | 87 | 148 | 2.1 | 0.22 | 2.8 | 4.4 | 3.0 | 79.0 | 29.8 | 3800 | 4500 | 1315 |
| 1316 | 80 | 170 | 39 | 92 | 158 | 2.1 | 0.22 | 2.9 | 4.5 | 3.1 | 88.5 | 32.8 | 3600 | 4300 | 1316 |
| 1317 | 85 | 180 | 41 | 99 | 166 | 2.5 | 0.22 | 2.9 | 4.5 | 3.0 | 97.8 | 37.8 | 3400 | 4000 | 1317 |
| 1318 | 90 | 190 | 43 | 104 | 176 | 2.5 | 0.22 | 2.8 | 4.4 | 2.9 | 115 | 44.5 | 3200 | 3800 | 1318 |
| 1319 | 95 | 200 | 45 | 109 | 186 | 2.5 | 0.23 | 2.8 | 4.3 | 2.9 | 132 | 50.8 | 3000 | 3600 | 1319 |
| 1320 | 100 | 215 | 47 | 114 | 201 | 2.5 | 0.24 | 2.7 | 4.1 | 2.8 | 142 | 57.2 | 2800 | 3400 | 1320 |
| 22 尺寸系列 | | | | | | | | | | | | | | | |
| 2200 | 10 | 30 | 14 | 15 | 25 | 0.6 | 0.62 | 1.0 | 1.6 | 1.1 | 7.12 | 1.58 | 24000 | 28000 | 1500 |
| 2201 | 12 | 32 | 14 | 17 | 27 | 0.6 | — | — | — | — | 8.80 | 1.80 | 22000 | 26000 | 1501 |
| 2202 | 15 | 35 | 14 | 20 | 30 | 0.6 | 0.50 | 1.3 | 2.0 | 1.3 | 7.65 | 1.80 | 18000 | 22000 | 1502 |
| 2203 | 17 | 40 | 16 | 22 | 35 | 0.6 | 0.50 | 1.2 | 1.9 | 1.3 | 9.00 | 2.45 | 16000 | 20000 | 1503 |
| 2204 | 20 | 47 | 18 | 26 | 41 | 1 | 0.48 | 1.3 | 2.0 | 1.4 | 12.5 | 3.28 | 14000 | 17000 | 1504 |
| 2205 | 25 | 52 | 18 | 31 | 46 | 1 | 0.41 | 1.5 | 2.3 | 1.5 | 12.5 | 3.40 | 12000 | 14000 | 1505 |
| 2206 | 30 | 62 | 20 | 36 | 56 | 1 | 0.39 | 1.6 | 2.4 | 1.7 | 15.2 | 4.60 | 10000 | 12000 | 1506 |
| 2207 | 35 | 72 | 23 | 42 | 65 | 1 | 0.38 | 1.7 | 2.6 | 1.8 | 21.8 | 6.65 | 8500 | 10000 | 1507 |
| 2208 | 40 | 80 | 23 | 47 | 73 | 1 | 0.24 | 1.9 | 2.9 | 2.0 | 22.5 | 7.38 | 7500 | 9000 | 1508 |
| 2209 | 45 | 85 | 23 | 52 | 78 | 1 | 0.31 | 2.1 | 3.2 | 2.2 | 23.2 | 8.00 | 7100 | 8500 | 1509 |
| 2210 | 50 | 90 | 23 | 57 | 83 | 1 | 0.29 | 2.2 | 3.4 | 2.3 | 23.2 | 8.45 | 6300 | 8000 | 1510 |
| 2211 | 55 | 100 | 25 | 64 | 91 | 1.5 | 0.28 | 2.3 | 3.5 | 2.4 | 26.8 | 9.95 | 6000 | 7100 | 1511 |
| 2212 | 60 | 110 | 28 | 69 | 101 | 1.5 | 0.28 | 2.3 | 3.5 | 2.4 | 34.0 | 12.5 | 5300 | 6300 | 1512 |
| 2213 | 65 | 120 | 31 | 74 | 111 | 1.5 | 0.28 | 2.3 | 3.5 | 2.4 | 43.5 | 16.2 | 4800 | 6000 | 1513 |
| 2214 | 70 | 125 | 31 | 79 | 116 | 1.5 | 0.27 | 24 | 3.7 | 2.5 | 44.0 | 17.0 | 4500 | 5600 | 1514 |
| 2215 | 75 | 130 | 31 | 84 | 121 | 1.5 | 0.25 | 2.5 | 3.9 | 2.6 | 44.2 | 18.0 | 4300 | 5300 | 1515 |
| 2216 | 80 | 140 | 33 | 90 | 130 | 2 | 0.25 | 2.5 | 3.9 | 2.6 | 48.8 | 20.2 | 4000 | 5000 | 1516 |
| 2217 | 85 | 150 | 36 | 95 | 140 | 2 | 0.25 | 2.5 | 3.8 | 2.6 | 58.2 | 23.5 | 3800 | 4500 | 1517 |
| 2218 | 90 | 160 | 40 | 100 | 150 | 2 | 0.27 | 2.4 | 3.7 | 2.5 | 70.0 | 28.5 | 3600 | 4300 | 1518 |
| 2219 | 95 | 170 | 43 | 107 | 158 | 2.1 | 0.26 | 2.4 | 3.7 | 2.5 | 82.8 | 33.8 | 3400 | 4000 | 1519 |
| 2220 | 100 | 180 | 46 | 112 | 168 | 2.1 | 0.27 | 2.3 | 3.6 | 2.5 | 97.2 | 40.5 | 3200 | 3800 | 1520 |
| 23 尺寸系列 | | | | | | | | | | | | | | | |
| 2300 | 10 | 35 | 17 | 15 | 30 | 0.6 | 0.66 | 0.95 | 1.5 | 1.0 | 11.0 | 2.45 | 18000 | 22000 | 1600 |
| 2301 | 12 | 37 | 17 | 18 | 31 | 1 | — | — | — | — | 12.5 | 2.72 | 17000 | 22000 | 1601 |
| 2302 | 15 | 42 | 17 | 21 | 36 | 1 | 0.51 | 1.2 | 1.9 | 1.3 | 12.0 | 2.88 | 14000 | 18000 | 1602 |
| 2303 | 17 | 47 | 19 | 23 | 41 | 1 | 0.52 | 1.2 | 1.9 | 1.3 | 14.5 | 3.58 | 13000 | 16000 | 1603 |
| 2304 | 20 | 52 | 21 | 27 | 45 | 1 | 0.51 | 1.2 | 1.9 | 1.3 | 17.8 | 4.75 | 11000 | 14000 | 1604 |
| 2305 | 25 | 62 | 24 | 32 | 55 | 1 | 0.47 | 1.3 | 2.1 | 1.4 | 24.5 | 6.48 | 9500 | 12000 | 1605 |
| 2306 | 30 | 72 | 27 | 37 | 65 | 1 | 0.44 | 1.4 | 2.2 | 1.5 | 31.5 | 8.68 | 8000 | 10000 | 1606 |
| 2307 | 35 | 80 | 31 | 44 | 71 | 1.5 | 0.46 | 1.4 | 2.1 | 1.4 | 39.2 | 11.0 | 7100 | 9000 | 1607 |
| 2308 | 40 | 90 | 33 | 49 | 81 | 1.5 | 0.43 | 1.5 | 2.3 | 1.5 | 44.8 | 13.2 | 6300 | 8000 | 1608 |
| 2309 | 45 | 100 | 36 | 54 | 91 | 1.5 | 0.42 | 1.5 | 2.3 | 1.6 | 55.0 | 16.2 | 5600 | 7100 | 1609 |
| 2310 | 50 | 110 | 40 | 60 | 100 | 2 | 0.43 | 1.5 | 2.3 | 1.6 | 64.5 | 19.8 | 5000 | 6300 | 1610 |

6.4

续表

| 轴承代号 | 基本尺寸/mm | | | | 安装尺寸/mm | | | 计算系数 | | | | 基本额定动载荷 $C_r$ | 基本额定静载荷 $C_{0r}$ | 极限转速/(r/min) | | 原轴承代号 |
|---|---|---|---|---|---|---|---|---|---|---|---|---|---|---|---|---|
| | $d$ | $D$ | $B$ | $r_s$ min | $d_a$ max | $D_a$ max | $r_{as}$ max | $e$ | $Y_1$ | $Y_2$ | $Y_0$ | kN | | 脂润滑 | 油润滑 | |
| | | | | | | | | 23 尺寸系列 | | | | | | | | |
| 2311 | 55 | 120 | 43 | 2 | 65 | 110 | 2 | 0.41 | 1.5 | 2.4 | 1.6 | 75.2 | 23.5 | 4800 | 6000 | 1611 |
| 2312 | 60 | 130 | 46 | 2.1 | 72 | 118 | 2.1 | 0.41 | 1.6 | 2.5 | 1.6 | 86.8 | 27.5 | 4300 | 5300 | 1612 |
| 2313 | 65 | 140 | 48 | 2.1 | 77 | 128 | 2.1 | 0.38 | 1.6 | 2.6 | 1.7 | 96.0 | 32.5 | 3800 | 4800 | 1613 |
| 2314 | 70 | 150 | 51 | 2.1 | 82 | 138 | 2.1 | 0.38 | 1.7 | 2.6 | 1.8 | 110 | 37.5 | 3600 | 4500 | 1614 |
| 2315 | 75 | 160 | 55 | 2.1 | 87 | 148 | 2.1 | 0.38 | 1.7 | 2.6 | 1.7 | 122 | 42.8 | 3400 | 4300 | 1615 |
| 2316 | 80 | 170 | 58 | 2.1 | 92 | 158 | 2.1 | 0.39 | 1.6 | 2.5 | 1.7 | 128 | 45.5 | 3200 | 4000 | 1616 |
| 2317 | 85 | 180 | 60 | 3 | 99 | 166 | 2.5 | 0.38 | 1.7 | 2.6 | 1.7 | 140 | 51.0 | 3000 | 3800 | 1617 |
| 2318 | 90 | 190 | 64 | 3 | 104 | 176 | 2.5 | 0.39 | 1.6 | 2.5 | 1.7 | 142 | 57.2 | 2800 | 3600 | 1618 |
| 2319 | 95 | 200 | 67 | 3 | 109 | 186 | 2.5 | 0.38 | 1.7 | 2.6 | 1.8 | 162 | 64.2 | 2800 | 3400 | 1619 |
| 2320 | 100 | 215 | 73 | 3 | 114 | 201 | 2.5 | 0.37 | 1.7 | 2.6 | 1.8 | 192 | 78.5 | 2400 | 3200 | 1620 |

注　同表 6-54 中注 1、2。

**表 6-56　角接触球轴承**（GB/T 292—2007）

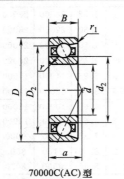

70000C(AC)型

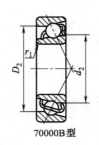

70000B 型

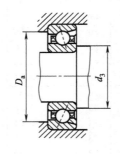

代号含义：
C——$\alpha=15°$
AC——$\alpha=25°$
B——$\alpha=40°$

| 基本尺寸/mm | | | 安装尺寸/mm | | | 其他尺寸/mm | | | | | 基本额定载荷/kN | | 极限转速/r·min⁻¹ | | 质量/kg | 轴承代号 |
|---|---|---|---|---|---|---|---|---|---|---|---|---|---|---|---|---|
| $d$ | $D$ | $B$ | $d_a$ min | $D_a$ max | $r_a$ max | $d_2$ ≈ | $D_2$ ≈ | $a$ | $r$ min | $r_1$ min | $C_r$ | $C_{0r}$ | 脂 | 油 | $W$ ≈ | 70000 C (AC,B)型 |
| 10 | 26 | 8 | 12.4 | 23.6 | 0.3 | 14.9 | 21.1 | 6.4 | 0.3 | 0.15 | 4.92 | 2.25 | 19000 | 28000 | 0.018 | 7000 C |
| | 26 | 8 | 12.4 | 23.6 | 0.3 | 14.9 | 21.1 | 8.2 | 0.3 | 0.15 | 4.75 | 2.12 | 19000 | 28000 | 0.018 | 7000 AC |
| | 30 | 9 | 15 | 25 | 0.6 | 17.4 | 23.6 | 7.2 | 0.6 | 0.15 | 5.82 | 2.95 | 18000 | 26000 | 0.03 | 7200 C |
| | 30 | 9 | 15 | 25 | 0.6 | 17.4 | 23.6 | 9.2 | 0.6 | 0.15 | 5.58 | 2.82 | 18000 | 26000 | 0.03 | 7200 AC |
| 12 | 28 | 8 | 14.4 | 25.6 | 0.3 | 17.4 | 23.6 | 6.7 | 0.3 | 0.15 | 5.42 | 2.65 | 18000 | 26000 | 0.02 | 7001 C |
| | 28 | 8 | 14.4 | 25.6 | 0.3 | 17.4 | 23.6 | 8.7 | 0.3 | 0.15 | 5.20 | 2.55 | 18000 | 26000 | 0.02 | 7001 AC |
| | 32 | 10 | 17 | 27 | 0.6 | 18.3 | 26.1 | 8 | 0.6 | 0.15 | 7.35 | 3.52 | 17000 | 24000 | 0.035 | 7201 C |
| | 32 | 10 | 17 | 27 | 0.6 | 18.3 | 26.1 | 10.2 | 0.6 | 0.15 | 7.10 | 3.35 | 17000 | 24000 | 0.035 | 7201 AC |
| 15 | 32 | 9 | 17.4 | 29.6 | 0.3 | 20.4 | 26.6 | 7.6 | 0.3 | 0.15 | 6.25 | 3.42 | 17000 | 24000 | 0.028 | 7002 C |
| | 32 | 9 | 17.4 | 29.6 | 0.3 | 20.4 | 26.6 | 10 | 0.3 | 0.15 | 5.95 | 3.25 | 17000 | 24000 | 0.028 | 7002 AC |
| | 35 | 11 | 20 | 30 | 0.6 | 21.6 | 29.4 | 8.9 | 0.6 | 0.15 | 8.68 | 4.62 | 16000 | 22000 | 0.043 | 7202 C |
| | 35 | 11 | 20 | 30 | 0.6 | 21.6 | 29.4 | 11.4 | 0.6 | 0.15 | 8.35 | 4.40 | 16000 | 22000 | 0.043 | 7202 AC |
| 17 | 35 | 10 | 19.4 | 32.6 | 0.3 | 22.9 | 29.1 | 8.5 | 0.3 | 0.15 | 6.60 | 3.85 | 16000 | 20000 | 0.036 | 7003 C |
| | 35 | 10 | 19.4 | 32.6 | 0.3 | 22.9 | 29.1 | 11.1 | 0.3 | 0.15 | 6.30 | 3.68 | 16000 | 20000 | 0.036 | 7003 AC |
| | 40 | 12 | 22 | 35 | 0.6 | 24.6 | 33.4 | 9.9 | 0.6 | 0.3 | 10.8 | 5.95 | 15000 | 20000 | 0.062 | 7203 C |
| | 40 | 12 | 22 | 35 | 0.6 | 24.6 | 33.4 | 12.8 | 0.6 | 0.3 | 10.5 | 5.65 | 15000 | 20000 | 0.062 | 7203 AC |

| 基本尺寸/mm | | | 安装尺寸/mm | | | 其他尺寸/mm | | | | | 基本额定载荷/kN | | 极限转速/r·min⁻¹ | | 质量/kg | 轴承代号 |
|---|---|---|---|---|---|---|---|---|---|---|---|---|---|---|---|---|
| $d$ | $D$ | $B$ | $d_a$ min | $D_a$ max | $r_a$ max | $d_2$ ≈ | $D_2$ ≈ | $a$ | $r$ min | $r_1$ min | $C_r$ | $C_{0r}$ | 脂 | 油 | $W$ ≈ | 70000 C (AC,B)型 |
| 20 | 42 | 12 | 25 | 37 | 0.6 | 26.9 | 35.1 | 10.2 | 0.6 | 0.15 | 10.5 | 6.08 | 14000 | 19000 | 0.064 | 7004 C |
| | 42 | 12 | 25 | 37 | 0.6 | 26.9 | 35.1 | 13.2 | 0.6 | 0.15 | 10.0 | 5.78 | 14000 | 19000 | 0.064 | 7004 AC |
| | 47 | 14 | 26 | 41 | 1 | 29.3 | 39.7 | 11.5 | 1 | 0.3 | 14.5 | 8.22 | 13000 | 18000 | 0.1 | 7204 C |
| | 47 | 14 | 26 | 41 | 1 | 29.3 | 39.7 | 14.9 | 1 | 0.3 | 14.0 | 7.82 | 13000 | 18000 | 0.1 | 7204 AC |
| | 47 | 14 | 26 | 41 | 1 | 30.5 | 37 | 21.1 | 1 | 0.3 | 14.0 | 7.85 | 13000 | 18000 | 0.11 | 7204 B |
| 25 | 47 | 12 | 30 | 42 | 0.6 | 31.9 | 40.1 | 10.8 | 0.6 | 0.15 | 11.5 | 7.45 | 12000 | 17000 | 0.074 | 7005 C |
| | 47 | 12 | 30 | 42 | 0.6 | 31.9 | 40.1 | 14.4 | 0.6 | 0.15 | 11.2 | 7.08 | 12000 | 17000 | 0.074 | 7005 AC |
| | 52 | 15 | 31 | 46 | 1 | 33.8 | 44.2 | 12.7 | 1 | 0.3 | 16.5 | 10.5 | 11000 | 16000 | 0.12 | 7205 C |
| | 52 | 15 | 31 | 46 | 1 | 33.8 | 44.2 | 16.4 | 1 | 0.3 | 15.8 | 9.88 | 11000 | 16000 | 0.12 | 7205 AC |
| | 52 | 15 | 31 | 46 | 1 | 35.4 | 42.1 | 23.7 | 1 | 0.3 | 15.8 | 9.45 | 9500 | 14000 | 0.13 | 7205 B |
| | 62 | 17 | 32 | 55 | 1 | 39.2 | 48.4 | 26.8 | 1.1 | 0.6 | 26.2 | 15.2 | 8500 | 12000 | 0.3 | 7305 B |
| 30 | 55 | 13 | 36 | 49 | 1 | 38.4 | 47.7 | 12.2 | 1 | 0.3 | 15.2 | 10.2 | 9500 | 14000 | 0.11 | 7006 C |
| | 55 | 13 | 36 | 49 | 1 | 38.4 | 47.7 | 16.4 | 1 | 0.3 | 14.5 | 9.85 | 9500 | 14000 | 0.11 | 7006 AC |
| | 62 | 16 | 36 | 56 | 1 | 40.8 | 52.2 | 14.2 | 1 | 0.3 | 23.0 | 15.0 | 9000 | 13000 | 0.19 | 7206 C |
| | 62 | 16 | 36 | 56 | 1 | 40.8 | 52.2 | 18.7 | 1 | 0.3 | 22.0 | 14.2 | 9000 | 13000 | 0.19 | 7206 AC |
| | 62 | 16 | 36 | 56 | 1 | 42.8 | 50.1 | 27.4 | 1 | 0.3 | 20.5 | 13.8 | 8500 | 12000 | 0.21 | 7206 B |
| | 72 | 19 | 37 | 65 | 1 | 46.5 | 56.2 | 31.1 | 1.1 | 0.6 | 31.0 | 19.2 | 7500 | 10000 | 0.37 | 7306 B |
| 35 | 62 | 14 | 41 | 56 | 1 | 43.3 | 53.7 | 13.5 | 1 | 0.3 | 19.5 | 14.2 | 8500 | 12000 | 0.15 | 7007 C |
| | 62 | 14 | 41 | 56 | 1 | 43.3 | 53.7 | 18.3 | 1 | 0.3 | 18.5 | 13.5 | 8500 | 12000 | 0.15 | 7007 AC |
| | 72 | 17 | 42 | 65 | 1 | 46.8 | 60.2 | 15.7 | 1.1 | 0.6 | 30.5 | 20.0 | 8000 | 11000 | 0.28 | 7207 C |
| | 72 | 17 | 42 | 65 | 1 | 46.8 | 60.2 | 21 | 1.1 | 0.6 | 29.0 | 19.2 | 8000 | 11000 | 0.28 | 7207 AC |
| | 72 | 17 | 42 | 65 | 1 | 49.5 | 58.1 | 30.9 | 1.1 | 0.6 | 27.0 | 18.8 | 7500 | 10000 | 0.3 | 7207 B |
| | 80 | 21 | 44 | 71 | 1.5 | 52.4 | 63.4 | 34.6 | 1.5 | 0.6 | 38.2 | 24.5 | 7000 | 9500 | 0.51 | 7307 B |
| 40 | 68 | 15 | 46 | 62 | 1 | 48.8 | 59.2 | 14.7 | 1 | 0.3 | 20.0 | 15.2 | 8000 | 11000 | 0.18 | 7008 C |
| | 68 | 15 | 46 | 62 | 1 | 48.8 | 59.2 | 20.1 | 1 | 0.3 | 19.0 | 14.5 | 8000 | 11000 | 0.18 | 7008 AC |
| | 80 | 18 | 47 | 73 | 1 | 52.8 | 67.2 | 17 | 1.1 | 0.6 | 36.8 | 25.8 | 7500 | 10000 | 0.37 | 7208 C |
| | 80 | 18 | 47 | 73 | 1 | 52.8 | 67.2 | 23 | 1.1 | 0.6 | 35.2 | 24.5 | 7500 | 10000 | 0.37 | 7208 AC |
| | 80 | 18 | 47 | 73 | 1 | 56.4 | 65.7 | 34.5 | 1.1 | 0.6 | 32.5 | 23.5 | 6700 | 9000 | 0.39 | 7208 B |
| | 90 | 23 | 49 | 81 | 1.5 | 59.3 | 71.5 | 38.8 | 1.5 | 0.6 | 46.2 | 30.5 | 6300 | 8500 | 0.67 | 7308 B |
| | 110 | 27 | 50 | 100 | 2 | 64.6 | 85.4 | 38.7 | 2 | 1 | 67.0 | 47.5 | 6000 | 8000 | 1.4 | 7408 B |
| 45 | 75 | 16 | 51 | 69 | 1 | 54.2 | 65.9 | 16 | 1 | 0.3 | 25.8 | 20.5 | 7500 | 10000 | 0.23 | 7009 C |
| | 75 | 16 | 51 | 69 | 1 | 54.2 | 65.9 | 21.9 | 1 | 0.3 | 25.8 | 19.5 | 7500 | 10000 | 0.23 | 7009 AC |
| | 85 | 19 | 52 | 78 | 1 | 58.8 | 73.2 | 18.2 | 1.1 | 0.6 | 38.5 | 28.5 | 6700 | 9000 | 0.41 | 7209 C |
| | 85 | 19 | 52 | 78 | 1 | 58.8 | 73.2 | 24.7 | 1.1 | 0.6 | 36.8 | 27.2 | 6700 | 9000 | 0.41 | 7209 AC |
| | 85 | 19 | 52 | 78 | 1 | 60.5 | 70.2 | 36.8 | 1.1 | 0.6 | 36.0 | 26.2 | 6300 | 8500 | 0.44 | 7209 B |
| | 100 | 25 | 54 | 91 | 1.5 | 66 | 80 | 42.0 | 1.5 | 0.6 | 59.5 | 39.8 | 6000 | 8000 | 0.9 | 7309 B |
| 50 | 80 | 16 | 56 | 74 | 1 | 59.2 | 70.9 | 16.7 | 1 | 0.3 | 26.5 | 22.0 | 6700 | 9000 | 0.25 | 7010 C |
| | 80 | 16 | 56 | 74 | 1 | 59.2 | 70.9 | 23.2 | 1 | 0.3 | 25.2 | 21.0 | 6700 | 9000 | 0.25 | 7010 AC |
| | 90 | 20 | 57 | 83 | 1 | 62.4 | 77.7 | 19.4 | 1.1 | 0.6 | 42.8 | 32.0 | 6300 | 8500 | 0.46 | 7210 C |
| | 90 | 20 | 57 | 83 | 1 | 62.4 | 77.7 | 26.3 | 1.1 | 0.6 | 40.8 | 30.5 | 6300 | 8500 | 0.46 | 7210 AC |
| | 90 | 20 | 57 | 83 | 1 | 65.5 | 75.2 | 39.4 | 1.1 | 0.6 | 37.5 | 29.0 | 5600 | 7500 | 0.49 | 7210 B |
| | 110 | 27 | 60 | 100 | 2 | 74.2 | 88.8 | 47.5 | 2 | 1 | 68.2 | 48.0 | 5000 | 6700 | 1.15 | 7310 B |
| | 130 | 31 | 62 | 118 | 2.1 | 77.6 | 102.4 | 46.2 | 2.1 | 1.1 | 95.2 | 64.2 | 5000 | 6700 | 2.08 | 7410 B |

6.4

| 基本尺寸/mm | | | 安装尺寸/mm | | | 其他尺寸/mm | | | | | 基本额定载荷/kN | | 极限转速/r·min⁻¹ | | 质量/kg | 轴承代号 |
|---|---|---|---|---|---|---|---|---|---|---|---|---|---|---|---|---|
| $d$ | $D$ | $B$ | $d_a$ min | $D_a$ max | $r_a$ max | $d_2$ ≈ | $D_2$ ≈ | $a$ | $r$ min | $r_1$ min | $C_r$ | $C_{0r}$ | 脂 | 油 | $W$ ≈ | 70000 C (AC,B)型 |
| 55 | 90 | 18 | 62 | 83 | 1 | 65.4 | 79.7 | 18.7 | 1.1 | 0.6 | 37.2 | 30.5 | 6000 | 8000 | 0.38 | 7001 C |
| | 90 | 18 | 62 | 83 | 1 | 65.4 | 79.7 | 25.9 | 1.1 | 0.6 | 35.2 | 29.2 | 6000 | 8000 | 0.38 | 7011 AC |
| | 100 | 21 | 64 | 91 | 1.5 | 68.9 | 86.1 | 20.9 | 1.5 | 0.6 | 52.8 | 40.5 | 5600 | 7500 | 0.61 | 7211 C |
| | 100 | 21 | 64 | 91 | 1.5 | 68.9 | 86.1 | 28.6 | 1.5 | 0.6 | 50.5 | 38.5 | 5600 | 7500 | 0.61 | 7211 AC |
| | 100 | 21 | 64 | 91 | 1.5 | 72.4 | 83.4 | 43 | 1.5 | 0.6 | 46.2 | 36.0 | 5300 | 7000 | 0.65 | 7211 B |
| | 120 | 29 | 65 | 110 | 2 | 80.5 | 96.3 | 51.4 | 2 | 1 | 78.8 | 56.5 | 4500 | 6000 | 1.45 | 7311 B |
| 60 | 95 | 18 | 67 | 88 | 1 | 71.4 | 85.7 | 19.4 | 1.1 | 0.6 | 38.2 | 32.8 | 5600 | 7500 | 0.4 | 7012 C |
| | 95 | 18 | 67 | 88 | 1 | 71.4 | 85.7 | 27.1 | 1.1 | 0.6 | 36.2 | 31.5 | 5600 | 7500 | 0.4 | 7012 AC |
| | 110 | 22 | 69 | 101 | 1.5 | 76 | 94.1 | 22.4 | 1.5 | 0.6 | 61.0 | 48.5 | 5300 | 7000 | 0.8 | 7212 C |
| | 110 | 22 | 69 | 101 | 1.5 | 76 | 94.1 | 30.8 | 1.5 | 0.6 | 58.5 | 46.2 | 5300 | 7000 | 0.8 | 7212 AC |
| | 110 | 22 | 69 | 101 | 1.5 | 79.3 | 91.5 | 46.7 | 1.5 | 0.6 | 56.0 | 44.5 | 4800 | 6300 | 0.84 | 7212 B |
| | 130 | 31 | 72 | 118 | 2.1 | 87.1 | 104.2 | 55.4 | 2.1 | 1.1 | 90.0 | 66.3 | 4300 | 5600 | 1.85 | 7312 B |
| | 150 | 35 | 72 | 138 | 2.1 | 91.4 | 118.6 | 55.7 | 2.1 | 1.1 | 118 | 85.5 | 4300 | 5600 | 3.56 | 7412 B |
| 65 | 100 | 18 | 72 | 93 | 1 | 75.3 | 89.8 | 20.1 | 1.1 | 0.6 | 40.0 | 35.5 | 5300 | 7000 | 0.43 | 7013 C |
| | 100 | 18 | 72 | 93 | 1 | 75.3 | 89.8 | 28.2 | 1.1 | 0.6 | 38.0 | 33.8 | 5300 | 7000 | 0.43 | 7013 AC |
| | 120 | 23 | 74 | 111 | 1.5 | 82.5 | 102.5 | 24.2 | 1.5 | 0.6 | 69.8 | 55.2 | 4800 | 6300 | 1 | 7213 C |
| | 120 | 23 | 74 | 111 | 1.5 | 82.5 | 102.5 | 33.5 | 1.5 | 0.6 | 66.5 | 52.5 | 4800 | 6300 | 1 | 7213 AC |
| | 120 | 23 | 74 | 111 | 1.5 | 88.4 | 101.2 | 51.1 | 1.5 | 0.6 | 62.5 | 53.2 | 4300 | 5600 | 1.05 | 7213 B |
| | 140 | 33 | 77 | 128 | 2.1 | 93.9 | 112.4 | 59.5 | 2.1 | 1.1 | 102 | 77.8 | 4000 | 5300 | 2.25 | 7313 B |
| 70 | 110 | 20 | 77 | 103 | 1 | 82 | 98 | 22.1 | 1.1 | 0.6 | 48.2 | 43.5 | 5000 | 6700 | 0.6 | 7014 C |
| | 110 | 20 | 77 | 103 | 1 | 82 | 98 | 30.9 | 1.1 | 0.6 | 45.8 | 41.5 | 5000 | 6700 | 0.6 | 7014 AC |
| | 125 | 24 | 79 | 116 | 1.5 | 89 | 109 | 25.3 | 1.5 | 0.6 | 70.2 | 60.0 | 4500 | 6700 | 1.1 | 7214 C |
| | 125 | 24 | 79 | 116 | 1.5 | 89 | 109 | 35.1 | 1.5 | 0.6 | 69.2 | 57.5 | 4500 | 6700 | 1.1 | 7214 AC |
| | 125 | 24 | 79 | 116 | 1.5 | 91.1 | 104.9 | 52.9 | 1.5 | 0.6 | 70.2 | 57.2 | 4300 | 5600 | 1.15 | 7214 B |
| | 150 | 35 | 82 | 138 | 2.1 | 100.9 | 120.5 | 63.7 | 2.1 | 1.1 | 115 | 87.2 | 3600 | 4800 | 2.75 | 7314 B |
| 75 | 115 | 20 | 82 | 108 | 1 | 88 | 104 | 22.7 | 1.1 | 0.6 | 49.5 | 46.5 | 4800 | 6300 | 0.63 | 7015 C |
| | 115 | 20 | 82 | 108 | 1 | 88 | 104 | 32.2 | 1.1 | 0.6 | 46.8 | 44.2 | 4800 | 6300 | 0.63 | 7015 AC |
| | 130 | 25 | 84 | 121 | 1.5 | 94 | 115 | 26.4 | 1.5 | 0.6 | 79.2 | 65.8 | 4300 | 5600 | 1.2 | 7215 C |
| | 130 | 25 | 84 | 121 | 1.5 | 94 | 115 | 36.6 | 1.5 | 0.6 | 75.2 | 63.0 | 4300 | 5600 | 1.2 | 7215 AC |
| | 130 | 25 | 84 | 121 | 1.5 | 96.1 | 109.9 | 55.5 | 1.5 | 0.6 | 72.8 | 63.0 | 4000 | 5300 | 1.3 | 7215 B |
| | 160 | 37 | 87 | 148 | 2.1 | 107.9 | 128.6 | 68.4 | 2.1 | 1.1 | 125 | 98.5 | 3400 | 4500 | 3.3 | 7315 B |
| 80 | 125 | 22 | 87 | 118 | 1 | 95.2 | 112.8 | 24.7 | 1.1 | 0.6 | 58.5 | 55.8 | 4500 | 6000 | 0.85 | 7016 C |
| | 125 | 22 | 87 | 118 | 1 | 95.2 | 112.8 | 34.9 | 1.1 | 0.6 | 55.5 | 53.2 | 4500 | 6000 | 0.85 | 7016 AC |
| | 140 | 26 | 90 | 130 | 2 | 100 | 122 | 27.7 | 2 | 1 | 89.5 | 78.2 | 4000 | 5300 | 1.45 | 7216 C |
| | 140 | 26 | 90 | 130 | 2 | 100 | 122 | 38.9 | 2 | 1 | 85.0 | 74.5 | 4000 | 5300 | 1.45 | 7216 AC |
| | 140 | 26 | 90 | 130 | 2 | 103.2 | 117.8 | 59.2 | 2 | 1 | 80.2 | 69.5 | 3600 | 4800 | 1.55 | 7216 B |
| | 170 | 39 | 82 | 158 | 2.1 | 114.8 | 136.8 | 71.9 | 2.1 | 1.1 | 135 | 110 | 3600 | 4800 | 3.9 | 7316 B |
| 85 | 130 | 22 | 92 | 123 | 1 | 99.4 | 117.6 | 25.4 | 1.1 | 0.6 | 62.5 | 60.2 | 4300 | 5600 | 0.89 | 7017 C |
| | 130 | 22 | 92 | 123 | 1 | 99.4 | 117.6 | 36.1 | 1.1 | 0.6 | 59.2 | 57.2 | 4300 | 5600 | 0.89 | 7017 AC |
| | 150 | 28 | 95 | 140 | 2 | 107.1 | 131 | 29.9 | 2 | 1 | 99.8 | 85.0 | 3800 | 5000 | 1.8 | 7217 C |
| | 150 | 28 | 95 | 140 | 2 | 107.1 | 131 | 41.6 | 2 | 1 | 94.8 | 81.5 | 3800 | 5000 | 1.8 | 7217 AC |
| | 150 | 28 | 95 | 140 | 2 | 110.1 | 126 | 63.6 | 2 | 1 | 93.0 | 81.5 | 3400 | 4500 | 1.95 | 7217 B |
| | 180 | 41 | 99 | 166 | 2.5 | 121.2 | 145.6 | 76.1 | 3 | 1.1 | 48 | 122 | 3000 | 4000 | 4.6 | 7317 B |

## 表6-57 圆锥滚子轴承（GB/T 297—1994 摘录）

30000型　规定画法　安装尺寸

径向当量动载荷：
当 $\dfrac{F_a}{F_r} \le e$，$P_r = F_r$
当 $\dfrac{F_a}{F_r} > e$，$P_r = 0.4F_r + YF_a$

径向当量静载荷：
$P_{0r} = F_r$
$P_{0r} = 0.5F_r + Y_0 F_a$
取上列两式计算结果的较大值

标记示例：滚动轴承 30310 GB/T 297—1994

02 尺寸系列

| 轴承代号 | 尺寸/mm | | | | | | | | 安装尺寸/mm | | | | | | | | | 计算系数 | | | 基本额定 (kN) | | 极限转速/(r/min) | | 原轴承代号 |
|---|---|---|---|---|---|---|---|---|---|---|---|---|---|---|---|---|---|---|---|---|---|---|---|---|---|---|
| | $d$ | $D$ | $T$ | $B$ | $C$ | $r_s$ min | $r_{1s}$ min | $a \approx$ | $d_a$ min | $d_b$ max | $D_a$ min | $D_a$ max | $D_b$ min | $a_1$ min | $a_2$ min | $r_{as}$ max | $r_{bs}$ max | $e$ | $Y$ | $Y_0$ | 动载荷 $C_r$ | 静载荷 $C_{0r}$ | 脂润滑 | 油润滑 | |
| 30203 | 17 | 40 | 13.25 | 12 | 11 | 1 | 1 | 9.9 | 23 | 23 | 34 | 34 | 37 | 2 | 2.5 | 1 | 1 | 0.35 | 1.7 | 1 | 20.8 | 21.8 | 9000 | 12000 | 7203E |
| 30204 | 20 | 47 | 15.25 | 14 | 12 | 1 | 1 | 11.2 | 26 | 27 | 40 | 41 | 43 | 2 | 3.5 | 1 | 1 | 0.35 | 1.7 | 1 | 28.2 | 30.5 | 8000 | 10000 | 7204E |
| 30205 | 25 | 52 | 16.25 | 15 | 13 | 1 | 1 | 12.5 | 31 | 31 | 44 | 46 | 48 | 2 | 3.5 | 1 | 1 | 0.37 | 1.6 | 0.9 | 32.2 | 37.0 | 7000 | 9000 | 7205E |
| 30206 | 30 | 62 | 17.25 | 16 | 14 | 1.5 | 1.5 | 13.8 | 36 | 37 | 53 | 56 | 58 | 2 | 3.5 | 1.5 | 1.5 | 0.37 | 1.6 | 0.9 | 43.2 | 50.5 | 6000 | 7500 | 7206E |
| 30207 | 35 | 72 | 18.25 | 17 | 15 | 1.5 | 1.5 | 15.3 | 42 | 44 | 62 | 65 | 67 | 3 | 3.5 | 1.5 | 1.5 | 0.37 | 1.6 | 0.9 | 54.2 | 63.5 | 5300 | 6700 | 7207E |
| 30208 | 40 | 80 | 19.75 | 18 | 16 | 1.5 | 1.5 | 16.9 | 47 | 49 | 69 | 73 | 75 | 3 | 4 | 1.5 | 1.5 | 0.37 | 1.6 | 0.9 | 63.0 | 74.0 | 5000 | 6300 | 7208E |
| 30209 | 45 | 85 | 20.75 | 19 | 16 | 1.5 | 1.5 | 18.6 | 52 | 53 | 74 | 78 | 80 | 3 | 5 | 1.5 | 1.5 | 0.4 | 1.5 | 0.8 | 67.8 | 83.5 | 4500 | 5600 | 7209E |
| 30210 | 50 | 90 | 21.75 | 20 | 17 | 1.5 | 1.5 | 20 | 57 | 58 | 79 | 83 | 86 | 3 | 5 | 1.5 | 1.5 | 0.42 | 1.4 | 0.8 | 73.2 | 92.0 | 4300 | 5300 | 7210E |
| 30211 | 55 | 100 | 22.75 | 21 | 18 | 2 | 1.5 | 21 | 64 | 64 | 88 | 91 | 95 | 4 | 5 | 2 | 1.5 | 0.4 | 1.5 | 0.8 | 90.8 | 115 | 3800 | 4800 | 7211E |
| 30212 | 60 | 110 | 23.75 | 22 | 19 | 2 | 1.5 | 22.3 | 69 | 69 | 96 | 101 | 103 | 4 | 5 | 2 | 1.5 | 0.4 | 1.5 | 0.8 | 102 | 130 | 3600 | 4500 | 7212E |
| 30213 | 65 | 120 | 24.75 | 23 | 20 | 2 | 1.5 | 23.8 | 74 | 77 | 106 | 111 | 114 | 4 | 5 | 2 | 1.5 | 0.4 | 1.5 | 0.8 | 120 | 152 | 3200 | 4000 | 7213E |
| 30214 | 70 | 125 | 26.25 | 24 | 21 | 2 | 1.5 | 25.8 | 79 | 81 | 110 | 116 | 119 | 4 | 5.5 | 2 | 1.5 | 0.42 | 1.4 | 0.8 | 132 | 175 | 3000 | 3800 | 7214E |
| 30215 | 75 | 130 | 27.25 | 25 | 22 | 2 | 1.5 | 27.4 | 84 | 85 | 115 | 121 | 125 | 4 | 5.5 | 2 | 1.5 | 0.44 | 1.4 | 0.8 | 138 | 185 | 2800 | 3600 | 7215E |
| 30216 | 80 | 140 | 28.25 | 26 | 22 | 2.5 | 2 | 28.1 | 90 | 90 | 124 | 130 | 133 | 4 | 6 | 2.1 | 2 | 0.42 | 1.4 | 0.8 | 160 | 212 | 2600 | 3400 | 7216E |
| 30217 | 85 | 150 | 30.5 | 28 | 24 | 2.5 | 2 | 30.3 | 95 | 96 | 132 | 140 | 142 | 5 | 6.5 | 2.1 | 2 | 0.42 | 1.4 | 0.8 | 178 | 238 | 2400 | 3200 | 7217E |
| 30218 | 90 | 160 | 32.5 | 30 | 26 | 2.5 | 2 | 32.3 | 100 | 102 | 140 | 150 | 151 | 5 | 6.5 | 2.5 | 2 | 0.42 | 1.4 | 0.8 | 200 | 270 | 2200 | 3000 | 7218E |
| 30219 | 95 | 170 | 34.5 | 32 | 27 | 3 | 2.5 | 34.2 | 107 | 108 | 149 | 158 | 160 | 5 | 7.5 | 2.5 | 2.1 | 0.42 | 1.4 | 0.8 | 228 | 308 | 2000 | 2800 | 7219E |
| 30220 | 100 | 180 | 37 | 34 | 29 | 3 | 2.5 | 36.4 | 112 | 114 | 157 | 168 | 169 | 5 | 8 | 2.5 | 2.1 | 0.42 | 1.4 | 0.8 | 255 | 350 | 1900 | 2600 | 7220E |

6.4

续表

| 轴承代号 | 尺寸/mm | | | | | | | a≈ | 安装尺寸/mm | | | | | | | | | 计算系数 | | | 基本额定动载荷 $C_r$ / 静载荷 $C_{0r}$ (kN) | | 极限转速 /(r/min) | | 原轴承代号 |
|---|---|---|---|---|---|---|---|---|---|---|---|---|---|---|---|---|---|---|---|---|---|---|---|---|---|
| | d | D | T | B | C | $r_s$ min | $r_{1s}$ min | | $d_a$ min | $d_b$ max | $D_a$ min | $D_a$ max | $D_b$ min | $a_1$ min | $a_2$ min | $r_{as}$ max | $r_{bs}$ max | e | Y | $Y_0$ | $C_r$ | $C_{0r}$ | 脂润滑 | 油润滑 | |
| 03 尺寸系列 | | | | | | | | | | | | | | | | | | | | | | | | | |
| 30302 | 15 | 42 | 14.25 | 13 | 11 | 1 | 1 | 9.6 | 21 | 22 | 36 | 36 | 38 | 2 | 3.5 | 1 | 1 | 0.29 | 2.1 | 1.2 | 22.8 | 21.5 | 9000 | 12000 | 7302E |
| 30303 | 17 | 47 | 15.25 | 14 | 12 | 1 | 1 | 10.4 | 23 | 25 | 40 | 41 | 43 | 3 | 3.5 | 1.5 | 1 | 0.29 | 2.1 | 1.2 | 28.2 | 27.2 | 8500 | 11000 | 7303E |
| 30304 | 20 | 52 | 16.25 | 15 | 13 | 1.5 | 1.5 | 11.1 | 27 | 28 | 44 | 45 | 48 | 3 | 3.5 | 1.5 | 1.5 | 0.3 | 2 | 1.1 | 33.0 | 33.2 | 7500 | 9500 | 7304E |
| 30305 | 25 | 62 | 18.25 | 17 | 15 | 1.5 | 1.5 | 13 | 32 | 34 | 54 | 55 | 58 | 3 | 3.5 | 1.5 | 1.5 | 0.3 | 2 | 1.1 | 46.8 | 48.0 | 6300 | 8000 | 7305E |
| 30306 | 30 | 72 | 20.75 | 19 | 16 | 1.5 | 1.5 | 15.3 | 37 | 40 | 62 | 65 | 66 | 3 | 5 | 1.5 | 1.5 | 0.31 | 1.9 | 1.1 | 59.0 | 63.0 | 5600 | 7000 | 7306E |
| 30307 | 35 | 80 | 22.75 | 21 | 18 | 2 | 1.5 | 16.8 | 44 | 45 | 70 | 71 | 74 | 3 | 5 | 2 | 1.5 | 0.31 | 1.9 | 1.1 | 75.2 | 82.5 | 5000 | 6300 | 7307E |
| 30308 | 40 | 90 | 25.25 | 23 | 20 | 2 | 1.5 | 19.5 | 49 | 52 | 77 | 81 | 84 | 3 | 5.5 | 2 | 1.5 | 0.35 | 1.7 | 1 | 90.8 | 108 | 4500 | 5600 | 7308E |
| 30309 | 45 | 100 | 27.25 | 25 | 22 | 2 | 1.5 | 21.3 | 54 | 59 | 86 | 91 | 94 | 3 | 5.5 | 2 | 1.5 | 0.35 | 1.7 | 1 | 108 | 130 | 4000 | 5000 | 7309E |
| 30310 | 50 | 110 | 29.25 | 27 | 23 | 2.5 | 2 | 23 | 60 | 65 | 95 | 100 | 103 | 4 | 6.5 | 2.5 | 2 | 0.35 | 1.7 | 1 | 130 | 158 | 3800 | 4800 | 7310E |
| 30311 | 55 | 120 | 31.5 | 29 | 25 | 2.5 | 2 | 24.9 | 65 | 70 | 104 | 110 | 112 | 4 | 6.5 | 2.5 | 2 | 0.35 | 1.7 | 1 | 152 | 188 | 3400 | 4300 | 7311E |
| 30312 | 60 | 130 | 33.5 | 31 | 26 | 3 | 2.5 | 26.6 | 72 | 76 | 112 | 118 | 121 | 5 | 7.5 | 2.5 | 2.1 | 0.35 | 1.7 | 1 | 170 | 210 | 3200 | 4000 | 7312E |
| 30313 | 65 | 140 | 36 | 33 | 28 | 3 | 2.5 | 28.7 | 77 | 83 | 122 | 128 | 131 | 5 | 8 | 2.5 | 2.1 | 0.35 | 1.7 | 1 | 195 | 242 | 2800 | 3600 | 7313E |
| 30314 | 70 | 150 | 38 | 35 | 30 | 3 | 2.5 | 30.7 | 82 | 89 | 130 | 138 | 141 | 5 | 8 | 2.5 | 2.1 | 0.35 | 1.7 | 1 | 218 | 272 | 2600 | 3400 | 7314E |
| 30315 | 75 | 160 | 40 | 37 | 31 | 3 | 2.5 | 32 | 87 | 95 | 139 | 148 | 150 | 5 | 9 | 2.5 | 2.1 | 0.35 | 1.7 | 1 | 252 | 318 | 2400 | 3200 | 7315E |
| 30316 | 80 | 170 | 42.5 | 39 | 33 | 3 | 2.5 | 34.4 | 92 | 102 | 148 | 158 | 160 | 5 | 9.5 | 2.5 | 2.1 | 0.35 | 1.7 | 1 | 278 | 352 | 2200 | 3000 | 7316E |
| 30317 | 85 | 180 | 44.5 | 41 | 34 | 4 | 3 | 35.9 | 99 | 107 | 156 | 166 | 168 | 6 | 10.5 | 3 | 2.5 | 0.35 | 1.7 | 1 | 305 | 388 | 2000 | 2800 | 7317E |
| 30318 | 90 | 190 | 46.5 | 43 | 36 | 4 | 3 | 37.5 | 104 | 113 | 165 | 176 | 178 | 6 | 10.5 | 3 | 2.5 | 0.35 | 1.7 | 1 | 342 | 440 | 1900 | 2600 | 7318E |
| 30319 | 95 | 200 | 49.5 | 45 | 38 | 4 | 3 | 40.1 | 109 | 118 | 172 | 186 | 185 | 6 | 11.5 | 3 | 2.5 | 0.35 | 1.7 | 1 | 370 | 478 | 1800 | 2400 | 7319E |
| 30320 | 100 | 215 | 51.5 | 47 | 39 | 4 | 3 | 42.2 | 114 | 127 | 184 | 201 | 199 | 6 | 12.5 | 3 | 2.5 | 0.35 | 1.7 | 1 | 405 | 525 | 1600 | 2000 | 7320E |
| 22 尺寸系列 | | | | | | | | | | | | | | | | | | | | | | | | | |
| 32206 | 30 | 62 | 21.25 | 20 | 17 | 1 | 1 | 15.6 | 36 | 36 | 52 | 56 | 58 | 3 | 4.5 | 1 | 1 | 0.37 | 1.6 | 0.9 | 51.8 | 63.8 | 6000 | 7500 | 7506E |
| 32207 | 35 | 72 | 24.25 | 23 | 19 | 1.5 | 1.5 | 17.9 | 42 | 42 | 61 | 65 | 68 | 3 | 5.5 | 1.5 | 1.5 | 0.37 | 1.6 | 0.9 | 70.5 | 89.5 | 5300 | 6700 | 7507E |
| 32208 | 40 | 80 | 24.75 | 23 | 19 | 1.5 | 1.5 | 18.9 | 47 | 48 | 68 | 73 | 75 | 3 | 6 | 1.5 | 1.5 | 0.37 | 1.6 | 0.9 | 77.8 | 97.2 | 5000 | 6300 | 7508E |
| 32209 | 45 | 85 | 24.75 | 23 | 19 | 1.5 | 1.5 | 20.1 | 52 | 53 | 73 | 78 | 81 | 3 | 6 | 1.5 | 1.5 | 0.4 | 1.5 | 0.8 | 80.8 | 105 | 4500 | 5600 | 7509E |
| 32210 | 50 | 90 | 24.75 | 23 | 19 | 1.5 | 1.5 | 21 | 57 | 57 | 78 | 83 | 86 | 3 | 6 | 1.5 | 1.5 | 0.42 | 1.4 | 0.8 | 82.8 | 108 | 4300 | 5300 | 7510E |
| 32211 | 55 | 100 | 26.75 | 25 | 21 | 2 | 1.5 | 22.8 | 64 | 62 | 87 | 91 | 96 | 4 | 6 | 1.5 | 1.5 | 0.4 | 1.5 | 0.8 | 108 | 142 | 3800 | 4800 | 7511E |

| 轴承代号 | d | D | T | B | C | $r_s$ min | $r_{1s}$ min | a ≈ | $d_a$ min | $d_b$ max | $D_a$ min | $D_a$ max | $D_b$ min | $a_1$ min | $a_2$ min | $r_{as}$ max | $r_{bs}$ max | e | Y | $Y_0$ | $C_r$ | $C_{0r}$ | 脂润滑 | 油润滑 | 原轴承代号 |
|---|---|---|---|---|---|---|---|---|---|---|---|---|---|---|---|---|---|---|---|---|---|---|---|---|---|
| | 尺寸/mm | | | | | | | 安装尺寸/mm | | | | | | | | | | 计算系数 | | | 基本额定<br>kN | | 极限转速/(r/min) | | |
| **22 尺寸系列** | | | | | | | | | | | | | | | | | | | | | | | | | |
| 32212 | 60 | 110 | 29.75 | 28 | 24 | 2 | 1.5 | 25 | 69 | 68 | 95 | 101 | 105 | 4 | 6 | 2 | 1.5 | 0.4 | 1.5 | 0.8 | 132 | 180 | 3600 | 4500 | 7512E |
| 32213 | 65 | 120 | 32.75 | 31 | 27 | 2 | 1.5 | 27.3 | 74 | 75 | 104 | 111 | 115 | 4 | 6 | 2 | 1.5 | 0.4 | 1.5 | 0.8 | 160 | 222 | 3200 | 4000 | 7513E |
| 32214 | 70 | 125 | 33.25 | 31 | 27 | 2 | 1.5 | 28.8 | 79 | 79 | 108 | 116 | 120 | 4 | 6.5 | 2 | 1.5 | 0.42 | 1.4 | 0.8 | 168 | 238 | 3000 | 3800 | 7514E |
| 32215 | 75 | 130 | 33.25 | 31 | 27 | 2 | 1.5 | 30 | 84 | 84 | 115 | 121 | 126 | 4 | 6.5 | 2 | 1.5 | 0.44 | 1.4 | 0.8 | 170 | 242 | 2800 | 3600 | 7515E |
| 32216 | 80 | 140 | 35.25 | 33 | 28 | 2.5 | 2 | 31.4 | 90 | 89 | 122 | 130 | 135 | 5 | 7.5 | 2.1 | 2 | 0.42 | 1.4 | 0.8 | 198 | 278 | 2600 | 3400 | 7516E |
| 32217 | 85 | 150 | 38.5 | 36 | 30 | 2.5 | 2 | 33.9 | 95 | 95 | 130 | 140 | 143 | 5 | 8.5 | 2.1 | 2 | 0.42 | 1.4 | 0.8 | 228 | 325 | 2400 | 3200 | 7517E |
| 32218 | 90 | 160 | 42.5 | 40 | 34 | 2.5 | 2 | 36.8 | 100 | 101 | 138 | 150 | 153 | 5 | 8.5 | 2.1 | 2 | 0.42 | 1.4 | 0.8 | 270 | 395 | 2200 | 3000 | 7518E |
| 32219 | 95 | 170 | 45.5 | 43 | 37 | 3 | 2.5 | 39.2 | 107 | 106 | 145 | 158 | 163 | 5 | 8.5 | 2.5 | 2.1 | 0.42 | 1.4 | 0.8 | 302 | 448 | 2000 | 2800 | 7519E |
| 32220 | 100 | 180 | 49 | 46 | 39 | 3 | 2.5 | 41.9 | 112 | 113 | 154 | 168 | 172 | 5 | 10 | 2.5 | 2.1 | 0.42 | 1.4 | 0.8 | 340 | 512 | 1900 | 2600 | 7520E |
| **23 尺寸系列** | | | | | | | | | | | | | | | | | | | | | | | | | |
| 32303 | 17 | 47 | 20.25 | 19 | 16 | 1 | 1 | 12.3 | 23 | 24 | 39 | 41 | 43 | 3 | 4.5 | 1 | 1 | 0.29 | 2.1 | 1.2 | 35.2 | 36.2 | 8500 | 11000 | 7603E |
| 32304 | 20 | 52 | 22.25 | 21 | 18 | 1.5 | 1.5 | 13.6 | 27 | 26 | 43 | 45 | 48 | 3 | 4.5 | 1.5 | 1.5 | 0.3 | 2 | 1.1 | 42.8 | 46.2 | 7500 | 9500 | 7604E |
| 32305 | 25 | 62 | 25.25 | 24 | 20 | 1.5 | 1.5 | 15.9 | 32 | 32 | 52 | 55 | 58 | 3 | 5.5 | 1.5 | 1.5 | 0.3 | 2 | 1.1 | 61.5 | 68.8 | 6300 | 8000 | 7605E |
| 32306 | 30 | 72 | 28.75 | 27 | 23 | 1.5 | 1.5 | 18.9 | 37 | 38 | 59 | 65 | 66 | 4 | 6 | 1.5 | 1.5 | 0.31 | 1.9 | 1.1 | 81.5 | 96.5 | 5600 | 7000 | 7606E |
| 32307 | 35 | 80 | 32.75 | 31 | 25 | 2 | 1.5 | 20.4 | 44 | 43 | 66 | 71 | 74 | 4 | 8.5 | 2 | 1.5 | 0.31 | 1.9 | 1.1 | 99.0 | 118 | 5000 | 6300 | 7607E |
| 32308 | 40 | 90 | 35.25 | 33 | 27 | 2 | 1.5 | 23.3 | 49 | 49 | 73 | 81 | 83 | 4 | 8.5 | 2 | 1.5 | 0.35 | 1.7 | 1 | 115 | 148 | 4500 | 5600 | 7608E |
| 32309 | 45 | 100 | 38.25 | 36 | 30 | 2 | 1.5 | 25.6 | 54 | 56 | 82 | 91 | 93 | 4 | 8.5 | 2 | 1.5 | 0.35 | 1.7 | 1 | 145 | 188 | 4000 | 5000 | 7609E |
| 32310 | 50 | 110 | 42.25 | 40 | 33 | 2.5 | 2 | 28.2 | 60 | 61 | 90 | 100 | 102 | 5 | 9.5 | 2.5 | 2 | 0.35 | 1.7 | 1 | 178 | 235 | 3800 | 4800 | 7610E |
| 32311 | 55 | 120 | 45.5 | 43 | 35 | 2.5 | 2 | 30.4 | 65 | 66 | 99 | 110 | 111 | 5 | 10 | 2.5 | 2 | 0.35 | 1.7 | 1 | 202 | 270 | 3400 | 4300 | 7611E |
| 32312 | 60 | 130 | 48.5 | 46 | 37 | 3 | 2.5 | 32 | 72 | 72 | 107 | 118 | 122 | 6 | 11.5 | 3 | 2.1 | 0.35 | 1.7 | 1 | 228 | 302 | 3200 | 4000 | 7612E |
| 32313 | 65 | 140 | 51 | 48 | 39 | 3 | 3 | 34.3 | 77 | 79 | 117 | 128 | 131 | 6 | 12 | 3 | 2.1 | 0.35 | 1.7 | 1 | 260 | 350 | 2800 | 3600 | 7613E |
| 32314 | 70 | 150 | 54 | 51 | 42 | 3 | 3 | 36.5 | 82 | 84 | 125 | 138 | 141 | 6 | 12 | 3 | 2.1 | 0.35 | 1.7 | 1 | 298 | 408 | 2600 | 3400 | 7614E |
| 32315 | 75 | 160 | 58 | 55 | 45 | 3 | 2.5 | 39.4 | 87 | 91 | 133 | 148 | 150 | 7 | 13 | 3 | 2.1 | 0.35 | 1.7 | 1 | 348 | 482 | 2400 | 3200 | 7615E |
| 32316 | 80 | 170 | 61.5 | 58 | 48 | 3 | 2.5 | 42.1 | 92 | 97 | 142 | 158 | 160 | 7 | 13.5 | 3 | 2.1 | 0.35 | 1.7 | 1 | 388 | 542 | 2200 | 3000 | 7616E |
| 32317 | 85 | 180 | 63.5 | 60 | 49 | 4 | 3 | 43.5 | 99 | 102 | 150 | 166 | 168 | 8 | 14.5 | 4 | 2.5 | 0.35 | 1.7 | 1 | 422 | 592 | 2000 | 2800 | 7617E |
| 32318 | 90 | 190 | 67.5 | 64 | 53 | 4 | 3 | 46.2 | 104 | 107 | 157 | 176 | 178 | 8 | 14.5 | 4 | 2.5 | 0.35 | 1.7 | 1 | 478 | 682 | 1900 | 2600 | 7618E |
| 32319 | 95 | 200 | 71.5 | 67 | 55 | 4 | 3 | 49 | 109 | 114 | 166 | 186 | 187 | 8 | 16.5 | 4 | 2.5 | 0.35 | 1.7 | 1 | 515 | 738 | 1800 | 2400 | 7619E |
| 32320 | 100 | 215 | 77.5 | 73 | 60 | 4 | 3 | 52.9 | 114 | 122 | 177 | 201 | 201 | 8 | 17.5 | 4 | 2.5 | 0.35 | 1.7 | 1 | 600 | 872 | 1600 | 2000 | 7620E |

6.4

表 6-58　向心轴承载荷的区分

| 载荷大小 | 轻载荷 | 正常载荷 | 重载荷 |
|---|---|---|---|
| $\dfrac{P_r(径向当量动载荷)}{C_r(径向额定动载荷)}$ | ≤0.07 | >0.07～0.15 | >0.15 |

表 6-59　安装向心轴承的轴公差带代号

| 运转状态 | | 载荷[④]状态 | 深沟球轴承、调心球轴承和角接触球轴承 | 圆柱滚子轴承和圆锥滚子轴承 | 调心滚子轴承 | 公差带 |
|---|---|---|---|---|---|---|
| 说明 | 举例 | | 轴承公称内径/mm | | | |
| 旋转的内圈载荷及摆动载荷 | 电器仪表、精密机械、泵、通风机、传送带 | 轻载荷 | ≤18<br>>18～100<br>>100～200 | —<br>≤40<br>>40～140 | —<br>≤40<br>>40～100 | h5<br>j6[①]<br>k6[①] |
| | 一般通用机械、电动机、涡轮机、泵、内燃机变速箱、木工机械 | 正常载荷 | ≤18<br>>18～100<br>>100～140<br>>140～200 | —<br>≤40<br>>40～100<br>>100～140 | —<br>≤40<br>>40～65<br>>65～100 | j5,js5<br>k5[②]<br>m5[②]<br>m6 |
| | 铁路车辆和电车的轴箱、牵引电动机、轧机、破碎机等重型机械 | 重载荷 | — | >50～140<br>>140～200 | >50～100<br>>100～140 | n6<br>p6[③] |
| 固定的内圈载荷 | 静止轴上的各种轮子，张紧轮、绳轮、振动筛、惯性振动器 | 所有载荷 | 所有尺寸 | | | f6<br>g6[①]<br>h6<br>j6 |
| 仅有轴向载荷 | | | 所有尺寸 | | | j6、js6 |

① 凡对精度有较高要求场合，应用 j5、k5…代替 j6、k6…
② 圆锥滚子轴承、角接触球轴承配合对游隙影响不大，可用 k6、m6 代替 k5、m5。
③ 重载荷下轴承游隙应选大于 0 组。
④ 对应表 6-58。

表 6-60　安装向心轴承的孔公差带代号

| 运转状态 | | 载荷状态 | 其他状况 | 公差带[①] | |
|---|---|---|---|---|---|
| 说明 | 举例 | | | 球轴承 | 滚子轴承 |
| 固定的外圈载荷 | 一般机械、铁路机车车辆轴箱、电动机、泵、曲轴主轴承 | 轻、正常、重 | 轴向易移动，可采用剖分式外壳 | H7、G7[②] | |
| | | 冲击 | 轴向能移动，可采用整体或剖分式外壳 | J7、Js7 | |
| 摆动载荷 | | 轻、正常 | | | |
| | | 正常、重 | | K7 | |
| | | 冲击 | | M7 | |
| 旋转的外圈载荷 | 张紧滑轮，轮毂轴承 | 轻 | 轴向不移动，采用整体式外壳 | J7 | K7 |
| | | 正常 | | K7、M7 | M7、N7 |
| | | 重 | | — | N7、P7 |

① 并列公差带随尺寸的增大从左至右选择，对旋转精度有较高要求时，可相应提高一个公差等级。
② 不适用于部分式外壳。

表 6-61　配合面的表面粗糙度

**表 6-61　配合面的表面粗糙度**

| 轴或轴承座直径/mm | | 轴或外壳配合表面直径公差等级 | | | | | | | | |
|---|---|---|---|---|---|---|---|---|---|---|
| | | IT7 | | | IT6 | | | IT5 | | |
| | | 表面粗糙度/μm | | | | | | | | |
| 超过 | 到 | $Rz$ | $Ra$ | | $Rz$ | $Ra$ | | $Rz$ | $Ra$ | |
| | | | 磨 | 车 | | 磨 | 车 | | 磨 | 车 |
| | 80 | 10 | 1.6 | 3.2 | 6.3 | 0.8 | 1.6 | 4 | 0.4 | 0.8 |
| 80 | 500 | 16 | 1.6 | 3.2 | 10 | 1.6 | 3.2 | 6.3 | 0.8 | 1.6 |
| 端面 | | 25 | 3.2 | 6.3 | 25 | 3.2 | 6.3 | 10 | 1.6 | 3.2 |

注　与/P0、/P6（/P6x）级公差轴承配合的轴，其公差等级一般为IT6，外壳孔一般为IT7。

**表 6-62　轴和外壳孔的形位公差**

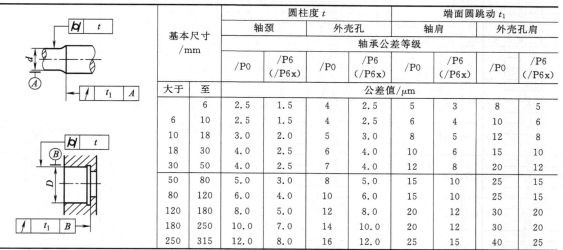

| 基本尺寸/mm | | 圆柱度 $t$ | | | | 端面圆跳动 $t_1$ | | | |
|---|---|---|---|---|---|---|---|---|---|
| | | 轴颈 | | 外壳孔 | | 轴肩 | | 外壳孔肩 | |
| | | 轴承公差等级 | | | | | | | |
| | | /P0 | /P6 (/P6x) | /P0 | /P6 (/P6x) | /P0 | /P6 (/P6x) | /P0 | /P6 (/P6x) |
| 大于 | 至 | 公差值/μm | | | | | | | |
| | 6 | 2.5 | 1.5 | 4 | 2.5 | 5 | 3 | 8 | 5 |
| 6 | 10 | 2.5 | 1.5 | 4 | 2.5 | 6 | 4 | 10 | 6 |
| 10 | 18 | 3.0 | 2.0 | 5 | 3.0 | 8 | 5 | 12 | 8 |
| 18 | 30 | 4.0 | 2.5 | 6 | 4.0 | 10 | 6 | 15 | 10 |
| 30 | 50 | 4.0 | 2.5 | 7 | 4.0 | 12 | 8 | 20 | 12 |
| 50 | 80 | 5.0 | 3.0 | 8 | 5.0 | 15 | 10 | 25 | 15 |
| 80 | 120 | 6.0 | 4.0 | 10 | 6.0 | 15 | 10 | 25 | 15 |
| 120 | 180 | 8.0 | 5.0 | 12 | 8.0 | 20 | 12 | 30 | 20 |
| 180 | 250 | 10.0 | 7.0 | 14 | 10.0 | 20 | 12 | 30 | 20 |
| 250 | 315 | 12.0 | 8.0 | 16 | 12.0 | 25 | 15 | 40 | 25 |

注　轴承公差等级新、旧标准代号对照为：/P0—G级；/P6—E级；/P6x—Ex级。

# 6.5　联轴器

**表 6-63　轴孔型式、代号及尺寸**（GB/T 3852—2008摘录）　　　　mm

| | 长圆柱形轴孔（Y型） | 有沉孔的短圆柱形轴孔（J型） | 无沉孔的短圆柱形轴孔（J₁型） | 有沉孔的圆锥形轴孔（Z型） | 无沉孔的圆锥形轴孔（Z₁型） |
|---|---|---|---|---|---|
| 轴孔 | | | | | |
| | A型 | B型　　B₁型 | | C型 | D型 |
| 键槽 | | | | | |

尺 寸 系 列

| 直径 $d$ H7 | 长度 $L$ 长系列 | 长度 $L$ 短系列 | $L_1$ | 沉孔尺寸 $d_1$ | $R$ | $b$ P9 | $t$ 公称尺寸 | $t$ 极限偏差 | $t_1$ 公称尺寸 | $t_1$ 极限偏差 | $t_3$ 公称尺寸 | $t_3$ 极限偏差 | $b_1$ |
|---|---|---|---|---|---|---|---|---|---|---|---|---|---|
| 6、7 | 18 | | | | | 2 | 7、8 | +0.1 / 0 | 8、9 | +0.2 / 0 | — | | — |
| 8 | 22 | — | — | | | 2 | 9 | | 10 | | | | |
| 9 | | | | — | — | 3 | 10.4 | | 11.8 | | | | |
| 10 | 25 | 22 | | | | 3 | 11.4 | | 12.8 | | | | |
| 11 | | | | | | 4 | 12.8 | | 14.6 | | | | |
| 12 | 32 | 27 | | | | 4 | 13.8 | | 15.6 | | | | |
| 14 | | | | | | 5 | 16.3 | | 18.6 | | | | |
| 16 | 42 | 30 | | | | 5 | 18.3 | | 20.6 | | | | |
| 18、19 | | | 42 | 38 | 1.5 | 6 | 20.8、21.8 | | 23.6、24.6 | | | | |
| 20、22 | 52 | 38 | 52 | | | 6 | 22.8、24.8 | | 25.6、27.6 | | | | |
| 24 | | | | | | 8 | 27.3 | | 30.6 | | | | |
| 25、28 | 62 | 44 | 62 | 48 | 2 | 8 | 28.3、31.3 | +0.2 / 0 | 31.6、34.6 | +0.4 / 0 | | | |
| 30 | | | | 55 | | | 33.3 | | 36.6 | | | | |
| 32、35 | 82 | 60 | 82 | | | 10 | 35.3、38.3 | | 38.6、41.6 | | | | |
| 38 | | | | 65 | | | 41.3 | | 44.6 | | | | |
| 40、42 | 112 | 84 | 112 | | | 12 | 43.3、45.3 | | 46.6、48.6 | | | | |
| 45、48 | | | | 80 | | 14 | 48.8、51.8 | | 52.6、55.6 | | | | |
| 50 | | | | 95 | | | 53.8 | | 57.6 | | | | |
| 55、56 | | | | | | 16 | 59.3、60.3 | | 63.6、64.6 | | | | |
| 60、63、65 | 142 | 107 | 142 | 105 | 2.5 | 18 | 64.4、67.4、69.4 | | 68.8、71.8、73.8 | | 7 | 0 / −0.2 | 19.3、19.8、20.1 |
| 70 | | | | 120 | | 20 | 74.9 | | 79.8 | | | | 21.0 |
| 71、75 | | | | | | | 75.9、79.9 | | 80.8、84.8 | | 8 | | 22.4、23.2 |
| 80 | 172 | 132 | 172 | 140 | 3 | 22 | 85.4 | | 90.8 | | | | 24.0 |
| 85 | | | | | | | 90.4 | | 95.8 | | | | 24.8 |
| 90 | | | | 160 | | 25 | 95.4 | | 100.8 | | 9 | | 25.6 |
| 95 | | | | | | | 100.4 | | 105.8 | | | | 27.6 |
| 100、110 | 212 | 167 | 212 | 180 | 3 | 28 | 106.4、116.4 | | 112.8、122.8 | | | 0 / −0.2 | 28.6、30.1 |
| 120 | | | | | | 32 | 127.4 | +0.2 / 0 | 134.8 | +0.4 / 0 | 10 | | 33.2 |
| 125 | | | | 210 | | | 132.4 | | 139.8 | | | | 33.9 |
| 130 | | | | 235 | | 36 | 137.4 | | 144.8 | | | | 34.6 |
| 140 | 252 | 202 | 252 | | 4 | | 148.4 | | 156.8 | | 11 | | 37.7 |
| 150 | | | | 264 | | 40 | 158.4 | | 166.8 | | | | 39.1 |
| 160、170 | 320 | 242 | 302 | | | | 169.4、179.4 | | 178.8、188.8 | | 12 | | 42.1、43.5 |
| 180 | | | | | | 45 | 190.4 | | 200.8 | | | | 44.9 |
| 190、200 | 352 | 282 | 352 | 330 | 5 | 50 | 200.4、210.4 | +0.3 / 0 | 210.8、220.8 | +0.6 / 0 | 14 | 0 / −0.3 | 49.6、51.1 |
| 220 | | | | | | 56 | 231.4 | | 242.8 | | 16 | | 57.1 |
| 240 | 410 | 330 | 410 | | | | 252.4 | | 264.8 | | | | 59.9 |
| 250、260 | | | | | | 63 | 262.4、272.4 | | 274.8、284.8 | | 18 | | 64.6、66.0 |
| 280 | 470 | 380 | 470 | | | 70 | 292.4 | | 304.8 | | | | 72.1 |
| 300 | | | | | | | 314.4 | | 328.8 | | 20 | | 74.8 |
| 320 | | | | | | 80 | 334.4 | | 348.8 | | 22 | | 81.0 |
| 340 | 550 | 450 | 550 | | | | 355.4 | | 370.8 | | | | 83.6 |
| 360、380 | | | | | | | 375.4、395.4 | | 390.8、410.8 | | 26 | | 93.2、95.9 |
| 400 | | | | | | 90 | 417.4 | | 434.8 | | | | 98.6 |
| 420、440 | 650 | 540 | 650 | | | 100 | 437.4、457.4 | | 454.8、474.8 | | 30 | | 108.2、110.9 |
| 450 | | | | | | | 469.5 | | 489.0 | | | | 112.3 |
| 460、480、500 | | | | | | 110 | 479.4、499.5、 | | 499.0、519.0、 | | 34 | | 120.1、123.1、125.9 |
| 530、560 | 800 | 680 | 800 | | | 120 | 552.2、582.2 | | 574.4、604.4 | | 38 | | 136.7、140.8 |
| 600、630 | | | | | | | 624.5、654.8 | | 646.7、677.0 | | 42 | | 153.1、157.1 |

注　1. 一小格中 $t$、$t_1$、$b_1$ 有 2～3 个数值时，分别与同一横行中 $d$ 的 2～3 个值相对应。

2. 轴孔长度推荐选用 J 型和 Z 型，Y 型限于长圆柱形轴伸电动机端。

3. 键槽宽度 $b$ 的极限偏差，也可采用 GB/T 1095—2003《平键　键和键槽的剖面尺寸》中规定的 JS9。

4. 沉孔亦可制成 $d_1$ 为小端直径，锥度为 30°的锥形孔。

5. 标记方法：

主动端键槽型式代号　主动端轴孔直径　主动端轴孔型式代号　主动端轴孔配合长度

联轴器型号、名称　从动端轴孔型式代号　从动端键槽型式代号　从动端轴孔直径　从动端轴孔配合长度　标准号

□ □ □ × □

□ □ □ × □

表 6-64　非花键套筒联轴器

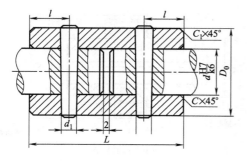
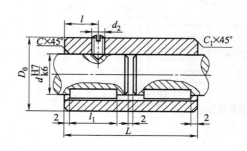
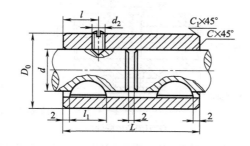

| 轴直径 $d$H7 | 许用转矩/N·m | | | $D_0$ | $L$ | $l$ | $C$ | $C_1$ | 圆锥销 GB/T 117—2000 | 紧定螺钉 GB/T 71—1985 | 平键 GB/T 1096—2003 | 半圆键 GB/T 1099—2003 |
|---|---|---|---|---|---|---|---|---|---|---|---|---|
| | I[①] | II[①] | III[①] | | | | | | | | | |
| 10 | 4.5 | | 8 | 18 | 35 | 8 | 0.5 | 0.5 | 2.5×18 | M4×8 | | 3×6.5×16 |
| 12 | 7.5 | | 20 | 22 | 40 | | | | 3×22 | | | |
| 14 | 16 | | 28 | 25 | 45 | 10 | | | 4×25 | M5×8 | | 4×7.5×19 |
| 16 | 28 | | 40 | 28 | 45 | | | | 5×28 | | | |
| 18 | 32 | | 56 | 32 | 55 | 12 | | | 5×32 | M5×10 | | 5×7.5×19 |
| 20 | 50 | 71 | 90 | 35 | 60 | 15 | | | 6×35 | M6×10 | 6×22 | 5×9×22 |
| 22 | 56 | 90 | 110 | | 65 | | | | 6×35 | | 6×25 | |
| 25 | 112 | 125 | 160 | 40 | 75 | 20 | 1.0 | 1.0 | 8×40 | | 8×28 | 6×10×25 |
| 28 | 127 | 170 | 220 | 45 | 80 | | | | 8×45 | M8×12 | 8×32 | |
| 30 | 132 | 212 | 280 | | 90 | | | | | | 8×32 | 8×11×28 |
| 35 | 250 | 355 | 450 | 50 | 105 | 25 | | | 10×50 | | 10×25 | 10×13×32 |
| 40 | 280 | 450 | | 60 | 120 | | 1.2 | | 10×60 | M8×12 | 12×50 | |
| 45 | 530 | 710 | | 70 | 140 | | | | 12×70 | M10×20 | 14×60 | |
| 50 | 600 | 850 | | 80 | 150 | 35 | | | 12×80 | M12×20 | | |
| 55 | 630 | 1060 | | 90 | 160 | | | | 12×90 | M12×25 | 16×70 | |
| 60 | 1060 | 1500 | | 100 | 180 | 45 | 1.8 | 2.0 | 16×100 | M12×25[②] | 18×80 | |
| 70 | 1250 | 2240 | | 110 | 200 | | | | 16×110 | | 20×90 | |
| 80 | 2240 | 3150 | | 120 | 220 | 50 | | | 20×120 | M16×25[②] | 22×100 | |
| 90 | 2500 | 4000 | | 130 | 240 | | | | 20×130 | | 25×110 | |
| 100 | 4000 | 5600 | | 140 | 280 | 60 | | | 25×140 | M20×25[②] | 28×125 | |

① I—圆锥销套筒联轴器，II—平键套筒联轴器，III—半圆键套筒联轴器。
② 螺钉为 GB/T 78—2007 内六角锥端紧定螺钉。
注　键槽对套筒中心线的对称度根据使用要求，按 GB/T 1184—1996 对称度选取 7～9 级。

6.5

表 6-65　凸缘联轴器（GB/T 5843—2003 摘录）

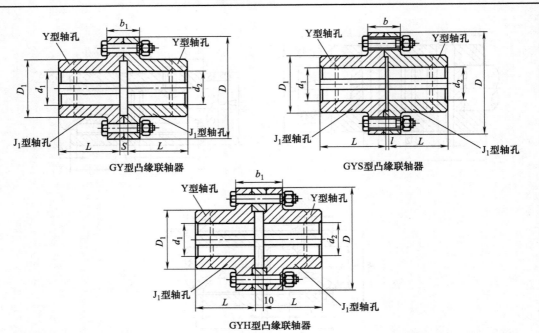

GY型凸缘联轴器　　GYS型凸缘联轴器

GYH型凸缘联轴器

| 型号 | 公称转矩 $T_n$/N·m | 许用转速 $[n]$/r·min$^{-1}$ | 轴孔直径 $d_1$、$d_2$ | 轴孔长度 $L$/mm | | $D$ | $D_1$ | $b$ | $b_1$ | $S$ | 转动惯量 $J$/kg·m$^2$ | 质量 $m$/kg |
|---|---|---|---|---|---|---|---|---|---|---|---|---|
| | | | | Y 型 | J$_1$ 型 | mm | | | | | | |
| GY1 GYS1 GYH1 | 25 | 12000 | 12 | 32 | 27 | 80 | 30 | 26 | 42 | 6 | 0.0008 | 1.16 |
| | | | 14 | | | | | | | | | |
| | | | 16 | | | | | | | | | |
| | | | 18 | 42 | 30 | | | | | | | |
| | | | 19 | | | | | | | | | |
| GY2 GYS2 GYH2 | 63 | 10000 | 16 | 42 | 30 | 90 | 40 | 28 | 44 | 6 | 0.0015 | 1.72 |
| | | | 18 | | | | | | | | | |
| | | | 19 | | | | | | | | | |
| | | | 20 | | | | | | | | | |
| | | | 22 | 52 | 38 | | | | | | | |
| | | | 24 | | | | | | | | | |
| | | | 25 | 62 | 44 | | | | | | | |
| GY3 GYS3 GYH3 | 112 | 9500 | 20 | 52 | 38 | 100 | 45 | 30 | 46 | 6 | 0.0025 | 2.38 |
| | | | 22 | | | | | | | | | |
| | | | 24 | | | | | | | | | |
| | | | 25 | 62 | 44 | | | | | | | |
| | | | 28 | | | | | | | | | |
| GY4 GYS4 GYH4 | 224 | 9000 | 25 | 62 | 44 | 105 | 55 | 32 | 48 | 6 | 0.003 | 3.15 |
| | | | 28 | | | | | | | | | |
| | | | 30 | | | | | | | | | |
| | | | 32 | 82 | 60 | | | | | | | |
| | | | 35 | | | | | | | | | |
| GY5 GYS5 GYH5 | 400 | 8000 | 30 | 82 | 60 | 120 | 68 | 36 | 52 | 8 | 0.007 | 5.43 |
| | | | 32 | | | | | | | | | |
| | | | 35 | | | | | | | | | |
| | | | 38 | | | | | | | | | |
| | | | 40 | 112 | 84 | | | | | | | |
| | | | 42 | | | | | | | | | |

| 型号 | 公称转矩 $T_n$/N·m | 许用转速 $[n]$/r·min⁻¹ | 轴孔直径 $d_1,d_2$ | 轴孔长度 $L$/mm Y 型 | 轴孔长度 $L$/mm $J_1$ 型 | $D$ | $D_1$ | $b$ | $b_1$ | $S$ | 转动惯量 $J$/kg·m² | 质量 $m$/kg |
|---|---|---|---|---|---|---|---|---|---|---|---|---|
| | | | | | | | | mm | | | | |
| GY6 GYS6 GYH6 | 900 | 6800 | 38 | 82 | 60 | 140 | 80 | 40 | 56 | 8 | 0.015 | 7.59 |
| | | | 40 | | | | | | | | | |
| | | | 42 | | | | | | | | | |
| | | | 45 | 112 | 84 | | | | | | | |
| | | | 48 | | | | | | | | | |
| | | | 50 | | | | | | | | | |
| GY7 GYS7 GYH7 | 1600 | 6000 | 48 | 112 | 84 | 160 | 100 | 40 | 56 | 8 | 0.031 | 13.1 |
| | | | 50 | | | | | | | | | |
| | | | 55 | | | | | | | | | |
| | | | 56 | | | | | | | | | |
| | | | 60 | 142 | 107 | | | | | | | |
| | | | 63 | | | | | | | | | |
| GY8 GYS8 GYH8 | 3150 | 4800 | 60 | 142 | 107 | 200 | 130 | 50 | 68 | 10 | 0.103 | 27.5 |
| | | | 63 | | | | | | | | | |
| | | | 65 | | | | | | | | | |
| | | | 70 | | | | | | | | | |
| | | | 71 | | | | | | | | | |
| | | | 75 | | | | | | | | | |
| | | | 80 | 172 | 132 | | | | | | | |

**表 6-66　GICL 型鼓形齿式联轴器（JB/T 8854.2—2001 摘录）**

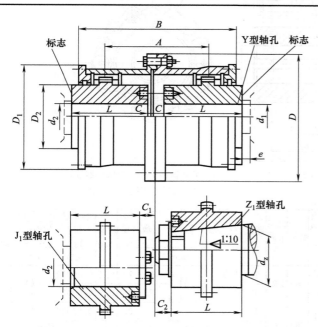

标记示例：

GICL4 联轴器 $\dfrac{50\times12}{J_1B45\times84}$ JB/T 8854.2—2001

主动端：Y 型轴孔、A 型键槽，$d_1=50$mm，$L=112$mm；

从动端：$J_1$ 型轴孔、B 型键槽，$d_2=45$mm，$L=84$mm。

| 型号 | 公称转矩/N·m | 许用转速/r·min⁻¹ | 轴孔直径 $d_1,d_2,d_z$ | 轴孔长度 $L$ Y | 轴孔长度 $L$ $J_1,Z_1$ | $D$ | $D_1$ | $D_2$ | $B$ | $A$ | $C$ | $C_1$ | $C_2$ | $e$ | 转动惯量 $J$/kg·m⁻² | 质量/kg |
|---|---|---|---|---|---|---|---|---|---|---|---|---|---|---|---|---|
| | | | | /mm | | | | | | | | | | | | |
| GICL1 | 800 | 7100 | 16,18,19 | 42 | — | 125 | 95 | 60 | 115 | 75 | 20 | — | — | 30 | 0.009 | 5.9 |
| | | | 20,22,24 | 52 | 38 | | | | | | 10 | — | 24 | | | |
| | | | 25,38 | 62 | 44 | | | | | | 2.5 | — | 19 | | | |
| | | | 30,32,35,38 | 82 | 60 | | | | | | | 15 | 22 | | | |
| GICL2 | 1400 | 6300 | 25,38 | 62 | 44 | 144 | 120 | 75 | 135 | 88 | 10.5 | — | 29 | 30 | 0.02 | 9.7 |
| | | | 30,32,35,38 | 82 | 60 | | | | | | 2.5 | 12.5 | 30 | | | |
| | | | 40,42,45,48 | 112 | 84 | | | | | | | 13.5 | 28 | | | |
| GICL3 | 2800 | 5900 | 30,32,35,38 | 82 | 60 | 174 | 140 | 95 | 155 | 106 | 3 | 24.5 | 25 | 30 | 0.047 | 17.2 |
| | | | 40,42,45,48,50,55,56 | 112 | 84 | | | | | | | | 28 | | | |
| | | | 60 | 142 | 107 | | | | | | | 17 | 35 | | | |
| GICL4 | 5000 | 5400 | 32,35,38 | 82 | 60 | 196 | 165 | 115 | 178 | 125 | 14 | 37 | 32 | 30 | 0.091 | 24.9 |
| | | | 40,42,46,48,50,55,56 | 112 | 84 | | | | | | 3 | 17 | 28 | | | |
| | | | 60,63,65,70 | 142 | 107 | | | | | | | | 35 | | | |

6.5

续表

| 型号 | 公称转矩/N·m | 许用转速/r·min⁻¹ | 轴孔直径 $d_1,d_2,d_z$ | Y | $J_1,Z_1$ | D | $D_1$ | $D_2$ | B | A | C | $C_1$ | $C_2$ | e | 转动惯量 J/kg·m⁻² | 质量/kg |
|---|---|---|---|---|---|---|---|---|---|---|---|---|---|---|---|---|
| GICL5 | 8000 | 5000 | 40,42,45,48,50,55,56 | 112 | 84 | 224 | 183 | 130 | 198 | 142 | 3 | 25 | 28 | 30 | 0.167 | 38 |
|  |  |  | 60,63,65,70,71,75 | 142 | 107 |  |  |  |  |  |  | 20 | 35 |  |  |  |
|  |  |  | 80 | 172 | 132 |  |  |  |  |  |  | 22 | 43 |  |  |  |
| GICL6 | 11200 | 4800 | 48,50,55,56 | 112 | 84 | 241 | 200 | 145 | 218 | 160 | 6 | 35 | 35 | 30 | 0.267 | 48.2 |
|  |  |  | 60,63,65,70,71,75 | 142 | 107 |  |  |  |  |  | 4 | 20 | 35 |  |  |  |
|  |  |  | 80,85,90 | 172 | 132 |  |  |  |  |  |  | 22 | 43 |  |  |  |
| GICL7 | 15000 | 4500 | 60,63,65,40,71,75 | 142 | 107 | 260 | 230 | 160 | 244 | 180 | 4 | 35 | 35 | 30 | 0.453 | 68.9 |
|  |  |  | 80,85,90,95 | 172 | 132 |  |  |  |  |  |  | 22 | 43 |  |  |  |
|  |  |  | 100 | 212 | 167 |  |  |  |  |  |  |  | 48 |  |  |  |
| GICL8 | 21200 | 4000 | 65,70,71,75 | 142 | 107 | 282 | 245 | 175 | 264 | 193 | 5 | 35 | 35 | 30 | 0.646 | 83.3 |
|  |  |  | 80,85,90,95 | 172 | 132 |  |  |  |  |  |  | 22 | 43 |  |  |  |
|  |  |  | 100,110 | 212 | 167 |  |  |  |  |  |  |  | 48 |  |  |  |

注　1. $J_1$ 型轴孔根据需要也可以不使用轴端挡圈。
　　2. 本联轴器具有良好的补偿两轴综合位移的能力，外形尺寸小，承载能力高，能在高转速下可靠地工作，适用于重型机械及长轴联接，但不宜于立轴的联接。

### 表 6-67　滚子链联轴器 （GB/T 6069—2002 摘录）

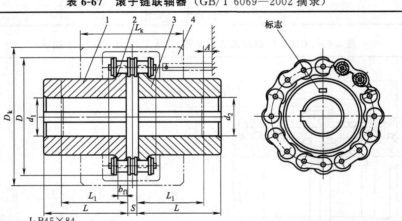

1—半联轴器Ⅰ；3—半联轴器Ⅱ；
2—双排滚子链；4—罩壳

标记示例：GL7 联轴器 $\dfrac{J_1 B45\times84}{J_1 B_1 50\times84}$　GB/T 6069—2002

主动轴：$J_1$ 型轴孔、B 型键槽、$d_1=45$mm、$L=84$mm
从动端：$J_1$ 型轴孔、$B_1$ 型键槽、$d_2=50$mm、$L_1=84$mm

| 型号 | 公称转矩/(N·m) | 许用转速/(r/min) 不装罩壳 | 许用转速/(r/min) 装罩壳 | 轴孔直径 $d_1,d_2$/mm | 轴孔长度 Y型 L | 轴孔长度 $J_1$型 $L_1$ | 链号 | 链条节距 P | 齿数 z | D | $b_{fl}$ | S | A | $D_k$(最大) | $L_k$(最大) | 质量/kg | 转动惯量/(kg·m²) | 许用补偿量 径向 $\Delta Y$/mm | 轴向 $\Delta X$/mm | 角向 $\Delta\alpha$ |
|---|---|---|---|---|---|---|---|---|---|---|---|---|---|---|---|---|---|---|---|---|
| GL1 | 40 | 1400 | 4500 | 16,18,19 | 42 | — | 06B | 9.525 | 14 | 51.06 | 5.3 | 4.9 | — | 70 | 70 | 0.4 | 0.00010 | 0.19 | 1.4 |  |
|  |  |  |  | 20 | 52 | 38 |  |  |  |  |  |  | 4 |  |  |  |  |  |  |  |
| GL2 | 63 | 1250 | 4500 | 19 | 42 | — | 06B | 9.525 | 16 | 57.08 |  |  | — | 75 | 75 | 0.7 | 0.00020 |  |  |  |
|  |  |  |  | 20,22,24 | 52 | 38 |  |  |  |  |  |  | 4 |  |  |  |  |  |  |  |
| GL3 | 100 | 1000 | 4000 | 20,22,24 | 52 | — | 08B | 12.7 | 14 | 68.88 | 7.2 | 6.7 | 12 | 85 | 80 | 1.1 | 0.00038 | 0.25 | 1.9 |  |
|  |  |  |  | 25 | 62 | 44 |  |  |  |  |  |  | 6 |  |  |  |  |  |  |  |
| GL4 | 160 | 1000 | 4000 | 24 | 52 | — | 08B | 12.7 | 16 | 76.91 |  |  | — | 95 | 88 | 1.8 | 0.00086 |  |  |  |
|  |  |  |  | 25,28 | 62 | 44 |  |  |  |  |  |  | 6 |  |  |  |  |  |  |  |
|  |  |  |  | 30,32 | 82 | 60 |  |  |  |  |  |  |  |  |  |  |  |  |  |  |
| GL5 | 250 | 800 | 3150 | 28 | 62 | — | 10A | 15.875 | 16 | 94.46 | 8.9 | 9.2 |  | 112 | 100 | 3.2 | 0.0025 | 0.32 | 2.3 | 1° |
|  |  |  |  | 30,32,35,38 | 82 | 60 |  |  |  |  |  |  |  |  |  |  |  |  |  |  |
|  |  |  |  | 40 | 112 | 84 |  |  |  |  |  |  |  |  |  |  |  |  |  |  |
| GL6 | 400 | 630 | 2500 | 32,35,38 | 82 | 60 | 10A | 15.875 | 20 | 116.57 |  |  | — | 140 | 105 | 5.0 | 0.0058 |  |  |  |
|  |  |  |  | 40,42,45,48,50 | 112 | 84 |  |  |  |  |  |  |  |  |  |  |  |  |  |  |
| GL7 | 630 | 630 | 2500 | 40,42,45,48 | 112 | 84 | 12A | 19.05 | 18 | 127.78 | 11.9 | 10.9 |  | 150 | 122 | 7.4 | 0.012 | 0.38 | 2.8 |  |
|  |  |  |  | 50,55 | 112 | 84 |  |  |  |  |  |  |  |  |  |  |  |  |  |  |
|  |  |  |  | 60 | 142 | 107 |  |  |  |  |  |  |  |  |  |  |  |  |  |  |
| GL8 | 1000 | 500 | 2240 | 45,48,50,55 | 112 | 84 | 16A | 25.40 | 16 | 154.33 |  |  | 12 | 180 | 135 | 11.1 | 0.025 |  |  |  |
|  |  |  |  | 60,65,70 | 142 | 107 |  |  |  |  |  |  | — |  |  |  |  |  |  |  |
| GL9 | 1600 | 400 | 2000 | 50,55 | 112 | 84 | 16A | 25.40 | 20 | 186.50 | 15 | 14.3 | 12 | 215 | 145 | 20 | 0.061 | 0.50 | 3.8 |  |
|  |  |  |  | 60,65,70,75 | 142 | 107 |  |  |  |  |  |  | — |  |  |  |  |  |  |  |
|  |  |  |  | 80 | 172 | 132 |  |  |  |  |  |  |  |  |  |  |  |  |  |  |
| GL10 | 2500 | 315 | 1600 | 60,65,70,75 | 142 | 107 | 20A | 31.75 | 18 | 213.02 | 18 | 17.8 | 6 | 245 | 165 | 26.1 | 0.079 | 0.63 | 4.7 |  |
|  |  |  |  | 80,85,90 | 172 | 132 |  |  |  |  |  |  |  |  |  |  |  |  |  |  |

注　1. 有罩壳时，在型号后加"F"，例 GL5 型联轴器，有罩壳时改为 GL5F。
　　2. 本联轴器可补偿两轴相对径向位移和角位移，结构简单，重量较轻，装拆维护方便，可用于高温、潮湿和多尘环境，但不宜于立轴的联接。

## 表 6-68　弹性套柱销联轴器（GB/T 4323—2002 摘录）

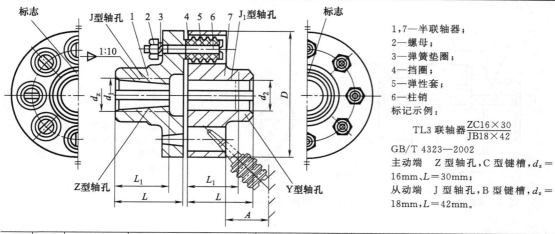

标志　J 型轴孔 1 2 3　4 5 6　7 J₁ 型轴孔　标志

Z 型轴孔　Y 型轴孔

1,7—半联轴器；
2—螺母；
3—弹簧垫圈；
4—挡圈；
5—弹性套；
6—柱销
标记示例：

TL3 联轴器 $\dfrac{ZC16\times30}{JB18\times42}$

GB/T 4323—2002
主动端　Z 型轴孔，C 型键槽，$d_z=$ 16mm、$L=30$mm；
从动端　J 型轴孔，B 型键槽，$d_z=$ 18mm，$L=42$mm。

| 型号 | 公称转矩/N·m | 许用转速/r·min⁻¹ | | 轴孔直径 $d_1$、$d_2$、$d_z$ | 轴孔长度/mm | | | D | A | 质量/kg | 转动惯量/kg·m⁻² | 许用补偿量 | |
|---|---|---|---|---|---|---|---|---|---|---|---|---|---|
| | | 铁 | 钢 | mm | Y 型 L | J、J₁、Z 型 L₁ | L | mm | | | | 径向 ΔY/mm | 角向 Δα |
| TL1 | 6.3 | 6600 | 8800 | 9 | 20 | 14 | — | 71 | 18 | 1.16 | 0.0004 | 0.2 | 1°30′ |
| | | | | 10,11 | 25 | 17 | | | | | | | |
| | | | | 12,(14) | 32 | 20 | | | | | | | |
| TL2 | 6 | 5500 | 7600 | 12,14 | | | 42 | 80 | | 1.64 | 0.001 | | |
| | | | | 16,(18),(19) | 42 | 30 | | | | | | | |
| TL3 | 31.5 | 4700 | 6300 | 16,18,19 | | | 52 | 95 | 35 | 1.9 | 0.002 | | |
| | | | | 20,(22) | 52 | 38 | | | | | | | |
| TL4 | 63 | 4200 | 5700 | 20,22,24 | | | | 106 | | 2.3 | 0.004 | | |
| | | | | (25),(28) | 62 | 44 | 62 | | | | | | |
| TL5 | 125 | 3600 | 4600 | 25,28 | | | | 130 | | 8.36 | 0.011 | 0.3 | |
| | | | | 30,32,(35) | 82 | 60 | 82 | | 45 | | | | |
| TL6 | 250 | 3300 | 3800 | 32,35,38 | | | | 160 | | 10.36 | 0.026 | | |
| | | | | 40,(42) | | | | | | | | | |
| TL7 | 500 | 2800 | 3600 | 40,42,45,(48) | 112 | 84 | 112 | 190 | | 15.6 | 0.06 | | |
| TL8 | 710 | 2400 | 3000 | 45,48,50,55,(56) | | | | 224 | | 25.4 | 0.13 | | 1° |
| | | | | (60),(63) | 142 | 107 | 142 | | 65 | | | | |
| TL9 | 1000 | 2100 | 2850 | 50,55,56 | 112 | 84 | 112 | 250 | | 30.9 | 0.20 | 0.4 | |
| | | | | 60,63,(65),(70),(71) | 142 | 107 | 142 | | | | | | |
| TL10 | 2000 | 1700 | 2300 | 63,65,70,71,75 | | | | 315 | 80 | 65.9 | 0.64 | | |
| | | | | 80,85,(90),(95) | 172 | 132 | 172 | | | | | | |
| TL11 | 4000 | 1350 | 1800 | 80,85,90,95 | | | | 400 | 100 | 122.6 | 2.06 | | |
| | | | | 100,110 | 212 | 167 | 212 | | | | | | |
| TL12 | 8000 | 1100 | 1450 | 100,110,120,125 | | | | 475 | 130 | 218.4 | 5.00 | 0.5 | 0°30′ |
| | | | | (130) | 252 | 202 | 252 | | | | | | |
| TL13 | 16000 | 800 | 1150 | 120,125 | 212 | 167 | 212 | 600 | 180 | 425.8 | 16.00 | | |
| | | | | 130,140,150 | 252 | 202 | 252 | | | | | | |
| | | | | 160,(170) | 302 | 242 | 302 | | | | | 0.6 | |

注　1. 括号内的值仅适用于钢制联轴器。

2. 短时过载不得超过公称转矩值的 2 倍。

3. 本联轴器具有一定补偿两轴线相对偏移和减振缓冲能力，适用于安装底座刚性好，冲击载荷不大的中、小功率轴系传动，可用于经常正反转，起动频繁的场合，工作温度为 −20～+70℃。

6.5

表 6-69　尼龙滑块联轴器（JB/ZQ 4384—1986 摘录）

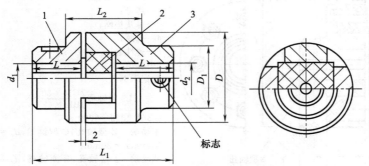

标记示例

KL6 联轴器 $\dfrac{35\times82}{J_1 38\times60}$ JB/ZQ 4384—1986

主动端：Y 型轴孔，A 型键槽，$d_1=35\text{mm}$、$L=82\text{mm}$；

从动端：$J_1$ 型轴孔，A 型键槽，$d_2=38\text{mm}$、$L=60\text{mm}$；

1、3—半联轴器，材料为 HT200、35 钢等；2—滑块、材料为尼龙 6

| 型号 | 公称转矩 /N·m | 许用转速 /r·min⁻¹ | 轴孔直径 $d_1$、$d_2$ | 轴孔长度 L Y 型 | 轴孔长度 L $J_1$ 型 | D | $D_1$ | $L_2$ | $L_1$ | 质量 /kg | 转动惯量 /kg·m⁻² |
|---|---|---|---|---|---|---|---|---|---|---|---|
|  |  |  | mm |  |  |  |  |  |  |  |  |
| KL1 | 16 | 10000 | 10,11 | 25 | 22 | 40 | 30 | 50 | 67 | 0.6 | 0.0007 |
|  |  |  | 12,14 | 32 | 27 |  |  |  | 81 |  |  |
| KL2 | 31.5 | 8200 | 12,14 |  |  | 50 | 32 | 56 | 86 | 1.5 | 0.0038 |
|  |  |  | 16,(17),18 | 42 | 30 |  |  |  | 106 |  |  |
| KL3 | 63 | 7000 | (17),18,19 |  |  | 70 | 40 | 60 |  | 1.8 | 0.0063 |
|  |  |  | 20,22 | 52 | 38 |  |  |  | 126 |  |  |
| KL4 | 160 | 5700 | 20,22,24 |  |  | 80 | 50 | 64 |  | 2.5 | 0.013 |
|  |  |  | 25,28 | 62 | 44 |  |  |  | 146 |  |  |
| KL5 | 280 | 4700 | 25,28 |  |  | 100 | 70 | 75 | 151 | 5.8 | 0.045 |
|  |  |  | 30,32,35 |  |  |  |  |  | 191 |  |  |
| KL6 | 500 | 3800 | 30,32,35,38 | 82 | 60 | 120 | 80 | 90 | 201 | 9.5 | 0.12 |
|  |  |  | 40,42,45 |  |  |  |  |  | 261 |  |  |
| KL7 | 900 | 3200 | 40,42,45,48 | 112 | 84 | 150 | 100 | 120 | 266 | 25 | 0.43 |
|  |  |  | 50,55 |  |  |  |  |  |  |  |  |
| KL8 | 1800 | 2400 | 50,55 |  |  | 190 | 120 | 150 | 276 | 55 | 1.98 |
|  |  |  | 60,63,65,70 | 142 | 107 |  |  |  | 336 |  |  |
| KL9 | 3550 | 1800 | 65,70,75 |  |  | 250 | 150 | 180 | 346 | 85 | 4.9 |
|  |  |  | 80,85 | 172 | 132 |  |  |  | 406 |  |  |
| KL10 | 5000 | 1500 | 80,85,90,95 |  |  | 330 | 190 | 180 |  | 120 | 7.5 |
|  |  |  | 100 | 212 | 167 |  |  |  | 486 |  |  |

注　1. 装配时两轴的许用补偿量：轴向 $\Delta X=1\sim2\text{mm}$，径向 $\Delta Y\leqslant0.2\text{mm}$，角向 $\Delta\alpha\leqslant0°40'$。

2. 括号内的数值尽量不用。

3. 本联轴器具有一定补偿两轴相对位移量、减震和缓冲性能，适用于中、小功率、转速较高、转矩较小的轴系传动，如控制器、油泵装置等，工作温度为 $-20\sim+70℃$。

# 6.6 润滑与密封

## 6.6.1 润滑剂

**表 6-70　常用润滑油的主要性质和用途**

| 名称 | 代号 | 运动黏度/mm²·s⁻¹ 40/℃ | 运动黏度/mm²·s⁻¹ 100/℃ | 倾点/℃ ≤ | 闪点(开口)/℃ ≥ | 主要用途 |
|---|---|---|---|---|---|---|
| 全损耗系统用油(GB/T 443—1989) | L-AN5 | 4.14～5.06 | | | 80 | 用于各种高速轻载机械轴承的润滑和冷却(循环式或油箱式),如转速在10000r/min以上的精密机械、机床及纺织纱锭的润滑和冷却 |
| | L-AN7 | 6.12～7.48 | | | 110 | |
| | L-AN10 | 9.00～11.0 | | | 130 | |
| | L-AN15 | 13.5～16.5 | | −5 | 150 | 用于小型机床齿轮箱、传动装置轴承,中小型电机,风动工具等 |
| | L-AN22 | 19.8～24.2 | | | | |
| | L-AN32 | 28.8～35.2 | | | | 用于一般机床齿轮变速箱、中小型机床导轨及100kW以上电机轴承 |
| | L-AN46 | 41.4～50.6 | | | 160 | 主要用在大型机床上、大型刨床上 |
| | L-AN68 | 61.2～74.8 | | | | |
| | L-AN100 | 90.0～110 | | | 180 | 主要用在低速重载的纺织机械及重型机床、锻压、铸工设备上 |
| | L-AN150 | 135～165 | | | | |
| 工业闭式齿轮油(GB/T 5903—1995) | L-CKC68 | 61.2～74.8 | | −8 | 180 | 适用于煤炭、水泥、冶金工业部门大型封闭式、齿轮传动装置的润滑 |
| | L-CKC100 | 90.0～110 | | | | |
| | L-CKC150 | 135～165 | | | 200 | |
| | L-CKC220 | 198～242 | | | | |
| | L-CKC320 | 288～352 | | | | |
| | L-CKC460 | 414～506 | | | | |
| | L-CKC680 | 612～748 | | −5 | 220 | |
| 液压油(GB/T 11118.1—1994) | L-HL15 | 13.5～16.5 | | −12 | 140 | 适用于机床和其他设备的低压齿轮泵,也可以用于使用其他抗氧防锈型润滑油的机械设备(如轴承和齿轮等) |
| | L-HL22 | 19.8～24.2 | | −9 | | |
| | L-HL32 | 28.8～35.2 | | | 160 | |
| | L-HL46 | 41.4～50.6 | | −6 | | |
| | L-HL68 | 61.2～74.8 | | | 180 | |
| | L-HL100 | 90.0～110 | | | | |
| 汽轮机油(GB/T 11120—1989) | L-TSA32 | 28.8～35.2 | | −7 | 180 | 适用于电力、工业、船舶及其他工业汽轮机组、水轮机组的润滑和密封 |
| | L-TSA46 | 41.4～50.6 | | | | |
| | L-TSA68 | 61.2～74.8 | | | | |
| | L-TSA100 | 90.0～110 | | | 195 | |
| QB汽油机润滑油(GB/T 485—1984)(1998年确认) | 20 号 | | 6～9.3 | −20 | 185 | 用于汽车、拖拉机汽化器、发动机汽缸活塞的润滑,以及各种中、小型柴油机等动力设备的润滑 |
| | 30 号 | | 10～<12.5 | −15 | 200 | |
| | 40 号 | | 12.5～<16.3 | −5 | 210 | |
| L-CPE/P蜗轮蜗杆油(SH0094—1991) | 220 | 198～242 | | −12 | | 用于铜-钢配对的圆柱形、承受重负荷、传动中有振动和冲击的蜗轮蜗杆副 |
| | 320 | 288～352 | | | | |
| | 460 | 414～506 | | | | |
| | 680 | 612～748 | | | | |
| | 1000 | 900～1100 | | | | |
| 仪表油(GB/T 487—1984) | | 12～14 | | −60(凝点) | 125 | 适用于各种仪表(包括低温下操作)的润滑 |

表 6-71 常用润滑脂的主要性质和用途

| 名称 | 代号 | 滴点/℃<br>(不低于) | 工作锥入度<br>(25℃,150g)<br>×(1/10)/mm | 主要用途 |
|---|---|---|---|---|
| 钙基润滑脂<br>(GB 491—87) | L-XAAMHA1 | 80 | 310～340 | 有耐水性能。用于工作温度低于55～60℃的各种工农业、交通运输机械设备的轴承润滑,特别是有水或潮湿处 |
| | L-XAAMHA2 | 85 | 265～295 | |
| | L-XAAMHA3 | 90 | 220～250 | |
| | L-XAAMHA4 | 95 | 175～205 | |
| 钠基润滑脂<br>(GB 492—89) | L-XACMGA2 | 160 | 265～295 | 不耐水(或潮湿)。用于工作温度在－10～110℃的一般中负荷机械设备轴承润滑 |
| | L-XACMGA3 | | 220～250 | |
| 通用锂基润滑脂<br>(GB 7324—87) | ZL-1 | 170 | 310～340 | 有良好的耐水性和耐热性。适用于温度在－20～120℃范围内各种机械的滚动轴承、滑动轴承及其他摩擦部位的润滑 |
| | ZL-2 | 175 | 265～295 | |
| | ZL-3 | 180 | 220～250 | |
| 钙钠基润滑脂<br>(ZBE 36001—88) | ZGN-1 | 120 | 250～290 | 用于工作温度在80～100℃、有水分或较潮湿环境中工作的机械润滑,多用于铁路机车、列车、小电动机、发电机滚动轴承(温度较高者)的润滑。不适于低温工作 |
| | ZGN-2 | 135 | 200～240 | |
| 石墨钙基润滑脂<br>(ZBE 36002—88) | ZG-S | 80 | — | 人字齿轮、起重机、挖掘机的底盘齿轮,矿山机械、绞车钢丝绳等高负荷、高压力、低速度的粗糙机械润滑及一般开式齿轮润滑。能耐潮湿 |
| 滚珠轴承脂<br>(SY 1514—82) | ZGN69-2 | 120 | 250～290<br>(－40℃时为30) | 用于机车、汽车、电机及其他机械的滚动轴承润滑 |
| 7407 号齿轮润滑脂<br>(SY 4036—84) | | 160 | 75～90 | 适用于各种低速,中、重载荷齿轮、链和联轴器等的润滑,使用温度≤120℃,可承受冲击载荷 |
| 高温润滑脂<br>(GB 11124—89) | 7014-1 号 | 280 | 62～75 | 适用于高温下各种滚动轴承的润滑,也可用于一般滑动轴承和齿轮的润滑。使用温度为－40～＋200℃ |
| 工业用凡士林<br>(GB 6731—86) | | 54 | — | 适用于作金属零件、机器的防锈,在机械的温度不高和负荷不大时,可用作减摩润滑脂 |

## 6.6.2 润滑装置

表 6-72 直通式压注油杯 (JB/T 7940.1—1995 摘录)　　　　mm

| d | H | h | $h_1$ | S | | 钢球<br>(GB/T 308—2002) |
|---|---|---|---|---|---|---|
| | | | | 基本尺寸 | 极限偏差 | |
| M6 | 13 | 8 | 6 | 8 | | |
| M8×1 | 16 | 9 | 6.5 | 10 | 0<br>−0.22 | 3 |
| M10×1 | 18 | 10 | 7 | 11 | | |

标记示例:d 为 M10×1 直通式压注油杯
油杯　M10×1　JB/T 7940.1—1995

### 表 6-73　弹簧盖油杯（摘自 JB/T 7940.5—1995）　　　mm

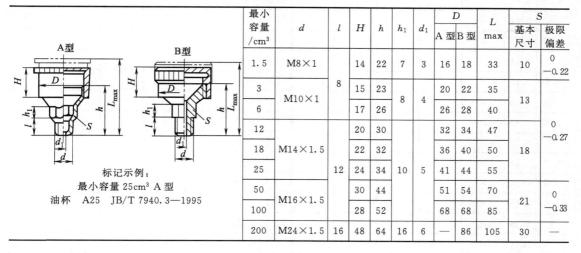

| 最小容量/cm³ | d | H ≤ | D | $l_2$ ≈ | l | S 基本尺寸 | S 极限偏差 |
|---|---|---|---|---|---|---|---|
| 1 | M8×1 | 38 | 16 | 21 | 10 | 10 | 0 −0.22 |
| 2 | | 40 | 18 | 23 | | | |
| 3 | M10×1 | 42 | 20 | 25 | | 11 | |
| 6 | | 45 | 25 | 30 | | | |
| 12 | | 55 | 30 | 36 | 12 | 18 | 0 −0.27 |
| 18 | M14×1.5 | 60 | 32 | 38 | | | |
| 25 | | 65 | 35 | 41 | | | |
| 50 | | 68 | 45 | 51 | | | |

标记示例：
最小容量 3cm³，A 型弹簧盖油杯
油杯　A3　JB/T 7940.5—1995

### 表 6-74　旋盖式油杯（摘自 JB/T 7940.3—1995）　　　mm

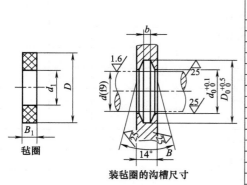

| 最小容量/cm³ | d | l | H | h | $h_1$ | $d_1$ | D A型 | D B型 | L max | S 基本尺寸 | S 极限偏差 |
|---|---|---|---|---|---|---|---|---|---|---|---|
| 1.5 | M8×1 | 8 | 14 | 22 | 7 | 3 | 16 | 18 | 33 | 10 | 0 −0.22 |
| 3 | M10×1 | | 15 | 23 | 8 | 4 | 20 | 22 | 35 | 13 | |
| 6 | | | 17 | 26 | | | 26 | 28 | 40 | | |
| 12 | M14×1.5 | | 20 | 30 | | | 32 | 34 | 47 | 18 | 0 −0.27 |
| 18 | | | 22 | 32 | | | 36 | 40 | 50 | | |
| 25 | | 12 | 24 | 34 | 10 | 5 | 41 | 44 | 55 | | |
| 50 | M16×1.5 | | 30 | 44 | | | 51 | 54 | 70 | 21 | 0 −0.33 |
| 100 | | | 28 | 52 | | | 68 | 68 | 85 | | |
| 200 | M24×1.5 | 16 | 48 | 64 | 16 | 6 | — | 86 | 105 | 30 | — |

标记示例：
最小容量 25cm³ A 型
油杯　A25　JB/T 7940.3—1995

## 6.6.3　密封件

### 表 6-75　毡圈油封及槽（JB/ZQ 4606—1986 摘录）　　　mm

| 轴径 d | 毡圈 D | $d_1$ | $B_1$ | 槽 $D_0$ | $d_0$ | b | $B_{min}$ 钢 | $B_{min}$ 铸铁 |
|---|---|---|---|---|---|---|---|---|
| 15 | 29 | 14 | 6 | 28 | 16 | 5 | 10 | 12 |
| 20 | 33 | 19 | | 32 | 21 | | | |
| 25 | 39 | 24 | 7 | 38 | 26 | 6 | | |
| 30 | 45 | 29 | | 44 | 31 | | | |
| 35 | 49 | 34 | | 48 | 36 | | | |
| 40 | 53 | 39 | | 52 | 41 | | | |
| 45 | 61 | 44 | 8 | 60 | 46 | 7 | 12 | 15 |
| 50 | 69 | 49 | | 68 | 51 | | | |
| 55 | 74 | 53 | | 72 | 56 | | | |
| 60 | 80 | 58 | | 78 | 61 | | | |
| 65 | 84 | 63 | | 82 | 66 | | | |
| 70 | 90 | 68 | | 88 | 71 | | | |
| 75 | 94 | 73 | | 92 | 77 | | | |
| 80 | 102 | 78 | 9 | 100 | 82 | 8 | 15 | 18 |
| 85 | 107 | 83 | | 105 | 87 | | | |
| 90 | 112 | 88 | | 110 | 92 | | | |
| 95 | 117 | 93 | 10 | 115 | 97 | | | |
| 100 | 122 | 98 | | 120 | 102 | | | |

毡圈

装毡圈的沟槽尺寸

注　本标准适用于线速度 $v < 5$m/s。

**表6-76　O形橡胶密封圈（G系列）（GB/T 3452.1—2005摘录）**　　mm

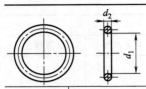

标记示例：
$d_1 = 7.5\text{mm}$，$d_2 = 1.8\text{mm}$，一般应用 O 形圈（G 系列），等级代号为 S。其标记为
O 形圈 7.5×1.8-G-S-GB/T 3452.1—2005
注：等级代号定义见 GB/T 3452.2

| $d_1$ 尺寸 | 公差± | $d_2$ 1.8±0.08 | 2.65±0.09 | 3.55±0.10 | 5.3±0.13 | 7±0.15 | $d_1$ 尺寸 | 公差± | $d_2$ 1.8±0.08 | 2.65±0.09 | 3.55±0.10 | 5.3±0.13 | 7±0.15 |
|---|---|---|---|---|---|---|---|---|---|---|---|---|---|
| 1.8 | 0.13 | × | | | | | 11.8 | 0.19 | × | × | | | |
| 2 | 0.13 | × | | | | | 12.1 | 0.21 | × | × | | | |
| 2.24 | 0.13 | × | | | | | 12.5 | 0.21 | × | × | | | |
| 2.5 | 0.13 | × | | | | | 12.8 | 0.21 | × | × | | | |
| 2.8 | 0.13 | × | | | | | 13.2 | 0.21 | × | × | | | |
| 3.15 | 0.14 | × | | | | | 14 | 0.22 | × | × | | | |
| 3.55 | 0.14 | × | | | | | 14.5 | 0.22 | × | × | | | |
| 3.75 | 0.14 | × | | | | | 15 | 0.22 | × | × | | | |
| 4 | 0.14 | × | | | | | 15.5 | 0.23 | × | × | | | |
| 4.5 | 0.15 | × | | | | | 16 | 0.23 | × | × | | | |
| 4.75 | 0.15 | × | | | | | 17 | 0.24 | × | × | | | |
| 4.87 | 0.15 | × | | | | | 18 | 0.25 | × | × | × | | |
| 5 | 0.15 | × | | | | | 19 | 0.25 | × | × | × | | |
| 5.15 | 0.15 | × | | | | | 20 | 0.26 | × | × | × | | |
| 5.3 | 0.15 | × | | | | | 20.6 | 0.26 | × | × | × | | |
| 5.6 | 0.16 | × | | | | | 21.2 | 0.27 | × | × | × | | |
| 6 | 0.16 | × | | | | | 22.4 | 0.28 | × | × | × | | |
| 6.3 | 0.16 | × | | | | | 23 | 0.29 | × | × | × | | |
| 6.7 | 0.16 | × | | | | | 23.6 | 0.29 | × | × | × | | |
| 6.9 | 0.16 | × | | | | | 24.3 | 0.30 | × | × | × | | |
| 7.1 | 0.16 | × | | | | | 25 | 0.30 | × | × | × | | |
| 7.5 | 0.17 | × | | | | | 25.8 | 0.31 | × | × | × | | |
| 8 | 0.17 | × | | | | | 26.5 | 0.31 | × | × | × | | |
| 8.5 | 0.17 | × | | | | | 27.3 | 0.32 | × | × | × | | |
| 8.75 | 0.18 | × | | | | | 28 | 0.32 | × | × | × | | |
| 9 | 0.18 | × | | | | | 29 | 0.33 | × | × | × | | |
| 9.5 | 0.18 | × | | | | | 30 | 0.34 | × | × | × | | |
| 9.75 | 0.18 | × | | | | | 31.5 | 0.35 | × | × | × | | |
| 10 | 0.19 | × | | | | | 32.5 | 0.36 | × | × | × | | |
| 10.6 | 0.19 | × | × | | | | 33.5 | 0.36 | × | × | × | | |
| 11.2 | 0.20 | × | × | | | | 34.5 | 0.37 | × | × | × | | |
| 11.6 | 0.20 | × | × | | | | 35.5 | 0.38 | × | × | × | | |

| $d_1$ | | $d_2$ | | | | |
|---|---|---|---|---|---|---|
| 尺寸 | 公差± | 1.8±0.08 | 2.65±0.09 | 3.55±0.10 | 5.3±0.13 | 7±0.15 |
| 36.5 | 0.38 | × | × | × | | |
| 37.5 | 0.39 | × | × | × | | |
| 38.7 | 0.40 | × | × | × | | |
| 40 | 0.41 | × | × | × | × | |
| 41.2 | 0.42 | × | × | × | × | |
| 42.5 | 0.43 | × | × | × | × | |
| 43.7 | 0.44 | × | × | × | × | |
| 45 | 0.44 | × | × | × | × | |
| 46.2 | 0.45 | × | × | × | × | |
| 47.5 | 0.46 | × | × | × | × | |
| 48.7 | 0.47 | × | × | × | × | |
| 50 | 0.48 | × | × | × | × | |
| 51.5 | 0.49 | | × | × | × | |
| 53 | 0.50 | | × | × | × | |
| 54.5 | 0.51 | | × | × | × | |
| 56 | 0.52 | | × | × | × | |
| 58 | 0.54 | | × | × | × | |
| 60 | 0.55 | | × | × | × | |
| 61.5 | 0.56 | | × | × | × | |
| 63 | 0.57 | | × | × | × | |
| 65 | 0.58 | | × | × | × | |
| 67 | 0.60 | | × | × | × | |
| 69 | 0.61 | | × | × | × | |
| 71 | 0.63 | | × | × | × | |
| 73 | 0.64 | | × | × | × | |
| 75 | 0.65 | | × | × | × | |
| 77.5 | 0.67 | | × | × | × | |
| 80 | 0.69 | | × | × | × | |
| 82.5 | 0.71 | | × | × | × | |
| 85 | 0.72 | | × | × | × | |
| 87.5 | 0.74 | | × | × | × | |
| 90 | 0.76 | | × | × | × | |
| 92.5 | 0.77 | | × | × | × | |
| 95 | 0.79 | | × | × | × | |
| 97.5 | 0.81 | | × | × | × | |
| 100 | 0.82 | | × | × | × | |
| 103 | 0.85 | | × | × | × | |
| 106 | 0.87 | | × | × | × | |
| 109 | 0.89 | | × | × | × | × |
| 112 | 0.91 | | × | × | × | × |
| 115 | 0.93 | | × | × | × | × |
| 118 | 0.95 | | × | × | × | × |
| 122 | 0.97 | | × | × | × | × |
| 125 | 0.99 | | × | × | × | × |
| 128 | 1.01 | | × | × | × | × |
| 132 | 1.04 | | × | × | × | × |
| 136 | 1.07 | | × | × | × | × |
| 140 | 1.09 | | × | × | × | × |
| 142.5 | 1.11 | | × | × | × | × |
| 145 | 1.13 | | × | × | × | × |
| 147.5 | 1.14 | | × | × | × | × |
| 150 | 1.16 | × | × | × | × | × |
| 152.5 | 1.18 | | | × | × | × |
| 155 | 1.19 | | | × | × | × |
| 157.5 | 1.21 | | | × | × | × |
| 160 | 1.23 | | | × | × | |
| 162.5 | 1.24 | | | × | × | × |
| 165 | 1.26 | | | × | × | × |
| 167.5 | 1.28 | | | × | × | × |
| 170 | 1.29 | | | × | × | × |
| 172.5 | 1.31 | | | × | × | × |
| 175 | 1.33 | | | × | × | × |
| 177.5 | 1.34 | | | × | × | × |
| 180 | 1.36 | | | × | × | × |
| 182.5 | 1.38 | | | × | × | × |
| 185 | 1.39 | | | × | × | × |
| 187.5 | 1.41 | | | × | × | × |
| 190 | 1.43 | | | × | × | × |
| 195 | 1.46 | | | × | × | × |
| 200 | 1.49 | | | × | × | × |
| 203 | 1.51 | | | | × | × |
| 206 | 1.53 | | | | × | × |
| 212 | 1.57 | | | | × | × |
| 218 | 1.61 | | | | × | × |
| 224 | 1.65 | | | | × | × |
| 227 | 1.67 | | | | × | × |
| 230 | 1.69 | | | | × | × |
| 236 | 1.73 | | | | × | × |
| 239 | 1.75 | | | | × | × |
| 243 | 1.77 | | | | × | × |
| 250 | 1.82 | | | | × | × |
| 254 | 1.84 | | | | × | × |
| 258 | 1.87 | | | | × | × |
| 261 | 1.89 | | | | × | × |
| 265 | 1.91 | | | | × | × |
| 268 | 1.92 | | | | × | × |
| 272 | 1.96 | | | | × | × |
| 276 | 1.98 | | | | × | × |
| 280 | 2.01 | | | | × | × |
| 283 | 2.03 | | | | × | × |
| 286 | 2.05 | | | | × | × |
| 290 | 2.08 | | | | × | × |
| 295 | 2.11 | | | | × | × |
| 300 | 2.14 | | | | × | × |

6.6

**表 6-77　旋转轴唇形密封圈的型式、尺寸及其安装要求**（GB/T 13871.1—2007 摘录）　mm

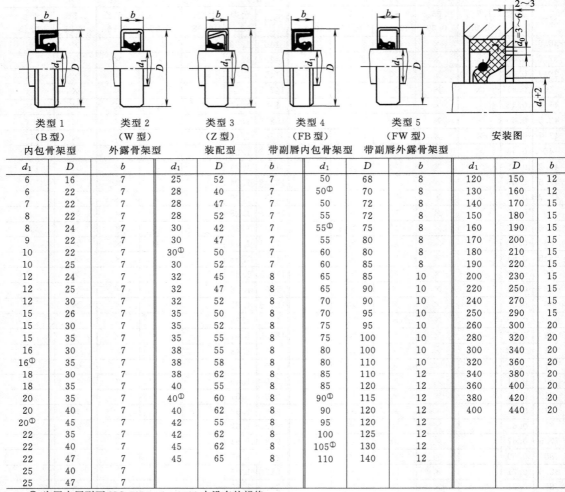

类型 1（B 型）内包骨架型　　类型 2（W 型）外露骨架型　　类型 3（Z 型）装配型　　类型 4（FB 型）带副唇内包骨架型　　类型 5（FW 型）带副唇外露骨架型　　安装图

| $d_1$ | $D$ | $b$ | $d_1$ | $D$ | $b$ | $d_1$ | $D$ | $b$ | $d_1$ | $D$ | $b$ |
|---|---|---|---|---|---|---|---|---|---|---|---|
| 6 | 16 | 7 | 25 | 52 | 7 | 50 | 68 | 8 | 120 | 150 | 12 |
| 6 | 22 | 7 | 28 | 40 | 7 | 50① | 70 | 8 | 130 | 160 | 12 |
| 7 | 22 | 7 | 28 | 47 | 7 | 50 | 72 | 8 | 140 | 170 | 15 |
| 8 | 22 | 7 | 28 | 52 | 7 | 55 | 72 | 8 | 150 | 180 | 15 |
| 8 | 24 | 7 | 30 | 42 | 7 | 55① | 75 | 8 | 160 | 190 | 15 |
| 9 | 22 | 7 | 30 | 47 | 7 | 55 | 80 | 8 | 170 | 200 | 15 |
| 10 | 22 | 7 | 30① | 50 | 7 | 60 | 80 | 8 | 180 | 210 | 15 |
| 10 | 25 | 7 | 30 | 52 | 7 | 60 | 85 | 8 | 190 | 220 | 15 |
| 12 | 24 | 7 | 32 | 45 | 8 | 65 | 85 | 10 | 200 | 230 | 15 |
| 12 | 25 | 7 | 32 | 47 | 8 | 65 | 90 | 10 | 220 | 250 | 15 |
| 12 | 30 | 7 | 32 | 52 | 8 | 70 | 90 | 10 | 240 | 270 | 15 |
| 15 | 26 | 7 | 35 | 50 | 8 | 70 | 95 | 10 | 250 | 290 | 15 |
| 15 | 30 | 7 | 35 | 55 | 8 | 75 | 95 | 10 | 260 | 300 | 20 |
| 15 | 35 | 7 | 35 | 55 | 8 | 75 | 100 | 10 | 280 | 320 | 20 |
| 16 | 30 | 7 | 38 | 55 | 8 | 80 | 100 | 10 | 300 | 340 | 20 |
| 16① | 35 | 7 | 38 | 58 | 8 | 80 | 110 | 10 | 320 | 360 | 20 |
| 18 | 30 | 7 | 38 | 62 | 8 | 85 | 110 | 12 | 340 | 380 | 20 |
| 18 | 35 | 7 | 40 | 55 | 8 | 85 | 120 | 12 | 360 | 400 | 20 |
| 20 | 35 | 7 | 40① | 60 | 8 | 90① | 115 | 12 | 380 | 420 | 20 |
| 20 | 40 | 7 | 40 | 62 | 8 | 90 | 120 | 12 | 400 | 440 | 20 |
| 20① | 45 | 7 | 42 | 55 | 8 | 95 | 120 | 12 | | | |
| 22 | 35 | 7 | 42 | 62 | 8 | 100 | 125 | 12 | | | |
| 22 | 40 | 7 | 45 | 62 | 8 | 105① | 130 | 12 | | | |
| 22 | 47 | 7 | 45 | 65 | 8 | 110 | 140 | 12 | | | |
| 25 | 40 | 7 | | | | | | | | | |
| 25 | 47 | 7 | | | | | | | | | |

① 为国内用到而 ISO 6194—1：1982 中没有的规格。

**旋转唇形密封圈的安装要求**

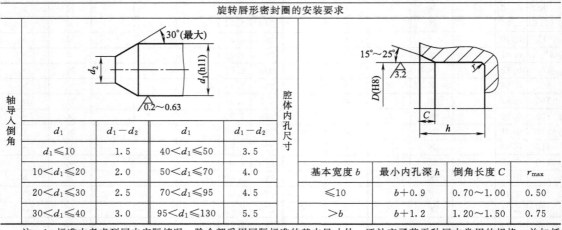

轴导入倒角

| $d_1$ | $d_1-d_2$ | $d_1$ | $d_1-d_2$ |
|---|---|---|---|
| $d_1\leqslant 10$ | 1.5 | $40<d_1\leqslant 50$ | 3.5 |
| $10<d_1\leqslant 20$ | 2.0 | $50<d_1\leqslant 70$ | 4.0 |
| $20<d_1\leqslant 30$ | 2.5 | $70<d_1\leqslant 95$ | 4.5 |
| $30<d_1\leqslant 40$ | 3.0 | $95<d_1\leqslant 130$ | 5.5 |

腔体内孔尺寸

| 基本宽度 $b$ | 最小内孔深 $h$ | 倒角长度 $C$ | $r_{max}$ |
|---|---|---|---|
| $\leqslant 10$ | $b+0.9$ | 0.70~1.00 | 0.50 |
| $>b$ | $b+1.2$ | 1.20~1.50 | 0.75 |

注　1. 标准中考虑到国内实际情况，除全部采用国际标准的基本尺寸外，还补充了若干种国内常用的规格，并加括号以示区别。

2. 安装要求中若轴端采用倒圆倒入导角，则倒圆的圆角半径不小于表中的（$d_1-d_2$）之值。

**表 6-78　J 型无骨架橡胶油封**（HG4-338—1988 摘录）（1988 确认继续执行）

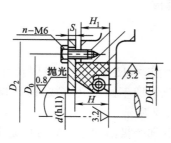

| 轴径 $d$ | | 30~95（按 5 进位） | 100~170（按 10 进位） |
|---|---|---|---|
| 油封尺寸 | $D$ | $d+25$ | $d+30$ |
| | $D_1$ | $d+16$ | $d+20$ |
| | $d_1$ | $d-1$ | |
| | $H$ | 12 | 16 |
| | $S$ | 6~8 | 8~10 |
| 油封槽尺寸 | $D_0$ | $D+15$ | |
| | $D_2$ | $D_0+15$ | |
| | $n$ | 4 | 6 |
| | $H_1$ | $H-(1\sim2)$ | |

标记示例：J 型油封 50×75×12　橡胶　Ⅰ-1　HG4-338—1988
（$d=50$mm、$D=75$mm、$H=12$mm、材料为耐油橡胶 Ⅰ-1 的
J 型无骨架橡胶油封）

**表 6-79　油沟式密封槽**（JB/ZQ 4245—1986）　mm

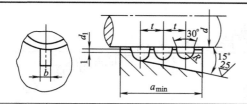

| 轴径 $d$ | 25~80 | >80~120 | >120~180 | 油沟数 $n$ |
|---|---|---|---|---|
| $R$ | 1 | 2 | 2.5 | 2~3（使用 3 个较多） |
| $t$ | 4.5 | 6 | 7.5 | |
| $b$ | 4 | 5 | 6 | |
| $d_1$ | $d+1$ | | | |
| $a_{min}$ | $m+R$ | | | |

**表 6-80　迷宫式密封槽**　mm

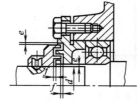

| 轴径 $d$ | 10~50 | 50~80 | 8~110 | 110~180 |
|---|---|---|---|---|
| $e$ | 0.2 | 0.3 | 0.4 | 0.5 |
| $f$ | 1 | 1.5 | 2 | 2.5 |

**表 6-81　甩油环**（高速轴用）　mm

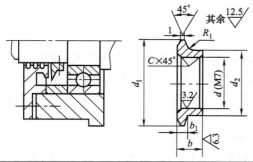

| 轴径 $d$ | $d_1$ | $d_2$ | $b$（参考） | $b_1$ | $C$ |
|---|---|---|---|---|---|
| 30 | 48 | 36 | 12 | 4 | 0.5 |
| 35 | 65 | 42 | | | |
| 40 | 75 | 50 | | | |
| 50 | 90 | 60 | | 5 | |
| 55 | 100 | 65 | | | |
| 65 | 115 | 80 | 15 | | 1 |
| 80 | 140 | 95 | 30 | 7 | |

**表 6-82　甩油盘**（低速轴用）　mm

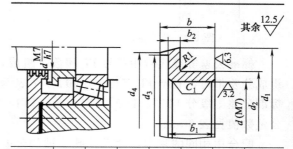

| 轴径 $d$ | $d_1$ | $d_2$ | $d_3$ | $d_4$ | $b$ | $b_1$ | $b_2$ |
|---|---|---|---|---|---|---|---|
| 45 | 80 | 55 | 70 | 72 | 32 | 20 | 5 |
| 60 | 105 | 72 | 90 | 92 | 42 | 28 | 7 |
| 75 | 130 | 90 | 115 | 118 | 38 | 25 | |
| 95 | 142 | 108 | 135 | 138 | 30 | 15 | 5 |
| 110 | 160 | 125 | 150 | 155 | 32 | 18 | |
| 120 | 180 | 135 | 165 | 170 | 38 | 24 | 7 |

6. 6

# 6.7 极限与配合、形位公差和表面粗糙度

### 6.7.1 极限与配合

GB/T 1800.1—2009 中，孔（或）轴的基本尺寸，最大极限尺寸和最小极限尺寸的关系如图 6-1 所示。在实际应用中，常常简化，即不画出孔（或轴），仅用公差带图来表示其基本尺寸、尺寸公差及偏差的关系，如图 6-2 所示。

基本偏差是确定公差带相对零线位置的那个极限偏差，它可以是上偏差或下偏差，一般为靠近零线的那个偏差。如图 6-2 所示的基本偏差为下偏差。基本偏差代号，对孔用大写字母 A，B，…，ZC 表示，对轴用小写字母 a，b，…，zc 表示，如图 6-3 所示。

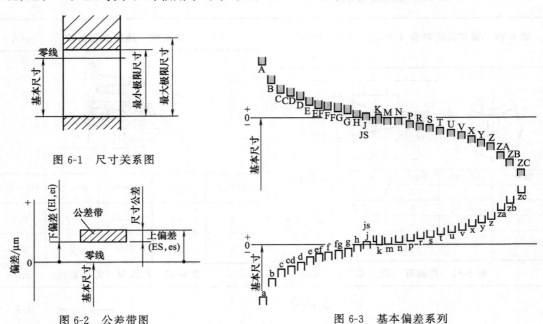

图 6-1　尺寸关系图

图 6-2　公差带图

图 6-3　基本偏差系列

标准公差等级代号用符号 IT 和数字组成，例如 IT7，当其与代表基本偏差的字母一起组成公差带时，省略 IT 字母。例如：H7 表示孔的公差带为 7 级；h7 表示轴的公差带 7 级。标准公差等级分 IT01、IT0、IT1、…、IT18 共 20 级，基本尺寸为 3～800mm 的常用标准公差数值见表 6-83。

配合用相同的基本尺寸后接孔、轴的公差带表示。例如：φ52H7/g6。配合分基孔制配合和基轴制配合。在一般情况下，优先选用基孔制配合。配合有间隙配合、过渡配合和过盈配合，这取决于孔、轴公差带的相互关系。

**表 6-83　标准公差数值**（GB/T 1800.1—2009 摘录）　　　　　　μm

| 基本尺寸 /mm | 标准公差等级 | | | | | | | | | | | | | | | | | |
|---|---|---|---|---|---|---|---|---|---|---|---|---|---|---|---|---|---|---|
| | IT1 | IT2 | IT3 | IT4 | IT5 | IT6 | IT7 | IT8 | IT9 | IT10 | IT11 | IT12 | IT13 | IT14 | IT15 | IT16 | IT17 | IT18 |
| ≤3 | 0.8 | 1.2 | 2 | 3 | 4 | 6 | 10 | 14 | 25 | 40 | 60 | 100 | 140 | 250 | 400 | 600 | 1000 | 1400 |
| >3～6 | 1 | 1.5 | 2.5 | 4 | 5 | 8 | 12 | 18 | 30 | 48 | 75 | 120 | 180 | 300 | 480 | 750 | 1200 | 1800 |
| >6～10 | 1 | 1.5 | 2.5 | 4 | 6 | 9 | 15 | 22 | 36 | 58 | 90 | 150 | 220 | 360 | 580 | 900 | 1500 | 2200 |

| 基本尺寸 /mm | 标准公差等级 | | | | | | | | | | | | | | | | | |
|---|---|---|---|---|---|---|---|---|---|---|---|---|---|---|---|---|---|---|
| | IT1 | IT2 | IT3 | IT4 | IT5 | IT6 | IT7 | IT8 | IT9 | IT10 | IT11 | IT12 | IT13 | IT14 | IT15 | IT16 | IT17 | IT18 |
| >10~18 | 1.2 | 2 | 3 | 5 | 8 | 11 | 18 | 27 | 43 | 70 | 110 | 180 | 270 | 430 | 700 | 1100 | 1800 | 2700 |
| >18~30 | 1.5 | 2.5 | 4 | 6 | 9 | 13 | 21 | 33 | 52 | 84 | 130 | 210 | 330 | 520 | 840 | 1300 | 2100 | 3300 |
| >30~50 | 1.5 | 2.5 | 4 | 7 | 11 | 16 | 25 | 39 | 62 | 100 | 160 | 250 | 390 | 620 | 1000 | 1600 | 2500 | 3900 |
| >50~80 | 2 | 3 | 5 | 8 | 13 | 19 | 30 | 46 | 74 | 120 | 190 | 300 | 460 | 740 | 1200 | 1900 | 3000 | 4600 |
| >80~120 | 2.5 | 4 | 6 | 10 | 15 | 22 | 35 | 54 | 87 | 140 | 220 | 350 | 540 | 870 | 1400 | 2200 | 3500 | 5400 |
| >120~180 | 3.5 | 5 | 8 | 12 | 18 | 25 | 40 | 63 | 100 | 160 | 250 | 400 | 630 | 1000 | 1600 | 2500 | 4000 | 6300 |
| >180~250 | 4.5 | 7 | 10 | 14 | 20 | 29 | 46 | 72 | 115 | 185 | 290 | 460 | 720 | 1150 | 1850 | 2900 | 4600 | 7200 |
| >250~315 | 6 | 8 | 12 | 16 | 23 | 32 | 52 | 81 | 130 | 210 | 320 | 520 | 810 | 1300 | 2100 | 3200 | 5200 | 8100 |
| >315~400 | 7 | 9 | 13 | 18 | 25 | 36 | 57 | 89 | 140 | 230 | 360 | 570 | 890 | 1400 | 2300 | 3600 | 5700 | 8900 |
| >400~500 | 8 | 10 | 15 | 20 | 27 | 40 | 63 | 97 | 155 | 250 | 400 | 630 | 970 | 1550 | 2500 | 4000 | 6300 | 9700 |
| >500~630 | 9 | 11 | 16 | 22 | 30 | 44 | 70 | 110 | 175 | 280 | 440 | 700 | 1100 | 1750 | 2800 | 4400 | 7000 | 11000 |
| >630~800 | 10 | 13 | 18 | 25 | 35 | 50 | 80 | 125 | 200 | 320 | 500 | 800 | 1250 | 2000 | 3200 | 5000 | 8000 | 12500 |

注 1. 基本尺寸大于 500mm 的 IT1 至 IT5 的数值为试行的。

2. 基本尺寸小于或等于 1mm 时,无 IT14~IT18。

**表 6-84  轴的各种基本偏差的应用**

| 配合种类 | 基本偏差 | 配合特性及应用 |
|---|---|---|
| 间隙配合 | a、b | 可得到特别大的间隙,很少应用 |
| | c | 可得到很大的间隙,一般适用于缓慢、松弛的动配合。用于工作条件较差(如农业机械),受力变形,或为了便于装配,而必须保证有较大的间隙。推荐配合为 H11/c11,其较高级的配合,如 H8/c7 适用于轴在高温工作的紧密动配合,例如内燃机排气阀和导管 |
| | d | 配合一般用于 IT7~IT11,适用于松的转动配合,如密封盖、滑轮、空转带轮等与轴的配合。也适用于大直径滑动轴承配合,如透平机、球磨机、轧滚成型和重型弯曲机及其他重型机械中的一些滑动支承 |
| | e | 多用于 IT7~IT9 级,通常适用要求有明显间隙,易于转动的支承配合,如大跨距、多支点支承等。高等级的 e 轴适用于大型、高速、重载支承配合,如涡轮发电机、大型电动机、内燃机、凸轮轴及摇臂支承等 |
| | f | 多用于 IT6~IT8 级的一般转动配合。当温度影响不大时,被广泛用于普通润滑油(或润滑脂)润滑的支承,如齿轮箱、小电动机、泵等的转轴与滑动支承的配合 |
| | g | 配合间隙很小,制造成本高,除很轻负荷的精密装置外,不推荐用于转动配合。多用于 IT5~IT7 级,最适合不回转的精密滑动配合,也用于插销等定位配合,如精密连杆轴承、活塞、滑阀及连杆销等 |
| | h | 多用于 IT4~IT11 级。广泛用于无相对转动的零件,作为一般的定位配合。若没有温度、变形影响,也用于精密滑动配合 |
| 过渡配合 | js | 为完全对称偏差(±IT/2),平均为稍有间隙的配合,多用于 IT4~IT7 级,要求间隙比 h 轴小,并允许略有过盈的定位配合,如联轴器,可用手或木锤装配 |
| | k | 平均为没有间隙的配合,适用于 IT4~IT7 级。推荐用于稍有过盈的定位配合。例如为了消除振动用的定位配合。一般用木锤装配 |
| | m | 平均为具有不大过盈的过渡配合。适用于 IT4~IT7 级,一般可用木锤装配,但在最大过盈时,要求相当的压入力 |
| | n | 平均过盈比 m 轴稍大,很少得到间隙,适用 IT4~IT7 级,用锤或压力机装配,通常推荐用于紧密的组件配合。H6/n5 配合时为过盈配合 |

6.7

| 配合种类 | 基本偏差 | 配合特性及应用 |
|---|---|---|
| 过盈配合 | p | 与 H6 或 H7 配合时是过盈配合,与 H8 孔配合时则为过渡配合。对非铁类零件,为较轻的压入配合,当需要时易于拆卸。对钢、铸铁或铜、钢组件装配是标准压入配合 |
| | r | 对铁类零件为中等打入配合,对非铁类零件,为轻打入的配合,当需要时可以拆卸。与 H8 孔配合,直径在 100mm 以上时为过盈配合,直径小时为过渡配合 |
| | s | 用于钢和铁制零件的永久性和半永久装配,可产生相当大的结合力。当用弹性材料,如轻合金时,配合性质与铁类零件的 p 轴相当。例如套环压装在轴上、阀座等配合。尺寸较大时,为了避免损伤配合表面,需用热胀或冷缩法装配 |
| | t、u、v、 x、y、z | 过盈量依次增大,一般不推荐 |

**表 6-85  线性尺寸的未注公差** (GB/T 1804—92 摘录)  mm

| 公差等级 | 线性尺寸的极限偏差数值 | | | | | | | | 倒圆半径与倒角高度尺寸的极限偏差数值 | | | |
|---|---|---|---|---|---|---|---|---|---|---|---|---|
| | 尺寸分段 | | | | | | | | 尺寸分段 | | | |
| | 0.5~3 | >3~6 | >6~30 | >30~120 | >120~400 | >400~1000 | >1000~2000 | >2000~4000 | 0.5~3 | >3~6 | >6~30 | >30 |
| f(精密级) | ±0.05 | ±0.05 | ±0.1 | ±0.15 | ±0.2 | ±0.3 | ±0.5 | — | ±0.2 | ±0.5 | ±1 | ±2 |
| m(中等级) | ±0.1 | ±0.1 | ±0.2 | ±0.3 | ±0.5 | ±0.8 | ±1.2 | ±2 | | | | |
| c(粗糙级) | ±0.2 | ±0.3 | ±0.5 | ±0.8 | ±1.2 | ±2 | ±3 | ±4 | ±0.4 | ±1 | ±2 | ±4 |
| v(最粗级) | — | ±0.5 | ±1 | ±1.5 | ±2.5 | ±4 | ±6 | ±8 | | | | |

在图样、技术文件或标准中的表示方法示例:GB/T 1804—m(表示选用中等级)

**表 6-86  优先配合特性及应用举例**

| 基孔制 | 基轴制 | 优先配合特性及应用举例 |
|---|---|---|
| $\frac{H11}{c11}$ | $\frac{C11}{h11}$ | 间隙非常大,用于很松的,转动很慢的动配合;要求大公差与大间隙的外露组件;要求装配方便的很松的配合 |
| $\frac{H9}{d9}$ | $\frac{D9}{h9}$ | 间隙很大的自由转动配合,用于精度非主要要求时,或有大的温度变动、高转速或大的轴颈压力时 |
| $\frac{H8}{f7}$ | $\frac{F8}{h7}$ | 间隙不大的转动配合,用于中等转速与中等轴颈压力的精确转动;也用于装配较易的中等定位配合 |
| $\frac{H7}{g6}$ | $\frac{G7}{h6}$ | 间隙很小的滑动配合,用于不希望自由转动、但可自由移动和滑动并精密定位时,也可用于要求明确的定位配合 |
| $\frac{H7}{h6}$ $\frac{H8}{h7}$ $\frac{H9}{h9}$ $\frac{H11}{h11}$ | $\frac{H7}{h6}$ $\frac{H8}{h7}$ $\frac{H9}{h9}$ $\frac{H11}{h11}$ | 均为间隙定位配合,零件可自由装拆,而工作时一般相对静止不动。在最大实体条件下的间隙为零,在最小实体条件下的间隙由公差等级决定 |
| $\frac{H7}{k6}$ | $\frac{K7}{h6}$ | 过渡配合,用于精密定位 |
| $\frac{H7}{n6}$ | $\frac{N7}{h6}$ | 过渡配合,允许有较大过盈的更精密定位 |
| $\frac{H7}{p6}$[①] | $\frac{P7}{h6}$ | 过盈定位配合,即小过盈配合,用于定位精度特别重要时,能以最好的定位精度达到部件的刚性及对中性要求,而对内孔承受压力无特殊要求,不依靠配合的紧固性传递摩擦负荷 |
| $\frac{H7}{s6}$ | $\frac{S7}{h6}$ | 中等压入配合,适用于一般钢件,或用于薄壁件的冷缩配合、用于铸铁件可得到最紧的配合 |
| $\frac{H7}{u6}$ | $\frac{U7}{h6}$ | 压入配合,适用于可以承受大压入力的零件或不宜承受大压入力的冷缩配合 |

① 小于或等于 3mm 为过渡配合。

## 表 6-87　轴的极限偏差（GB/T 1800.2—2009 摘录）

单位：μm

| 基本尺寸/mm ≥ | ~ | a | c | d | | | | e | | | f | | | | | g | | | h | | | | | |
|---|---|---|---|---|---|---|---|---|---|---|---|---|---|---|---|---|---|---|---|---|---|---|---|---|
| | | 11* | ▼11 | 8* | ▼9 | 10* | 11* | 7* | 8* | 9* | 5* | 6* | ▼7 | 8* | 9* | 5* | ▼6 | 7* | 5* | ▼6 | ▼7 | 8* | ▼9 | 10* |
| 3 | 6 | −270/−345 | −70/−145 | −30/−48 | −30/−60 | −30/−78 | −30/−105 | −20/−32 | −20/−38 | −20/−50 | −10/−15 | −10/−18 | −10/−22 | −10/−28 | −10/−40 | −4/−9 | −4/−12 | −4/−16 | 0/−5 | 0/−8 | 0/−12 | 0/−18 | 0/−30 | 0/−48 |
| 6 | 10 | −280/−370 | −80/−170 | −40/−62 | −40/−76 | −40/−98 | −40/−130 | −25/−40 | −25/−47 | −25/−61 | −13/−19 | −13/−22 | −13/−28 | −13/−35 | −13/−49 | −5/−11 | −5/−14 | −5/−20 | 0/−6 | 0/−9 | 0/−15 | 0/−22 | 0/−36 | 0/−58 |
| 10 | 18 | −290/−400 | −95/−205 | −50/−77 | −50/−93 | −50/−120 | −50/−160 | −32/−50 | −32/−59 | −32/−75 | −16/−24 | −16/−27 | −16/−34 | −16/−43 | −16/−59 | −6/−14 | −6/−17 | −6/−24 | 0/−8 | 0/−11 | 0/−18 | 0/−27 | 0/−43 | 0/−70 |
| 18 | 30 | −300/−430 | −110/−240 | −65/−98 | −65/−117 | −65/−149 | −65/−195 | −40/−61 | −40/−73 | −40/−92 | −20/−29 | −20/−33 | −20/−41 | −20/−53 | −20/−72 | −7/−16 | −7/−20 | −7/−28 | 0/−9 | 0/−13 | 0/−21 | 0/−33 | 0/−52 | 0/−84 |
| 30 | 40 | −310/−470 | −120/−280 | −80/−119 | −80/−142 | −80/−180 | −80/−240 | −50/−75 | −50/−89 | −50/−112 | −25/−36 | −25/−41 | −25/−50 | −25/−64 | −25/−87 | −9/−20 | −9/−25 | −9/−34 | 0/−11 | 0/−16 | 0/−25 | 0/−39 | 0/−62 | 0/−100 |
| 40 | 50 | −320/−480 | −130/−290 | −80/−119 | −80/−142 | −80/−180 | −80/−240 | −50/−75 | −50/−89 | −50/−112 | −25/−36 | −25/−41 | −25/−50 | −25/−64 | −25/−87 | −9/−20 | −9/−25 | −9/−34 | 0/−11 | 0/−16 | 0/−25 | 0/−39 | 0/−62 | 0/−100 |
| 50 | 65 | −340/−530 | −140/−330 | −100/−146 | −100/−174 | −100/−220 | −100/−290 | −60/−90 | −60/−106 | −60/−134 | −30/−43 | −30/−49 | −30/−60 | −30/−76 | −30/−104 | −10/−23 | −10/−29 | −10/−40 | 0/−13 | 0/−19 | 0/−30 | 0/−46 | 0/−74 | 0/−120 |
| 65 | 80 | −360/−550 | −150/−340 | −100/−146 | −100/−174 | −100/−220 | −100/−290 | −60/−90 | −60/−106 | −60/−134 | −30/−43 | −30/−49 | −30/−60 | −30/−76 | −30/−104 | −10/−23 | −10/−29 | −10/−40 | 0/−13 | 0/−19 | 0/−30 | 0/−46 | 0/−74 | 0/−120 |
| 80 | 100 | −380/−600 | −170/−390 | −120/−174 | −120/−207 | −120/−260 | −120/−340 | −72/−107 | −72/−126 | −72/−159 | −36/−51 | −36/−58 | −36/−71 | −36/−90 | −36/−123 | −12/−27 | −12/−34 | −12/−47 | 0/−15 | 0/−22 | 0/−35 | 0/−54 | 0/−87 | 0/−140 |
| 100 | 120 | −410/−630 | −180/−400 | −120/−174 | −120/−207 | −120/−260 | −120/−340 | −72/−107 | −72/−126 | −72/−159 | −36/−51 | −36/−58 | −36/−71 | −36/−90 | −36/−123 | −12/−27 | −12/−34 | −12/−47 | 0/−15 | 0/−22 | 0/−35 | 0/−54 | 0/−87 | 0/−140 |
| 120 | 140 | −460/−710 | −200/−450 | −145/−208 | −145/−245 | −145/−305 | −145/−395 | −85/−125 | −85/−148 | −85/−185 | −43/−61 | −43/−68 | −43/−83 | −43/−106 | −43/−143 | −14/−32 | −14/−39 | −14/−54 | 0/−18 | 0/−25 | 0/−40 | 0/−63 | 0/−100 | 0/−160 |
| 140 | 160 | −520/−770 | −210/−460 | −145/−208 | −145/−245 | −145/−305 | −145/−395 | −85/−125 | −85/−148 | −85/−185 | −43/−61 | −43/−68 | −43/−83 | −43/−106 | −43/−143 | −14/−32 | −14/−39 | −14/−54 | 0/−18 | 0/−25 | 0/−40 | 0/−63 | 0/−100 | 0/−160 |
| 160 | 180 | −580/−830 | −230/−480 | −145/−208 | −145/−245 | −145/−305 | −145/−395 | −85/−125 | −85/−148 | −85/−185 | −43/−61 | −43/−68 | −43/−83 | −43/−106 | −43/−143 | −14/−32 | −14/−39 | −14/−54 | 0/−18 | 0/−25 | 0/−40 | 0/−63 | 0/−100 | 0/−160 |

6.7

续表

| 基本尺寸/mm | | 公差带 | | | | | | | | | | | | | | | | | | | | | | |
| --- | --- | --- | --- | --- | --- | --- | --- | --- | --- | --- | --- | --- | --- | --- | --- | --- | --- | --- | --- | --- | --- | --- | --- | --- |
| | | a | c | d | | | | e | | | f | | | | | g | | | h | | | | | |
| ≥ | ~ | 11* | ▼11 | 8* | ▼9 | 10* | 11* | 7* | 8* | 9* | 5* | 6* | 7 | 8* | 9* | 5* | 6* | 7* | 5* | ▼6 | 7* | 8* | ▼9 | 10* |
| 180 | 200 | -660/-950 | -240/-530 | -170/-242 | -170/-285 | -170/-355 | -170/-460 | -100/-146 | -100/-172 | -100/-215 | -50/-70 | -50/-79 | -50/-96 | -50/-122 | -50/-165 | -15/-35 | -15/-44 | -15/-61 | 0/-20 | 0/-29 | 0/-46 | 0/-72 | 0/-115 | 0/-185 |
| 200 | 225 | -740/-1030 | -260/-550 | -170/-242 | -170/-285 | -170/-355 | -170/-460 | -100/-146 | -100/-172 | -100/-215 | -50/-70 | -50/-79 | -50/-96 | -50/-122 | -50/-165 | -15/-35 | -15/-44 | -15/-61 | 0/-20 | 0/-29 | 0/-46 | 0/-72 | 0/-115 | 0/-185 |
| 225 | 250 | -820/-1110 | -280/-570 | -170/-242 | -170/-285 | -170/-355 | -170/-460 | -100/-146 | -100/-172 | -100/-215 | -50/-70 | -50/-79 | -50/-96 | -50/-122 | -50/-165 | -15/-35 | -15/-44 | -15/-61 | 0/-20 | 0/-29 | 0/-46 | 0/-72 | 0/-115 | 0/-185 |
| 250 | 280 | -920/-1240 | -300/-620 | -190/-271 | -190/-320 | -190/-400 | -190/-510 | -110/-162 | -110/-191 | -110/-240 | -56/-79 | -56/-88 | -56/-108 | -56/-137 | -56/-186 | -17/-40 | -17/-49 | -17/-69 | 0/-23 | 0/-32 | 0/-52 | 0/-81 | 0/-130 | 0/-210 |
| 280 | 315 | -1050/-1370 | -330/-650 | -190/-271 | -190/-320 | -190/-400 | -190/-510 | -110/-162 | -110/-191 | -110/-240 | -56/-79 | -56/-88 | -56/-108 | -56/-137 | -56/-186 | -17/-40 | -17/-49 | -17/-69 | 0/-23 | 0/-32 | 0/-52 | 0/-81 | 0/-130 | 0/-210 |
| 315 | 355 | -1200/-1560 | -360/-720 | -210/-299 | -210/-350 | -210/-440 | -210/-570 | -125/-182 | -125/-214 | -125/-265 | -62/-87 | -62/-98 | -62/-119 | -62/-151 | -62/-202 | -18/-43 | -18/-54 | -18/-75 | 0/-25 | 0/-36 | 0/-57 | 0/-89 | 0/-140 | 0/-230 |
| 355 | 400 | -1350/-1710 | -400/-760 | -210/-299 | -210/-350 | -210/-440 | -210/-570 | -125/-182 | -125/-214 | -125/-265 | -62/-87 | -62/-98 | -62/-119 | -62/-151 | -62/-202 | -18/-43 | -18/-54 | -18/-75 | 0/-25 | 0/-36 | 0/-57 | 0/-89 | 0/-140 | 0/-230 |

| 基本尺寸/mm | | 公差带 | | | | | | | | | | | | | | | | | | | | |
| --- | --- | --- | --- | --- | --- | --- | --- | --- | --- | --- | --- | --- | --- | --- | --- | --- | --- | --- | --- | --- | --- | --- |
| | | h | | j | | js | | | k | | | m | | | n | | p | | r | | s | u | |
| ≥ | ~ | ▼11 | 12* | 5 | 6 | 5* | 6* | 7* | 5* | ▼6 | 7* | 5* | 6* | 7* | 5* | ▼6 | 6* | 7* | 6* | 7* | ▼6 | ▼6 | 8 |
| 3 | 6 | 0/-75 | 0/-120 | +3/-2 | +6/-2 | ±2.5 | ±4 | ±6 | +6/+1 | +9/+1 | +13/+1 | +9/+4 | +12/+4 | +16/+4 | +13/+8 | +16/+8 | +20/+12 | +24/+12 | +23/+15 | +27/+15 | +27/+19 | +31/+23 | +41/+23 |
| 6 | 10 | 0/-90 | 0/-150 | +4/-2 | +7/-2 | ±3 | ±4.5 | ±7 | +7/+1 | +10/+1 | +16/+1 | +12/+6 | +15/+6 | +21/+6 | +16/+10 | +19/+10 | +24/+15 | +30/+15 | +28/+19 | +34/+19 | +32/+23 | +37/+28 | +50/+28 |
| 10 | 18 | 0/-110 | 0/-180 | +5/-3 | +8/-3 | ±4 | ±5.5 | ±9 | +9/+1 | +12/+1 | +19/+1 | +15/+7 | +18/+7 | +25/+7 | +20/+12 | +23/+12 | +29/+18 | +36/+18 | +34/+23 | +41/+23 | +39/+28 | +44/+33 | +60/+33 |
| 18 | 24 | 0/-130 | 0/-210 | +5/-4 | +9/-4 | ±4.5 | ±6.5 | ±10 | +11/+2 | +15/+2 | +23/+2 | +17/+8 | +21/+8 | +29/+8 | +24/+15 | +28/+15 | +35/+22 | +43/+22 | +41/+28 | +49/+28 | +48/+35 | +54/+41 | +74/+41 |
| 24 | 30 | 0/-130 | 0/-210 | +5/-4 | +9/-4 | ±4.5 | ±6.5 | ±10 | +11/+2 | +15/+2 | +23/+2 | +17/+8 | +21/+8 | +29/+8 | +24/+15 | +28/+15 | +35/+22 | +43/+22 | +41/+28 | +49/+28 | +48/+35 | +61/+48 | +81/+48 |
| 30 | 40 | 0/-160 | 0/-250 | +6/-5 | +11/-5 | ±5.5 | ±8 | ±12 | +13/+2 | +18/+2 | +27/+2 | +20/+9 | +25/+9 | +34/+9 | +28/+17 | +33/+17 | +42/+26 | +51/+26 | +50/+34 | +59/+34 | +59/+43 | +76/+60 | +99/+60 |
| 40 | 50 | 0/-160 | 0/-250 | +6/-5 | +11/-5 | ±5.5 | ±8 | ±12 | +13/+2 | +18/+2 | +27/+2 | +20/+9 | +25/+9 | +34/+9 | +28/+17 | +33/+17 | +42/+26 | +51/+26 | +50/+34 | +59/+34 | +59/+43 | +86/+70 | +109/+70 |

| 基本尺寸/mm ≥ | ~ | h ▼11 | h 12* | j 5 | j 6 | js 5* | js 6* | js 7* | k 5* | k ▼6 | k 7* | m 5* | m 6* | m 7* | n 5* | n ▼6 | n 7* | p ▼6 | p 7* | r 6* | r 7* | s ▼6 | u ▼6 | u 8 |
|---|---|---|---|---|---|---|---|---|---|---|---|---|---|---|---|---|---|---|---|---|---|---|---|---|
| 50 | 65 | 0 / −190 | 0 / −300 | +6 / −4 | +12 / −7 | ±6.5 | ±9.5 | ±15 | +15 / +2 | +21 / +2 | +32 / +2 | +24 / +11 | +30 / +11 | +41 / +11 | +33 / +20 | +39 / +20 | +50 / +20 | +51 / +32 | +62 / +32 | +60 / +41 | +71 / +41 | +72 / +53 | +106 / +87 | +133 / +87 |
| 65 | 80 | 0 / −190 | 0 / −300 | +6 / −4 | +12 / −7 | ±6.5 | ±9.5 | ±15 | +15 / +2 | +21 / +2 | +32 / +2 | +24 / +11 | +30 / +11 | +41 / +11 | +33 / +20 | +39 / +20 | +50 / +20 | +51 / +32 | +62 / +32 | +62 / +43 | +73 / +43 | +78 / +59 | +121 / +102 | +148 / +102 |
| 80 | 100 | 0 / −220 | 0 / −350 | +6 / −9 | +13 / −9 | ±7.5 | ±11 | ±17 | +18 / +3 | +25 / +3 | +38 / +3 | +28 / +13 | +35 / +13 | +48 / +13 | +38 / +23 | +45 / +23 | +58 / +23 | +59 / +37 | +72 / +37 | +73 / +51 | +86 / +51 | +93 / +71 | +146 / +124 | +178 / +124 |
| 100 | 120 | 0 / −220 | 0 / −350 | +6 / −9 | +13 / −9 | ±7.5 | ±11 | ±17 | +18 / +3 | +25 / +3 | +38 / +3 | +28 / +13 | +35 / +13 | +48 / +13 | +38 / +23 | +45 / +23 | +58 / +23 | +59 / +37 | +72 / +37 | +76 / +54 | +89 / +54 | +101 / +79 | +166 / +144 | +198 / +144 |
| 120 | 140 | 0 / −250 | 0 / −400 | +7 / −11 | +14 / −11 | ±9 | ±12.5 | ±20 | +21 / +3 | +28 / +3 | +43 / +3 | +33 / +15 | +40 / +15 | +55 / +15 | +45 / +27 | +52 / +27 | +67 / +27 | +68 / +43 | +83 / +43 | +88 / +63 | +103 / +63 | +117 / +92 | +195 / +170 | +233 / +170 |
| 140 | 160 | 0 / −250 | 0 / −400 | +7 / −11 | +14 / −11 | ±9 | ±12.5 | ±20 | +21 / +3 | +28 / +3 | +43 / +3 | +33 / +15 | +40 / +15 | +55 / +15 | +45 / +27 | +52 / +27 | +67 / +27 | +68 / +43 | +83 / +43 | +90 / +65 | +105 / +65 | +125 / +100 | +215 / +190 | +253 / +190 |
| 160 | 180 | 0 / −250 | 0 / −400 | +7 / −11 | +14 / −11 | ±9 | ±12.5 | ±20 | +21 / +3 | +28 / +3 | +43 / +3 | +33 / +15 | +40 / +15 | +55 / +15 | +45 / +27 | +52 / +27 | +67 / +27 | +68 / +43 | +83 / +43 | +93 / +68 | +108 / +68 | +133 / +108 | +235 / +210 | +273 / +210 |
| 180 | 200 | 0 / −290 | 0 / −460 | +7 / −13 | +16 / −13 | ±10 | ±14.5 | ±23 | +24 / +4 | +33 / +4 | +50 / +4 | +37 / +17 | +46 / +17 | +63 / +17 | +51 / +31 | +60 / +31 | +77 / +31 | +79 / +50 | +96 / +50 | +106 / +77 | +123 / +77 | +151 / +122 | +265 / +236 | +308 / +236 |
| 200 | 225 | 0 / −290 | 0 / −460 | +7 / −13 | +16 / −13 | ±10 | ±14.5 | ±23 | +24 / +4 | +33 / +4 | +50 / +4 | +37 / +17 | +46 / +17 | +63 / +17 | +51 / +31 | +60 / +31 | +77 / +31 | +79 / +50 | +96 / +50 | +109 / +80 | +126 / +80 | +159 / +130 | +287 / +258 | +330 / +258 |
| 225 | 250 | 0 / −290 | 0 / −460 | +7 / −13 | +16 / −13 | ±10 | ±14.5 | ±23 | +24 / +4 | +33 / +4 | +50 / +4 | +37 / +17 | +46 / +17 | +63 / +17 | +51 / +31 | +60 / +31 | +77 / +31 | +79 / +50 | +96 / +50 | +113 / +84 | +130 / +84 | +169 / +140 | +313 / +284 | +356 / +284 |
| 250 | 280 | 0 / −320 | 0 / −520 | +7 / −16 | — | ±11.5 | ±16 | ±26 | +27 / +4 | +36 / +4 | +56 / +4 | +43 / +20 | +52 / +20 | +72 / +20 | +57 / +34 | +66 / +34 | +86 / +34 | +88 / +56 | +108 / +56 | +126 / +94 | +146 / +94 | +190 / +158 | +347 / +315 | +396 / +315 |
| 280 | 315 | 0 / −320 | 0 / −520 | +7 / −16 | — | ±11.5 | ±16 | ±26 | +27 / +4 | +36 / +4 | +56 / +4 | +43 / +20 | +52 / +20 | +72 / +20 | +57 / +34 | +66 / +34 | +86 / +34 | +88 / +56 | +108 / +56 | +130 / +98 | +150 / +98 | +202 / +170 | +382 / +350 | +431 / +350 |
| 315 | 355 | 0 / −360 | 0 / −570 | +7 / −18 | — | ±12.5 | ±18 | ±28 | +29 / +4 | +40 / +4 | +61 / +4 | +46 / +21 | +57 / +21 | +78 / +21 | +62 / +37 | +73 / +37 | +94 / +37 | +98 / +62 | +119 / +62 | +144 / +108 | +165 / +108 | +226 / +190 | +426 / +390 | +479 / +390 |
| 355 | 400 | 0 / −360 | 0 / −570 | +7 / −18 | — | ±12.5 | ±18 | ±28 | +29 / +4 | +40 / +4 | +61 / +4 | +46 / +21 | +57 / +21 | +78 / +21 | +62 / +37 | +73 / +37 | +94 / +37 | +98 / +62 | +119 / +62 | +150 / +114 | +171 / +114 | +244 / +208 | +471 / +435 | +524 / +435 |

注 ▼为优先公差带, *为常用公差带, 其余为一般用途公差带。

6.7

表6-88 孔的极限偏差（GB/T 1800.2—2009 摘录）

μm

| 基本尺寸/mm ≥ | ~ | 公差带 C 11 | D 8* | D ▼9 | D 10* | D 11* | E 8* | E 9* | F 6* | F 7* | F ▼8 | F 9* | G 6* | G 7 | H 5 | H 6* | H ▼7 | H ▼8 | H ▼9 | H 10* | H ▼11 | H 12* | J 6 | J 7 |
|---|---|---|---|---|---|---|---|---|---|---|---|---|---|---|---|---|---|---|---|---|---|---|---|---|
| 3 | 6 | +145/+70 | +48/+30 | +60/+30 | +78/+30 | +105/+30 | +38/+20 | +50/+20 | +18/+10 | +22/+10 | +28/+10 | +40/+10 | +12/+4 | +16/+4 | +5/0 | +8/0 | +12/0 | +18/0 | +30/0 | +48/0 | +75/0 | +120/0 | +5/-3 | +7/— |
| 6 | 10 | +170/+80 | +62/+40 | +76/+40 | +98/+40 | +130/+40 | +47/+25 | +61/+25 | +22/+13 | +28/+13 | +35/+13 | +49/+13 | +14/+5 | +20/+5 | +6/0 | +9/0 | +15/0 | +22/0 | +36/0 | +58/0 | +90/0 | +150/0 | +5/-4 | +8/-7 |
| 10 | 18 | +205/+95 | +77/+50 | +93/+50 | +120/+50 | +160/+50 | +59/+32 | +75/+32 | +27/+16 | +34/+16 | +43/+16 | +59/+16 | +17/+6 | +24/+6 | +8/0 | +11/0 | +18/0 | +27/0 | +43/0 | +70/0 | +110/0 | +180/0 | +6/-5 | +10/-8 |
| 18 | 30 | +240/+110 | +98/+65 | +117/+65 | +149/+65 | +195/+65 | +73/+40 | +92/+40 | +33/+20 | +41/+20 | +53/+20 | +72/+20 | +20/+7 | +28/+7 | +9/0 | +13/0 | +21/0 | +33/0 | +52/0 | +84/0 | +130/0 | +210/0 | +8/-5 | +12/-9 |
| 30 | 40 | +280/+120 | +119/+80 | +142/+80 | +180/+80 | +240/+80 | +89/+50 | +112/+50 | +41/+25 | +50/+25 | +64/+25 | +87/+25 | +25/+9 | +34/+9 | +11/0 | +16/0 | +25/0 | +39/0 | +62/0 | +100/0 | +160/0 | +250/0 | +10/-6 | +14/-11 |
| 40 | 50 | +290/+130 | +119/+80 | +142/+80 | +180/+80 | +240/+80 | +89/+50 | +112/+50 | +41/+25 | +50/+25 | +64/+25 | +87/+25 | +25/+9 | +34/+9 | +11/0 | +16/0 | +25/0 | +39/0 | +62/0 | +100/0 | +160/0 | +250/0 | +10/-6 | +14/-11 |
| 50 | 65 | +330/+140 | +146/+100 | +174/+100 | +220/+100 | +290/+100 | +106/+60 | +134/+60 | +49/+30 | +60/+30 | +76/+30 | +104/+30 | +29/+10 | +40/+10 | +13/0 | +19/0 | +30/0 | +46/0 | +74/0 | +120/0 | +190/0 | +300/0 | +13/-6 | +18/-12 |
| 65 | 80 | +340/+150 | +146/+100 | +174/+100 | +220/+100 | +290/+100 | +106/+60 | +134/+60 | +49/+30 | +60/+30 | +76/+30 | +104/+30 | +29/+10 | +40/+10 | +13/0 | +19/0 | +30/0 | +46/0 | +74/0 | +120/0 | +190/0 | +300/0 | +13/-6 | +18/-12 |
| 80 | 100 | +390/+170 | +174/+120 | +207/+120 | +260/+120 | +340/+120 | +126/+72 | +159/+72 | +58/+36 | +71/+36 | +90/+36 | +123/+36 | +34/+12 | +47/+12 | +15/0 | +22/0 | +35/0 | +54/0 | +87/0 | +140/0 | +220/0 | +350/0 | +16/-6 | +22/-13 |
| 100 | 120 | +400/+180 | +174/+120 | +207/+120 | +260/+120 | +340/+120 | +126/+72 | +159/+72 | +58/+36 | +71/+36 | +90/+36 | +123/+36 | +34/+12 | +47/+12 | +15/0 | +22/0 | +35/0 | +54/0 | +87/0 | +140/0 | +220/0 | +350/0 | +16/-6 | +22/-13 |
| 120 | 140 | +450/+200 | +208/+145 | +245/+145 | +305/+145 | +395/+145 | +148/+85 | +185/+85 | +68/+43 | +83/+43 | +106/+43 | +143/+43 | +39/+14 | +54/+14 | +18/0 | +25/0 | +40/0 | +63/0 | +100/0 | +160/0 | +250/0 | +400/0 | +18/-7 | +26/-14 |
| 140 | 160 | +460/+210 | +208/+145 | +245/+145 | +305/+145 | +395/+145 | +148/+85 | +185/+85 | +68/+43 | +83/+43 | +106/+43 | +143/+43 | +39/+14 | +54/+14 | +18/0 | +25/0 | +40/0 | +63/0 | +100/0 | +160/0 | +250/0 | +400/0 | +18/-7 | +26/-14 |
| 160 | 180 | +480/+230 | +208/+145 | +245/+145 | +305/+145 | +395/+145 | +148/+85 | +185/+85 | +68/+43 | +83/+43 | +106/+43 | +143/+43 | +39/+14 | +54/+14 | +18/0 | +25/0 | +40/0 | +63/0 | +100/0 | +160/0 | +250/0 | +400/0 | +18/-7 | +26/-14 |
| 180 | 200 | +530/+240 | +242/+170 | +285/+170 | +355/+170 | +460/+170 | +172/+100 | +215/+100 | +79/+50 | +96/+50 | +122/+50 | +165/+50 | +44/+15 | +61/+15 | +20/0 | +29/0 | +46/0 | +72/0 | +115/0 | +185/0 | +290/0 | +460/0 | +22/-7 | +30/-16 |
| 200 | 225 | +550/+260 | +242/+170 | +285/+170 | +355/+170 | +460/+170 | +172/+100 | +215/+100 | +79/+50 | +96/+50 | +122/+50 | +165/+50 | +44/+15 | +61/+15 | +20/0 | +29/0 | +46/0 | +72/0 | +115/0 | +185/0 | +290/0 | +460/0 | +22/-7 | +30/-16 |
| 225 | 250 | +570/+280 | +242/+170 | +285/+170 | +355/+170 | +460/+170 | +172/+100 | +215/+100 | +79/+50 | +96/+50 | +122/+50 | +165/+50 | +44/+15 | +61/+15 | +20/0 | +29/0 | +46/0 | +72/0 | +115/0 | +185/0 | +290/0 | +460/0 | +22/-7 | +30/-16 |

公 差 带

| 基本尺寸/mm ≥ | ~ | C ▼11 | D 8* | D ▼9 | D 10* | D 11* | E 8* | E 9* | F 6* | F 7* | F ▼8 | G 6* | G ▼7 | H 5 | H 6* | H 7 | H ▼8 | H ▼9 | H 10* | H ▼11 | H 12* | J 6 | J 7 |
|---|---|---|---|---|---|---|---|---|---|---|---|---|---|---|---|---|---|---|---|---|---|---|---|
| 250 | 280 | +620/+300 | +271/+190 | +320/+190 | +400/+190 | +510/+190 | +191/+110 | +240/+110 | +88/+56 | +108/+56 | +137/+56 | +49/+17 | +69/+17 | +23/0 | +32/0 | +52/0 | +81/0 | +130/0 | +210/0 | +320/0 | +520/0 | +25/-7 | +36/-16 |
| 280 | 315 | +650/+330 | | | | | | | | | | | | | | | | | | | | | |
| 315 | 355 | +720/+360 | +299/+210 | +350/+210 | +440/+210 | +570/+210 | +214/+125 | +265/+125 | +98/+62 | +119/+62 | +151/+62 | +54/+18 | +75/+18 | +25/0 | +36/0 | +57/0 | +89/0 | +140/0 | +230/0 | +360/0 | +570/0 | +29/-7 | +39/-18 |
| 355 | 400 | +760/+400 | | | | | | | | | | | | | | | | | | | | | |

公 差 带

| 基本尺寸/mm ≥ | ~ | Js 6* | Js 7* | Js 8* | Js 9 | Js 10 | K 6* | K ▼7 | K 8* | M 6* | M 7* | M 8* | N 6* | N ▼7 | N 8* | P 6* | P ▼7 | R 6* | R 7* | S 6* | S ▼7 | U ▼7 |
|---|---|---|---|---|---|---|---|---|---|---|---|---|---|---|---|---|---|---|---|---|---|---|
| 3 | 6 | ±4 | ±6 | ±9 | ±15 | ±24 | +2/-6 | +3/-9 | +5/-13 | -1/-9 | 0/-12 | +2/-16 | -5/-13 | -4/-16 | -2/-20 | -9/-17 | -8/-20 | -12/-20 | -11/-23 | -16/-24 | -15/-27 | -19/-31 |
| 6 | 10 | ±4.5 | ±7 | ±11 | ±18 | ±29 | +2/-7 | +5/-10 | +6/-16 | -3/-12 | 0/-15 | +1/-21 | -7/-16 | -4/-19 | -3/-25 | -12/-21 | -9/-24 | -16/-25 | -13/-28 | -20/-29 | -17/-32 | -22/-37 |
| 10 | 18 | ±5.5 | ±9 | ±13 | ±21 | ±35 | +2/-9 | +6/-12 | +8/-19 | -4/-15 | 0/-18 | +2/-25 | -9/-20 | -5/-23 | -3/-30 | -15/-26 | -11/-29 | -20/-31 | -16/-34 | -25/-36 | -21/-39 | -26/-44 |
| 18 | 24 | ±6.5 | ±10 | ±16 | ±26 | ±42 | +2/-11 | +6/-15 | +10/-23 | -4/-17 | 0/-21 | +4/-29 | -11/-24 | -7/-28 | -3/-36 | -18/-31 | -14/-35 | -24/-37 | -20/-41 | -31/-44 | -27/-48 | -33/-54 |
| 24 | 30 | | | | | | | | | | | | | | | | | | | | | -40/-61 |
| 30 | 40 | ±8 | ±12 | ±19 | ±31 | ±50 | +3/-13 | +7/-18 | +12/-27 | -4/-20 | 0/-25 | +5/-34 | -12/-28 | -8/-33 | -3/-42 | -21/-37 | -17/-42 | -29/-45 | -25/-50 | -38/-54 | -34/-59 | -51/-76 |
| 40 | 50 | | | | | | | | | | | | | | | | | | | | | -61/-86 |
| 50 | 65 | ±9.5 | ±15 | ±23 | ±37 | ±60 | +4/-15 | +9/-21 | +14/-32 | -5/-24 | 0/-30 | +5/-41 | -14/-33 | -9/-39 | -4/-50 | -26/-45 | -21/-51 | -35/-54 | -30/-60 | -47/-66 | -42/-72 | -76/-106 |
| 65 | 80 | | | | | | | | | | | | | | | | | -37/-56 | -32/-62 | -53/-72 | -48/-78 | -91/-121 |

6.7

续表

| 基本尺寸/mm | | 公差带 | | | | | | | | | | | | | | | | | | | | | | |
| --- | --- | --- | --- | --- | --- | --- | --- | --- | --- | --- | --- | --- | --- | --- | --- | --- | --- | --- | --- | --- | --- | --- | --- | --- |
| | | Js | | | | | K | | | M | | | N | | | | P | | | R | | S | | U |
| ≥ | ~ | 6* | 7* | 8* | 9 | 10 | 6* | 7▼ | 8* | 6* | 7* | 8* | 6* | 7▼ | 8* | 9 | 6* | 7▼ | 9 | 6* | 7* | 6* | 7▼ | 7▼ |
| 80 | 100 | ±11 | ±17 | ±27 | ±43 | ±70 | +4 / −18 | +10 / −25 | +16 / −38 | −6 / −28 | 0 / −35 | +6 / −48 | −16 / −38 | −10 / −45 | −4 / −58 | 0 / −87 | −30 / −52 | −24 / −59 | −37 / −124 | −44 / −66 | −38 / −73 | −64 / −86 | −58 / −93 | −111 / −146 |
| 100 | 120 | | | | | | | | | | | | | | | | | | | −47 / −69 | −41 / −76 | −72 / −94 | −66 / −101 | −131 / −166 |
| 120 | 140 | ±12.5 | ±20 | ±31 | ±50 | ±80 | +4 / −21 | +12 / −28 | +20 / −43 | −8 / −33 | 0 / −40 | +8 / −55 | −20 / −45 | −12 / −52 | −4 / −67 | 0 / −100 | −36 / −61 | −28 / −68 | −43 / −143 | −56 / −81 | −48 / −88 | −85 / −110 | −77 / −117 | −155 / −195 |
| 140 | 160 | | | | | | | | | | | | | | | | | | | −58 / −83 | −50 / −90 | −93 / −118 | −85 / −125 | −175 / −215 |
| 160 | 180 | | | | | | | | | | | | | | | | | | | −61 / −86 | −53 / −93 | −101 / −126 | −93 / −133 | −195 / −235 |
| 180 | 200 | ±14.5 | ±23 | ±36 | ±57 | ±92 | +5 / −24 | +13 / −33 | +22 / −50 | −8 / −37 | 0 / −46 | +9 / −63 | −22 / −51 | −14 / −60 | −5 / −77 | 0 / −115 | −41 / −70 | −33 / −79 | −50 / −165 | −68 / −97 | −60 / −106 | −113 / −142 | −105 / −151 | −219 / −265 |
| 200 | 225 | | | | | | | | | | | | | | | | | | | −71 / −100 | −63 / −109 | −121 / −150 | −113 / −159 | −241 / −287 |
| 225 | 250 | | | | | | | | | | | | | | | | | | | −75 / −104 | −67 / −113 | −131 / −160 | −123 / −169 | −267 / −313 |
| 250 | 280 | ±16 | ±26 | ±40 | ±65 | ±105 | +5 / −27 | +16 / −36 | +25 / −56 | −9 / −41 | 0 / −52 | +9 / −72 | −25 / −57 | −14 / −66 | −5 / −86 | 0 / −130 | −47 / −79 | −36 / −88 | −56 / −186 | −85 / −117 | −74 / −126 | −149 / −181 | −138 / −190 | −295 / −347 |
| 280 | 315 | | | | | | | | | | | | | | | | | | | −89 / −121 | −78 / −130 | −161 / −193 | −150 / −202 | −330 / −382 |
| 315 | 355 | ±18 | ±20 | ±44 | ±70 | ±115 | +7 / −29 | +17 / −40 | +28 / −61 | −10 / −46 | 0 / −57 | +11 / −78 | −26 / −62 | −16 / −73 | −5 / −94 | 0 / −140 | −51 / −87 | −41 / −98 | −62 / −202 | −97 / −133 | −87 / −144 | −179 / −215 | −169 / −226 | −369 / −426 |
| 355 | 400 | | | | | | | | | | | | | | | | | | | −103 / −139 | −93 / −150 | −197 / −233 | −187 / −244 | −414 / −471 |

注 ▼为优先公差带，*为常用公差带，其余为一般用途公差带。

## 6.7.2 形状和位置公差（GB/T 1184—1996 摘录）

### 表 6-89 平行度、垂直度、倾斜度公差
μm

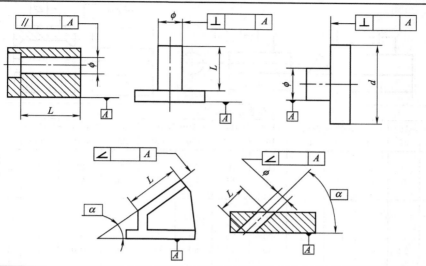

| 公差等级 | 主参数 $L, d, (D)$/mm | | | | | | | | | | | 应用举例（参考） | |
|---|---|---|---|---|---|---|---|---|---|---|---|---|---|
| | ≤10 | >10~16 | >16~25 | >25~40 | >40~63 | >63~100 | >100~160 | >160~250 | >250~400 | >400~630 | >630~1000 | 平行度 | 垂直度和倾斜度 |
| 5 | 5 | 6 | 8 | 10 | 12 | 15 | 20 | 25 | 30 | 40 | 50 | 用于重要轴承孔对基准面的要求，一般减速器箱体孔的中心线等 | 用于装 C、D 级轴承的箱体的凸肩，发动机轴和离合器的凸缘 |
| 6 | 8 | 10 | 12 | 15 | 20 | 25 | 30 | 40 | 50 | 60 | 80 | 用于一般机械中箱体孔中心线间的要求，如减速器箱体的轴承孔、7～10级精度齿轮传动箱体孔的中心线 | 用于装 F、G 级轴承的箱体孔的中心线，低精度机床主要基准面和工作面 |
| 7 | 12 | 15 | 20 | 25 | 30 | 40 | 50 | 60 | 80 | 100 | 120 | | |
| 8 | 20 | 25 | 30 | 40 | 50 | 60 | 80 | 100 | 120 | 150 | 200 | 用于重型机械轴承盖的端面，手动传动装置中的传动轴 | 用于一般导轨，普通传动箱体中的轴肩 |
| 9 | 30 | 40 | 50 | 60 | 80 | 100 | 120 | 150 | 200 | 250 | 300 | 用于低精度零件、重型机械滚动轴承端盖 | 用于花键轴肩端面、减速器箱体平面等 |
| 10 | 50 | 60 | 80 | 100 | 120 | 150 | 200 | 250 | 300 | 400 | 500 | | |
| 11 | 80 | 100 | 120 | 150 | 200 | 250 | 300 | 400 | 500 | 600 | 800 | 零件的非工作面，卷扬机、运输机上用的减速器壳体平面 | 农业机械齿轮端面等 |
| 12 | 120 | 150 | 200 | 250 | 300 | 400 | 500 | 600 | 800 | 1000 | 1200 | | |

6.7

**表 6-90　直线度、平面度公差**　　　　　μm

主参数 L 图例

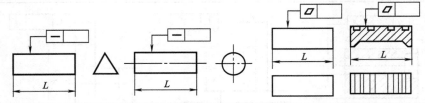

| 精度等级 | 主参数 L/mm | | | | | | | | | | | | | 应用举例（参考） |
|---|---|---|---|---|---|---|---|---|---|---|---|---|---|---|
| | ≤10 | >10~16 | >16~25 | >25~40 | >40~63 | >63~100 | >100~160 | >160~250 | >250~400 | >400~630 | >630~1000 | >1000~1600 | >100~2500 | |
| 5 | 2 | 2.5 | 3 | 4 | 5 | 6 | 8 | 10 | 12 | 15 | 20 | 25 | 30 | 普通精度机床导轨，柴油机进、排气门导杆 |
| 6 | 3 | 4 | 5 | 6 | 8 | 10 | 12 | 15 | 20 | 25 | 30 | 40 | 50 | |
| 7 | 5 | 6 | 8 | 10 | 12 | 15 | 20 | 25 | 30 | 40 | 50 | 60 | 80 | 轴承体的支承面，压力机导轨及滑块，减速器箱体、油泵、轴系支承轴承的接合面 |
| 8 | 8 | 10 | 12 | 15 | 20 | 25 | 30 | 40 | 50 | 60 | 80 | 100 | 120 | |
| 9 | 12 | 15 | 20 | 25 | 30 | 40 | 50 | 60 | 80 | 100 | 120 | 150 | 200 | 辅助机构及手动机械的支承面，液压管件和法兰的连接面 |
| 10 | 20 | 25 | 30 | 40 | 50 | 60 | 80 | 100 | 120 | 150 | 200 | 250 | 300 | |
| 11 | 30 | 40 | 50 | 60 | 80 | 100 | 120 | 150 | 200 | 250 | 300 | 400 | 500 | 离合器的摩擦片，汽车发动机缸盖结合面 |
| 12 | 60 | 80 | 100 | 120 | 150 | 200 | 250 | 300 | 400 | 500 | 600 | 800 | 1000 | |

**表 6-91　圆度、圆柱度公差**　　　　　μm

主参数 d,(D) 图例

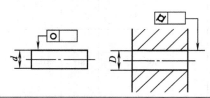

| 精度等级 | 主参数 d,(D)/mm | | | | | | | | | | | | 应用举例（参考） |
|---|---|---|---|---|---|---|---|---|---|---|---|---|---|
| | >3~6 | >6~10 | >10~18 | >18~30 | >30~50 | >50~80 | >80~120 | >120~180 | >180~250 | >250~315 | >315~400 | >400~500 | |
| 5 | 1.5 | 1.5 | 2 | 2.5 | 2.5 | 3 | 4 | 5 | 7 | 8 | 9 | 10 | 安装 P6、P0 级滚动轴承的配合面，中等压力下的液压装置工作面（包括泵、压缩机的活塞和气缸），风动绞车曲轴，通用减速器轴颈，一般机床主轴 |
| 6 | 2.5 | 2.5 | 3 | 4 | 4 | 5 | 6 | 8 | 10 | 12 | 13 | 15 | |
| 7 | 4 | 4 | 5 | 6 | 7 | 8 | 10 | 12 | 14 | 16 | 18 | 20 | 发动机的胀圈和活塞销及连杆中装衬套的孔等。千斤顶或压力油缸活塞，水泵及减速器轴颈，液压传动系统的分配机构，拖拉机汽缸体，炼胶机冷铸轧辊 |
| 8 | 5 | 6 | 8 | 9 | 11 | 13 | 15 | 18 | 20 | 23 | 25 | 27 | |

| 精度等级 | 主参数 $d,(D)$/mm | | | | | | | | | | | | 应用举例(参考) |
|---|---|---|---|---|---|---|---|---|---|---|---|---|---|
| | >3~6 | >6~10 | >10~18 | >18~30 | >30~50 | >50~80 | >80~120 | >120~180 | >180~250 | >250~315 | >315~400 | >400~500 | |
| 9 | 8 | 9 | 11 | 13 | 16 | 19 | 22 | 25 | 29 | 32 | 36 | 40 | 起重机、卷扬机用的滑动轴承、带软密封的低压泵的活塞和气缸 |
| 10 | 12 | 15 | 18 | 21 | 25 | 30 | 35 | 40 | 46 | 52 | 57 | 63 | |
| 11 | 18 | 22 | 27 | 33 | 39 | 46 | 54 | 63 | 72 | 81 | 89 | 97 | 通用机械杠杆与拉杆,拖拉机的活塞环与套筒孔 |
| 12 | 30 | 36 | 43 | 52 | 62 | 74 | 87 | 100 | 115 | 130 | 140 | 155 | |

**表 6-92　同轴度、对称度、圆跳动和全跳动公差**　　　　　　μm

主参数 $d,(D),B,L$ 图例

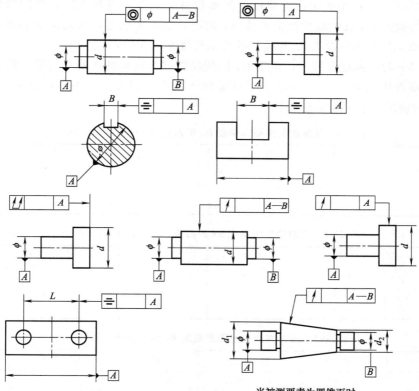

当被测要素为圆锥面时,

取 $d = \dfrac{d_1 + d_2}{2}$

| 精度等级 | 主参数 $d,(D),L,B$/mm | | | | | | | | | | | 应用举例(参考) |
|---|---|---|---|---|---|---|---|---|---|---|---|---|
| | >3~6 | >6~10 | >10~18 | >18~30 | >30~50 | >50~120 | >120~250 | >250~500 | >500~800 | >800~1250 | >1250~2000 | |
| 5 | 3 | 4 | 5 | 6 | 8 | 10 | 12 | 15 | 20 | 25 | 30 | 6 和 7 级精度齿轮轴的配合面,较高精度的决速轴,汽车发动机曲轴和分配轴的支承轴颈,较高精度机床的轴套 |
| 6 | 5 | 6 | 8 | 10 | 12 | 15 | 20 | 25 | 30 | 40 | 50 | |
| 7 | 8 | 10 | 12 | 15 | 20 | 25 | 30 | 40 | 50 | 60 | 80 | 8 和 9 级精度齿轮轴的配合面,拖拉机发动机分配轴轴颈,普通精度高速轴(1000r/min 以下),长度在 1m 以下的主传动轴,起重运输机的鼓轮配合孔和导轮的滚动面 |
| 8 | 12 | 15 | 20 | 25 | 30 | 40 | 50 | 60 | 80 | 100 | 120 | |

6.7

续表

| 精度等级 | 主参数 d,(D),L,B/mm | | | | | | | | | | | 应用举例（参考） |
|---|---|---|---|---|---|---|---|---|---|---|---|---|
| | >3~6 | >6~10 | >10~18 | >18~30 | >30~50 | >50~120 | >120~250 | >250~500 | >500~800 | >800~1250 | >1250~2000 | |
| 9 | 25 | 30 | 40 | 50 | 60 | 80 | 100 | 120 | 150 | 200 | 250 | 10和11级精度齿轮轴的配合面,发动机汽缸套配合面,水泵叶轮离心泵泵件,摩托车活塞,自行车中轴 |
| 10 | 50 | 60 | 80 | 100 | 120 | 150 | 200 | 250 | 300 | 400 | 500 | |
| 11 | 80 | 100 | 120 | 150 | 200 | 250 | 300 | 400 | 500 | 600 | 800 | 用于无特殊要求,一般按尺寸公差等级IT12制造的零件 |
| 12 | 150 | 200 | 250 | 300 | 400 | 500 | 600 | 800 | 1000 | 1200 | 1500 | |

### 6.7.3 表面粗糙度

GB/T 1031—2009 中规定表面粗糙度的参数首先从高度参数选取，高度参数包括：轮廓的算术平均偏差 $Ra$ 和轮廓的最大高度 $Rz$ 两项，如果不满足，可用附加参数，附加参数包括：轮廓单元的平均宽度 Rsm 和轮廓的支承长度率 $Rmr$（c）。

在 $Ra$、$Rz$ 两项高度参数中，由于 $Ra$ 既能反映加工表面的微观几何形状特征又能反映凸峰高度，推荐优先选用。$Rz$ 常用于某些零件不允许出现较深的加工痕迹及小零件表面，可与 $Ra$ 同时使用，也可单独使用。

表 6-93　轮廓的算术平均偏差 $Ra$ 的数值（GB/T 1031—2009）　　　　μm

| $Ra$ | 0.012 | 0.2 | 3.2 | 50 |
|---|---|---|---|---|
| | 0.025 | 0.4 | 6.3 | 100 |
| | 0.05 | 0.8 | 12.5 | |
| | 0.1 | 1.6 | 25 | |

表 6-94　轮廓的最大高度 $Rz$ 的数值（GB/T 1031—2009）　　　　μm

| $Rz$ | 0.025 | 0.4 | 6.3 | 100 | 1600 |
|---|---|---|---|---|---|
| | 0.05 | 0.8 | 12.5 | 200 | |
| | 0.1 | 1.6 | 25 | 400 | |
| | 0.2 | 3.2 | 50 | 800 | |

表 6-95　加工方法与表面粗糙度 $Ra$ 值的关系（参考）　　　　μm

| 加工方法 | | $Ra$ | 加工方法 | | $Ra$ | 加工方法 | | $Ra$ |
|---|---|---|---|---|---|---|---|---|
| 砂模铸造 | | 80~20[1] | 铰孔 | 粗铰 | 40~20 | 齿轮加工 | 插齿 | 5~1.25[1] |
| 模型锻造 | | 80~10 | | 半精铰,精铰 | 2.5~0.32[1] | | 滚齿 | 2.5~1.25[1] |
| 车外圆 | 粗车 | 20~10 | 拉削 | 半精拉 | 2.5~0.63 | | 剃齿 | 1.25~0.32[1] |
| | 半精车 | 10~2.5 | | 精拉 | 0.32~0.16 | 切螺纹 | 板牙 | 10~2.5 |
| | 精车 | 1.25~0.32 | 刨削 | 粗刨 | 20~10 | | 铣 | 5~1.25[1] |
| 镗孔 | 粗镗 | 40~10 | | 精刨 | 1.25~0.63 | | 磨削 | 2.5~0.32[1] |
| | 半精镗 | 2.5~0.63[1] | 钳工加工 | 粗锉 | 40~10 | 镗磨 | | 0.32~0.04 |
| | 精镗 | 0.63~0.32 | | 细锉 | 10~2.5 | 研磨 | | 0.63~0.16[1] |
| 圆柱铣和端铣 | 粗铣 | 20~5[1] | | 刮削 | 2.5~0.63 | 精研磨 | | 0.08~0.02 |
| | 精铣 | 1.25~0.63[1] | | 研磨 | 1.25~0.08 | 抛光 | 一般抛 | 1.25~0.16 |
| 钻孔、扩孔 | | 20~5 | | 插削 | 40~2.5 | | 粗抛 | 0.08~0.04 |
| 锪孔、锪端面 | | 5~1.25 | 磨削 | | 5~0.01[1] | | | |

① 为该加工方法可达到的 $Ra$ 极限值。

注　表中数据系指钢材加工而言。

**表 6-96　典型零件的表面粗糙度参考值选择**　　　　　　　　　　μm

| 表面特性 | 部位 | | 表面粗糙度 Ra 值不大于 | | | |
|---|---|---|---|---|---|---|
| 滑动轴承的配合表面 | 表面 | | 公差等级 | | 液体摩擦 | |
| | | | IT7～IT9 | IT11～IT12 | | |
| | 轴 | | 0.2～3.2 | 1.6～3.2 | 0.1～0.4 | |
| | 孔 | | 0.4～1.6 | 1.6～3.2 | 0.2～0.8 | |
| 带密封的轴颈表面 | 密封方式 | | 轴颈表面速度/(m/s) | | | |
| | | | ≤3 | ≤5 | >5 | ≤4 |
| | 橡胶 | | 0.4～0.8 | 0.2～0.4 | 0.1～0.2 | |
| | 毛毡 | | | | | 0.4～0.8 |
| | 迷宫 | | 1.6～3.2 | | | |
| | 油槽 | | 1.6～3.2 | | | |
| 圆锥结合 | 表面 | | 密封结合 | 定心结合 | 其他 | |
| | 外圆锥表面 | | 0.1 | 0.4 | 1.6～3.2 | |
| | 内圆锥表面 | | 0.2 | 0.8 | 1.6～3.2 | |
| 螺纹 | 类别 | | 螺纹精度等级 | | | |
| | | | 4 | 5 | 6 | |
| | 粗牙普通螺纹 | | 0.4～0.8 | 0.8 | 1.6～3.2 | |
| | 细牙普通螺纹 | | 0.2～0.4 | 0.8 | 1.6～3.2 | |
| 键结合 | 结合形式 | | 键 | 轴槽 | 毂槽 | |
| | 工作表面 | 沿毂槽移动 | 0.2～0.4 | 1.6 | 0.4～0.8 | |
| | | 沿轴槽移动 | 0.2～0.4 | 0.4～0.8 | 1.6 | |
| | | 不动 | 1.6 | 1.6 | 1.6～3.2 | |
| | 非工作表面 | | 6.3 | 6.3 | 6.3 | |
| 矩形齿花键 | 定心方式 | | 外径 | 内径 | 键侧 | |
| | 外径 D | 内花键 | 1.6 | 6.3 | 3.2 | |
| | | 外花键 | 0.8 | 6.3 | 0.8～3.2 | |
| | 内径 d | 内花键 | 6.3 | 0.8 | 3.2 | |
| | | 外花键 | 3.2 | 0.8 | 0.8 | |
| | 键宽 b | 内花键 | 6.3 | 6.3 | 3.2 | |
| | | 外花键 | 3.2 | 0.8 | 0.8～3.2 | |

| 齿轮 | 部位 | 齿轮精度等级 | | | | | |
|---|---|---|---|---|---|---|---|
| | | 5 | 6 | 7 | 8 | 9 | 10 |
| | 齿面 | 0.2～0.4 | 0.4 | 0.4～0.8 | 1.6 | 3.2 | 6.3 |
| | 外圆 | 0.8～1.6 | 1.6～3.2 | 1.6～3.2 | 1.6～3.2 | 3.2～6.3 | 3.2～6.3 |
| | 端面 | 0.4～0.8 | 0.4～0.8 | 0.8～3.2 | 0.8～3.2 | 3.2～6.3 | 3.2～6.3 |

| 蜗轮蜗杆 | 部位 | | 蜗轮蜗杆精度等级 | | | | |
|---|---|---|---|---|---|---|---|
| | | | 5 | 6 | 7 | 8 | 9 |
| | 蜗杆 | 齿面 | 0.2 | 0.4 | 0.4 | 0.8 | 1.6 |
| | | 齿顶 | 0.2 | 0.4 | 0.4 | 0.8 | 1.6 |
| | | 齿根 | 3.2 | 3.2 | 3.2 | 3.2 | 3.2 |
| | 蜗轮 | 齿面 | 0.4 | 0.4 | 0.8 | 1.6 | 3.2 |
| | | 齿根 | 3.2 | 3.2 | 3.2 | 3.2 | 3.2 |

6.7

# 6.8 渐开线圆柱齿轮精度、圆锥齿轮精度和圆柱蜗杆、蜗轮精度

## 6.8.1 渐开线圆柱齿轮精度

本标准摘自 GB 10095—2001，适用于平行轴传动的渐开线圆柱齿轮及其齿轮副，其法向模数 $m_n=1\sim40$mm，基本齿廓按 GB 1356—1988。

（1）定义和代号

表 6-97 常用的圆柱齿轮和齿轮副误差的定义和代号

| 名称 | 代号 | 定义 | 名称 | 代号 | 定义 |
|---|---|---|---|---|---|
| 齿圈径向跳动 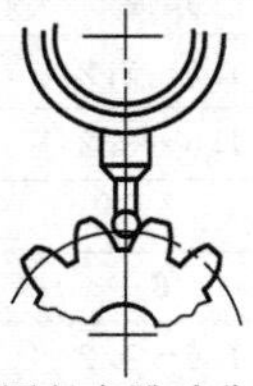<br><br>齿圈径向跳动公差 | $\Delta F_r$<br><br>$F_r$ | 在齿轮一转范围内，测头在齿槽内于齿高中部双面接触，测头相对于齿轮轴线的最大变动量 | 齿向误差 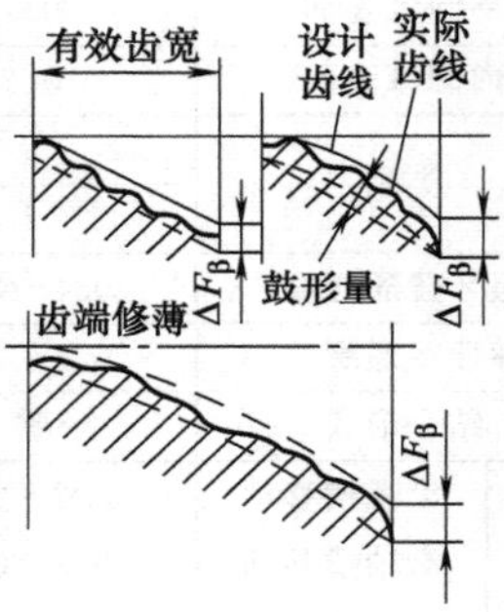<br><br>齿向误差 | $\Delta F_\beta$<br><br>$F_\beta$ | 在分度圆柱面上，齿宽有效部分范围内（端部倒角部分除外），包容实际齿线的两条设计齿线之间的端面距离，设计齿线可以是修正的圆柱螺旋线，包括鼓形线、齿端修薄及其他修形曲线 |
| 公法线长度变动<br><br>公法线长度变动公差 | $\Delta F_w$<br><br>$F_w$ | 在齿轮一周范围内，实际公法线长度最大值与最小值之差：<br>$\Delta F_w = W_{max} - W_{min}$ | 齿厚偏差<br>公称齿厚 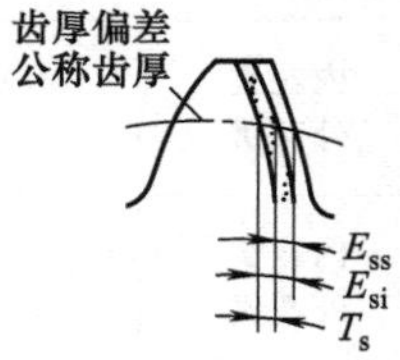<br><br>齿厚极限偏差<br>上偏差<br>下偏差<br>公差 | $\Delta E_s$<br><br><br>$E_{ss}$<br>$E_{si}$<br>$T_s$ | 分度圆柱面上[②]，齿厚实际值与公称值之差<br>对于斜齿轮，指法向齿厚 |
| 齿形误差<br><br>齿形公差 | $\Delta f_t$<br><br><br>$f_t$ | 在端截面上[①]，齿形工作部分内（齿顶倒棱部分除外），包容实际齿形的两条最近的设计齿形间的法向距离<br>设计齿形可以是修正的理论渐开线，包括修缘齿形、凸齿形等 | 公法线平均长度偏差<br>公法线平均长度极限偏差<br>上偏差<br>下偏差<br>公差 | $\Delta E_{wm}$<br><br><br>$E_{wms}$<br>$E_{wmi}$<br>$T_{wm}$ | 在齿轮一周内，公法线长度平均值与公称值之差 |
| 基节偏差<br><br>基节极限偏差 | $\Delta f_{pb}$<br><br>$\pm f_{pb}$ | 实际基节与公称基节之差实际基节是指基圆柱切平面所截两相邻同侧齿面的交线之间的法向距离 | 齿轮副的中心距偏差<br><br>齿轮副的中心距极限偏差 | $\Delta f_a$<br><br>$\pm f_a$ | 在齿轮副的齿宽中间平面内，实际中心距与公称中心距之差 |

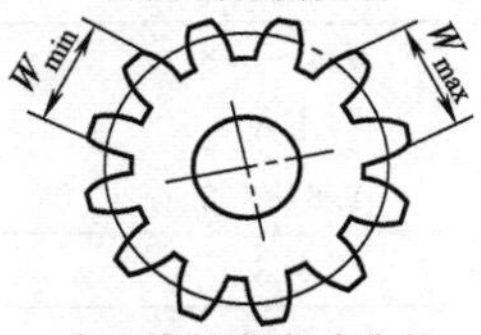

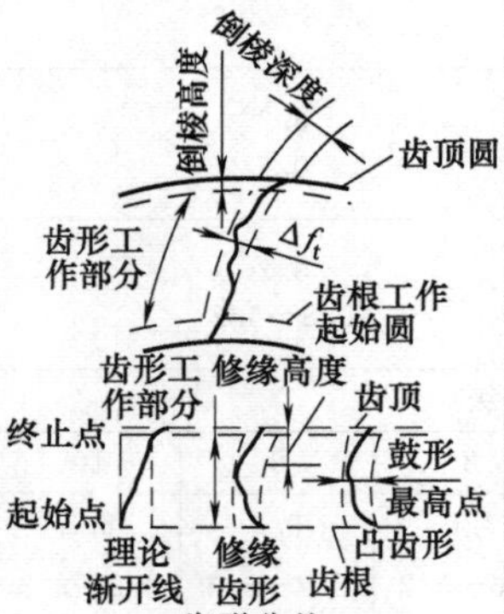

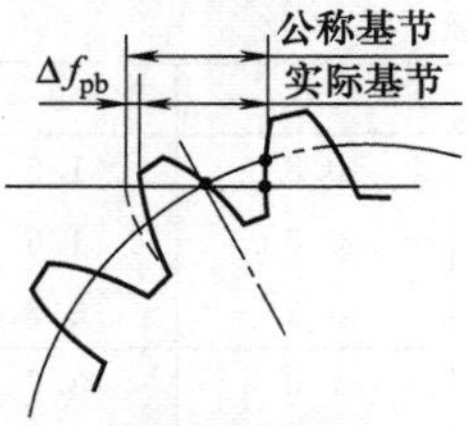

| 名称 | 代号 | 定义 | 名称 | 代号 | 定义 |
|---|---|---|---|---|---|
| 齿距偏差 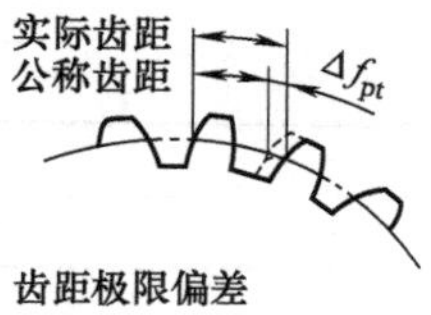<br>实际齿距<br>公称齿距<br><br>齿距极限偏差 | $\Delta f_{pt}$<br><br>$\pm f_{pt}$ | 在分度圆上，实际齿距与公称齿距之差公称是指所有实际齿距的平均值 | 轴线的平行度误差 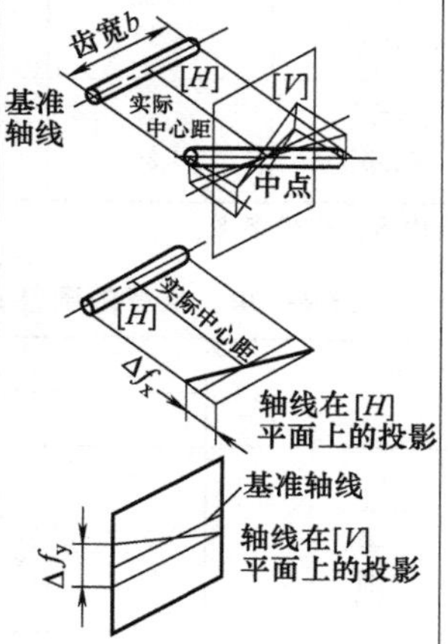<br><br>x方向轴线的平行度误差<br>y方向轴线的平行度误差 | $\Delta f_x$<br>$\Delta f_y$<br><br><br><br>$f_x$<br>$f_y$ | 一对齿轮的轴线在其基准平面[H]上投影的平行度误差<br>在等于齿宽的长度上测量一对齿轮的轴线，在垂直于基准平面，并且平行于基准轴线的平面[V]上投影的平行度误差<br>在等于齿宽的长度上测量<br>注：包含基准轴线并通过由另一轴线与齿宽中间平面相交的点所形成的平面，称为基准平面。两条轴线中任何一条轴线都可作为基准轴线 |

① 允许用检查被测齿轮和测量蜗杆啮合时齿轮齿面上的接触迹线（可称为"啮合齿形"）代替，但应按基圆切线方向计值。

② 允许在齿高中部测量，但仍按分度圆柱面上计值。

（2）精度等级与检验要求

本标准对齿轮及齿轮副规定了 12 个精度等级，第 1 级的精度最高，第 12 级精度最低。

按照误差的特性及它们对传动性能的主要影响，将齿轮的各项公差分成三个组（见表 6-98）。允许各公差组选用不同的精度等级，但在同一公差组内，各项公差与极限偏差应保持相同的精度等级。

表 6-98　齿轮各项公差的分组

| 公差组 | 公差与极限偏差项目 | 误差特性 | 对传动性能的主要影响 |
|---|---|---|---|
| I | $F_i, F_p, F_{pK}, F''_i, F_r, F_w$ | 以齿轮一转为周期的误差 | 传递运动的准确性 |
| II | $f'_i, f_f, \pm f_{pt}, \pm f_{pb}, f''_i, f_{f\beta}$ | 在齿轮一周内，多次周期地重复出现的误差 | 传动的平稳性、噪声、振动 |
| III | $F_\beta, F_b, \pm F_{px}$ | 齿向线的误差 | 载荷分布的均匀性 |

注：$F'_i$—切向综合公差；$F_p$—齿距累积公差；$F_{pK}$—K 个齿距累积公差；$F'_i$—径向综合公差；$F_r$—齿圈径向跳动公差；$F_w$—公法线长度变动公差；$f'_i$—齿切向综合公差；$f_f$—齿形公差；$\pm f_{pt}$—齿距极限偏差；$\pm f_{pb}$—基节极限偏差；$f''_i$—齿径向综合公差；$f_{f\beta}$—螺旋线波度公差；$F_\beta$—齿向公差；$F_b$—接触线公差；$\pm F_{px}$—轴向齿距极限偏差。

6.8

齿轮精度应根据传动的用途、使用条件、传递功率、圆周速度等要素来决定。齿轮第 II 组精度与圆周速度的关系见表 6-99。

根据具体的工作要求和生产规模，对每个齿轮，必须在三个公差组中各选一个检验组来检验，另外再选择第四检验组来检验齿轮副的精度及侧隙大小。表 6-100 列出了减速器中常见的 7～9 级精度的齿轮检验项目。

表 6-99　齿轮第 Ⅱ 组精度与圆周速度的关系

| 齿的种类 | 齿面硬度/HBC | 第Ⅱ组精度等级 | | | | |
|---|---|---|---|---|---|---|
| | | 6 | 7 | 8 | 9 | 10 |
| | | 圆周速度/(m/s) | | | | |
| 直齿 | ≤350 | ≤18 | ≤12 | ≤6 | ≤4 | ≤1 |
| | >350 | ≤15 | ≤10 | ≤5 | ≤3 | ≤1 |
| 斜齿 | ≤350 | ≤36 | ≤25 | ≤12 | ≤8 | ≤2 |
| | >350 | ≤30 | ≤20 | ≤9 | ≤6 | ≤1.5 |

注：此表不属于国家标准内容，仅供参考。

表 6-100　推荐的圆柱齿轮和齿轮副检验项目

| 项　目 | | 精度等级 | |
|---|---|---|---|
| | | 7、8 | 9 |
| 公差组 | Ⅰ | $F_r$ 与 $F_w$ | |
| | Ⅱ | $f_f$ 与 $\pm f_{pb}$ 或 $f_f$ 与 $\pm f_{pt}$　　$\pm f_{pt}$ 与 $\pm f_{pb}$ | |
| | Ⅲ | 接触斑点或 $F_\beta$ | |
| 齿轮副 | 对齿轮 | $E_w$ 或 $E_s$ | |
| | 对传动 | 接触斑点，$\pm f_a$ | |
| | 对箱体 | $f_x$，$f_y$ | |
| 齿轮毛坯公差 | | 顶圆直径公差，基准面的径向跳动公差，基准面的端面跳动公差 | |

（3）齿轮副侧隙的规定

齿轮副的侧隙是通过选择适当的中心距偏差，齿厚极限偏差（或公法线平均长度偏差）等来保证。标准中规定了 14 种齿厚的极限偏差，分别用代号 C、D、E……S 来表示，见表 6-101。齿厚的极限偏差中的上偏差 $E_{ss}$ 和下偏差 $E_{si}$ 分别用两个偏差代号来确定。例如上偏差选用 $F=-4f_{pt}$，下偏差选用 $L=-16f_{pt}$，则齿厚极限偏差用代号 FL 表示，如图 6-4 所示。

表 6-101　齿厚极限偏差

| | | | |
|---|---|---|---|
| $C=+1f_{pt}$ | $G=-6f_{pt}$ | $L=-16f_{pt}$ | $R=-40f_{pt}$ |
| $D=0$ | $H=-8f_{pt}$ | $M=-20f_{pt}$ | $S=-50f_{pt}$ |
| $E=-2f_{pt}$ | $J=-10f_{pt}$ | $N=-25f_{pt}$ | |
| $F=-4f_{pt}$ | $K=-12f_{pt}$ | $P=-32f_{pt}$ | |

注　对外啮合齿轮：
公法线平均长度上偏差 $E_{wms}=E_{ss}\cos\alpha-0.72F_r\sin\alpha$；
公法线平均长度下偏差 $E_{wmi}=E_{si}\cos\alpha+0.72F_r\sin\alpha$；
公法线平均长度公差 $T_{wm}=T_s\cos\alpha-1.44F_r\sin\alpha$。

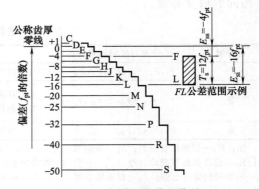

图 6-4　齿厚极限偏差代号

（4）图样标注

在齿轮工作图上应标注齿轮的精度等级和齿厚极限偏差的字母代号。标注示例：

① 齿轮第Ⅰ公差组精度为 7 级，第Ⅱ公差组精度为 8 级，第Ⅲ公差组精度为 8 级，齿厚上偏差为 G，齿厚下偏差为 J。

表 6-102　齿厚极限偏差 $E_s$ 参考值

| II组精度 | 法向模数 $m_n$/mm | 分度圆直径/mm | | | | | | | |
|---|---|---|---|---|---|---|---|---|---|
| | | ≤80 | >80~125 | >125~180 | >180~250 | >250~315 | >315~400 | >400~500 | >500~630 |
| 7 | ≥1~3.5 | HK$\binom{-112}{-168}$ | HK$\binom{-112}{-168}$ | HK$\binom{-128}{-192}$ | HK$\binom{-128}{-192}$ | JL$\binom{-160}{-256}$ | KL$\binom{-192}{-256}$ | JL$\binom{-180}{-288}$ | KM$\binom{-216}{-360}$ |
| | >3.5~6.3 | GJ$\binom{-108}{-180}$ | GJ$\binom{-108}{-180}$ | GJ$\binom{-120}{-200}$ | HK$\binom{-160}{-240}$ | HK$\binom{-160}{-240}$ | HK$\binom{-160}{-240}$ | JL$\binom{-200}{-320}$ | JL$\binom{-200}{-320}$ |
| | >6.3~10 | GH$\binom{-120}{-160}$ | GH$\binom{-120}{-160}$ | GJ$\binom{-132}{-220}$ | GJ$\binom{-132}{-220}$ | HK$\binom{-176}{-264}$ | HK$\binom{-176}{-264}$ | HK$\binom{-200}{-300}$ | HK$\binom{-200}{-300}$ |
| 8 | ≥1~3.5 | GJ$\binom{-120}{-200}$ | GJ$\binom{-120}{-200}$ | GJ$\binom{-132}{-220}$ | HK$\binom{-176}{-264}$ | HK$\binom{-176}{-264}$ | HK$\binom{-176}{-264}$ | HK$\binom{-200}{-300}$ | HK$\binom{-200}{-300}$ |
| | >3.5~6.3 | FG$\binom{-100}{-150}$ | GH$\binom{-150}{-200}$ | GJ$\binom{-168}{-280}$ | GJ$\binom{-168}{-280}$ | GJ$\binom{-168}{-280}$ | GJ$\binom{-168}{-280}$ | HK$\binom{-224}{-336}$ | HK$\binom{-224}{-336}$ |
| | >6.3~10 | FG$\binom{-112}{-168}$ | FG$\binom{-112}{-168}$ | FH$\binom{-128}{-256}$ | GH$\binom{-192}{-256}$ | GH$\binom{-192}{-256}$ | GH$\binom{-192}{-256}$ | GH$\binom{-216}{-288}$ | GJ$\binom{-216}{-360}$ |
| 9 | ≥1~3.5 | FH$\binom{-112}{-224}$ | GJ$\binom{-168}{-280}$ | GJ$\binom{-192}{-320}$ | GJ$\binom{-192}{-320}$ | GJ$\binom{-192}{-320}$ | HK$\binom{-256}{-384}$ | HK$\binom{-288}{-432}$ | HK$\binom{-288}{-432}$ |
| | >3.5~6.3 | FG$\binom{-144}{-216}$ | FG$\binom{-144}{-216}$ | FH$\binom{-160}{-320}$ | FH$\binom{-160}{-320}$ | GJ$\binom{-240}{-400}$ | GJ$\binom{-240}{-400}$ | GJ$\binom{-240}{-400}$ | GJ$\binom{-240}{-400}$ |
| | >6.3~10 | FG$\binom{-160}{-240}$ | FG$\binom{-160}{-240}$ | FG$\binom{-180}{-270}$ | FG$\binom{-180}{-270}$ | FG$\binom{-180}{-270}$ | GH$\binom{-270}{-360}$ | GH$\binom{-300}{-400}$ | GH$\binom{-300}{-400}$ |

注　本表不属于 GB 10095—2001，仅供参考。表中偏差值适用于一般传动。

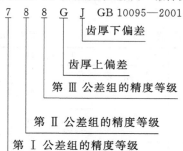

② 齿轮的三个公差组精度同为 7 级，其齿厚上偏差为 $-160\mu m$，下偏差为 $-240\mu m$。

（5）齿轮精度数值表

## 6.8.2　渐开线圆锥齿轮精度

本标准摘自 GB 11365—1989，适用于中点法向模数 $m_n \geqslant 1mm$ 的直齿、斜齿、曲线齿锥齿轮和准双曲面齿轮。

（1）精度等级与检验要求

本标准对锥齿轮及齿轮副规定了 12 个精度等级，1 级精度最高，12 级精度最低。

按照公差的特性对传动性能的影响，将锥齿轮与齿轮副的公差项目分成三个公差组（见表 6-114）。根据使用要求的不同，允许各公差组以不同精度等级组合，但对齿轮副中两齿轮的同一公差组，应规定同一精度等级。

6.8

**表 6-103　齿轮有关 $F_r$, $F_w$, $F_f$, $F_{pt}$, $f_{pb}$ 及 $F_\beta$ 值**　　　　　　　μm

| 分度圆直径/mm 大于 | 到 | 法向模数 $m_n$/mm | 第Ⅰ公差组 齿圈径向跳动公差 $F_r$ 7 | 8 | 9 | 公法线长度变动公差 $F_w$ 7 | 8 | 9 | 第Ⅱ公差组 齿形公差 $f_f$ 7 | 8 | 9 | 齿距极限偏差±$f_{pt}$ 7 | 8 | 9 | 基节极限偏差±$f_{pb}$ 7 | 8 | 9 | 第Ⅲ公差组 齿向公差 $F_\beta$ 齿轮宽度/mm | | 精度等级 7 | 8 | 9 |
|---|---|---|---|---|---|---|---|---|---|---|---|---|---|---|---|---|---|---|---|---|---|---|
| — | 125 | ≥1～3.5 | 36 | 45 | 71 | | | | 11 | 14 | 22 | 14 | 20 | 28 | 13 | 18 | 25 | — | 40 | 11 | 18 | 28 |
| | | ≥3.5～6.3 | 40 | 50 | 80 | 28 | 40 | 56 | 14 | 20 | 32 | 18 | 25 | 36 | 16 | 22 | 32 | | | | | |
| | | ≥6.3～10 | 45 | 56 | 90 | | | | 17 | 22 | 36 | 20 | 28 | 40 | 18 | 25 | 36 | 40 | 100 | 16 | 25 | 40 |
| 125 | 400 | ≥1～3.5 | 50 | 63 | 80 | | | | 13 | 18 | 28 | 16 | 22 | 32 | 14 | 20 | 30 | | | | | |
| | | ≥3.5～6.3 | 56 | 71 | 100 | 36 | 50 | 71 | 16 | 22 | 32 | 20 | 28 | 40 | 16 | 22 | 32 | 100 | 160 | 20 | 32 | 50 |
| | | ≥6.3～10 | 63 | 86 | 112 | | | | 19 | 28 | 45 | 22 | 32 | 45 | 18 | 25 | 30 | | | | | |
| 400 | 800 | ≥1～3.5 | 63 | 80 | 100 | | | | 17 | 25 | 40 | 18 | 25 | 36 | 16 | 22 | 32 | 160 | 250 | 24 | 38 | 60 |
| | | ≥3.5～6.3 | 71 | 90 | 112 | 45 | 63 | 90 | 20 | 28 | 45 | 20 | 28 | 45 | 18 | 25 | 36 | | | | | |
| | | ≥6.3～10 | 80 | 100 | 125 | | | | 24 | 36 | 56 | 25 | 36 | 50 | 22 | 32 | 45 | | | | | |

**表 6-104　接触斑点**

| 接触斑点 | 单　位 | 精 度 等 级 7 | 8 | 9 |
|---|---|---|---|---|
| 按高度不小于 | % | 45(35) | 40(30) | 30 |
| 按长度不小于 | % | 60 | 50 | 40 |

注　1. 接触斑点的分布位置应趋近齿面中部，齿顶和两端部棱边处不允许接触。
2. 括号内数值，用于轴向重合度 $\varepsilon_\beta>0.8$ 的斜齿。

**表 6-105　中心距极限偏差±$f_a$ 值**　μm

| 第Ⅱ公差组精度等级 | | 7,8 | 9 |
|---|---|---|---|
| $f_a$ | | $\frac{1}{2}$IT8 | $\frac{1}{2}$IT9 |
| 齿轮副中心距 $a$ /mm | 大于 30　到 50 | 19.5 | 31 |
| | 50　　　80 | 23 | 37 |
| | 80　　　120 | 27 | 43.5 |
| | 120　　180 | 31.5 | 50 |
| | 180　　250 | 36 | 57.5 |
| | 250　　315 | 40.5 | 65 |
| | 315　　400 | 44.5 | 70 |
| | 400　　500 | 48.5 | 77.5 |
| | 500　　630 | 55 | 87 |

**表 6-106　齿坯尺寸和形状公差**

| 齿轮精度等级[①] | | 7,8 | 9 |
|---|---|---|---|
| 孔 | 尺寸公差 形状公差 | IT7 | IT8 |
| 轴 | 尺寸公差 形状公差 | IT6 | IT7 |
| 顶圆直径[②] | | IT8 | IT9 |

① 当三个公差组的精度等级不同时，按最高的精度等级确定公差值。
② 当顶圆不作测量齿厚的基准时，尺寸公差按 IT11 给定，但不大于 $0.1m_n$。

**表 6-107　轴线平行度公差**

| $x$ 方向轴线平行度公差 $f_x=F_\beta$ | |
|---|---|
| $y$ 方向轴线平行度公差 $f_y=\frac{1}{2}F_\beta$ | $F_\beta$ 见表 6-103 |

**表 6-108　齿坯基准面径向和端面圆跳动公差**

μm

| 分度圆直径/mm 大于 | 到 | 精度等级 7,8 | 9 |
|---|---|---|---|
| — | 125 | 18 | 28 |
| 125 | 400 | 22 | 36 |
| 400 | 800 | 32 | 50 |

注　当以顶圆作基准面时，本栏就指顶圆的径向跳动。

**表 6-109　齿轮表面粗糙度 $Ra$ 推荐值**

μm

| 第Ⅱ组精度等级 | 表面粗糙度 齿顶圆柱面 | 基准端面 | 齿面 | 基准孔 | 基准轴 |
|---|---|---|---|---|---|
| 7 | 1.6 | 1.6　3.2 | 0.8 | 1.6 | 0.8 |
| 8 | 3.2 | | | 1.6 | |
| 9 | 6.3 | | 3.2 | | 1.6 |

**表 6-110　公法线长度 $L'$**（$m=1$，$\alpha=20°$）　　　　mm

| 齿轮齿数 $z$ | 跨测齿数 $n$ | 公法线长度 $L'$ | 齿轮齿数 $z$ | 跨测齿数 $n$ | 公法线长度 $L'$ | 齿轮齿数 $z$ | 跨测齿数 $n$ | 公法线长度 $L'$ | 齿轮齿数 $z$ | 跨测齿数 $n$ | 公法线长度 $L'$ | 齿轮齿数 $z$ | 跨测齿数 $n$ | 公法线长度 $L'$ |
|---|---|---|---|---|---|---|---|---|---|---|---|---|---|---|
|  |  |  | 41 | 5 | 13.8588 | 81 | 10 | 29.1797 | 121 | 14 | 41.5484 | 161 | 18 | 53.9171 |
|  |  |  | 42 | 5 | 8728 | 82 | 10 | 29.1937 | 122 | 14 | 5624 | 162 | 19 | 56.8833 |
|  |  |  | 43 | 5 | 8868 | 83 | 10 | 2077 | 123 | 14 | 5764 | 163 | 19 | 56.8972 |
| 4 | 2 | 4.4842 | 44 | 5 | 9008 | 84 | 10 | 2217 | 124 | 14 | 5904 | 164 | 19 | 9113 |
| 5 | 2 | 4.4982 | 45 | 5 | 16.8670 | 85 | 10 | 2357 | 125 | 14 | 6044 | 165 | 19 | 9253 |
| 6 | 2 | 4.5122 | 46 | 6 | 16.8810 | 86 | 10 | 2497 | 126 | 15 | 44.5706 | 166 | 19 | 9393 |
| 7 | 2 | 4.5262 | 47 | 6 | 8950 | 87 | 10 | 2637 | 127 | 15 | 44.5846 | 167 | 19 | 9533 |
| 8 | 2 | 4.5402 | 48 | 6 | 9090 | 88 | 10 | 2777 | 128 | 15 | 5986 | 168 | 19 | 9673 |
| 9 | 2 | 4.5542 | 49 | 6 | 9230 | 89 | 10 | 2917 | 129 | 15 | 6126 | 169 | 19 | 9813 |
| 10 | 2 | 4.5683 | 50 | 6 | 9370 | 90 | 11 | 32.2579 | 130 | 15 | 6266 | 170 | 19 | 9953 |
| 11 | 2 | 4.5823 | 51 | 6 | 9510 | 91 | 11 | 32.2718 | 131 | 15 | 6406 | 171 | 20 | 59.9615 |
| 12 | 2 | 5963 | 52 | 6 | 9660 | 92 | 11 | 2858 | 132 | 15 | 6546 | 172 | 20 | 59.9754 |
| 13 | 2 | 6103 | 53 | 6 | 9790 | 93 | 11 | 2998 | 133 | 15 | 6686 | 173 | 20 | 9894 |
| 14 | 2 | 6243 | 54 | 7 | 19.9452 | 94 | 11 | 3138 | 134 | 15 | 6826 | 174 | 20 | 60.0034 |
| 15 | 2 | 6383 | 55 | 7 | 19.9591 | 95 | 11 | 3279 | 135 | 16 | 47.6490 | 175 | 20 | 0174 |
| 16 | 2 | 4.6523 | 56 | 7 | 19.9731 | 96 | 11 | 32.3419 | 136 | 16 | 47.6627 | 176 | 20 | 60.0314 |
| 17 | 2 | 4.6663 | 57 | 7 | 9871 | 97 | 11 | 3559 | 137 | 16 | 6767 | 177 | 20 | 0455 |
| 18 | 3 | 7.6324 | 58 | 7 | 20.0011 | 98 | 11 | 3699 | 138 | 16 | 6907 | 178 | 20 | 0595 |
| 19 | 3 | 7.6464 | 59 | 7 | 20.0152 | 99 | 12 | 35.3361 | 139 | 16 | 7047 | 179 | 20 | 0735 |
| 20 | 3 | 7.6604 | 60 | 7 | 0292 | 100 | 12 | 35.3500 | 140 | 16 | 7187 | 180 | 21 | 63.0397 |
| 21 | 3 | 6744 | 61 | 7 | 0432 | 101 | 12 | 3640 | 141 | 16 | 7327 | 181 | 21 | 63.0536 |
| 22 | 3 | 6884 | 62 | 7 | 0572 | 102 | 12 | 3780 | 142 | 16 | 7468 | 182 | 21 | 0676 |
| 23 | 3 | 7024 | 63 | 8 | 23.0233 | 103 | 12 | 3920 | 143 | 16 | 7608 | 183 | 21 | 0816 |
| 24 | 3 | 7165 | 64 | 8 | 23.0373 | 104 | 12 | 4060 | 144 | 17 | 50.7270 | 184 | 21 | 0956 |
| 25 | 3 | 7305 | 65 | 8 | 0513 | 105 | 12 | 4200 | 145 | 17 | 50.7409 | 185 | 21 | 1096 |
| 26 | 3 | 7445 | 66 | 8 | 0653 | 106 | 12 | 4340 | 146 | 17 | 7549 | 186 | 21 | 1236 |
| 27 | 4 | 10.7106 | 67 | 8 | 0793 | 107 | 12 | 4481 | 147 | 17 | 7689 | 187 | 21 | 1376 |
| 28 | 4 | 10.7246 | 68 | 8 | 0933 | 108 | 13 | 38.4142 | 148 | 17 | 7829 | 188 | 21 | 1516 |
| 29 | 4 | 7386 | 69 | 8 | 1073 | 109 | 13 | 38.4282 | 149 | 17 | 7969 | 189 | 22 | 66.1179 |
| 30 | 4 | 7526 | 70 | 8 | 1213 | 110 | 13 | 4422 | 150 | 17 | 8109 | 190 | 22 | 66.1318 |
| 31 | 4 | 7666 | 71 | 8 | 1353 | 111 | 13 | 4562 | 151 | 17 | 8249 | 191 | 22 | 1458 |
| 32 | 4 | 7806 | 72 | 9 | 26.1015 | 112 | 13 | 4702 | 152 | 17 | 8389 | 192 | 22 | 1598 |
| 33 | 4 | 7946 | 73 | 9 | 26.1155 | 113 | 13 | 4842 | 153 | 18 | 53.8051 | 193 | 22 | 1738 |
| 34 | 4 | 8086 | 74 | 9 | 1295 | 114 | 13 | 4982 | 154 | 18 | 53.8191 | 194 | 22 | 1878 |
| 35 | 4 | 8226 | 75 | 9 | 1435 | 115 | 13 | 5122 | 155 | 18 | 8331 | 195 | 22 | 2018 |
| 36 | 5 | 13.7888 | 76 | 9 | 1575 | 116 | 13 | 5262 | 156 | 18 | 8471 | 196 | 22 | 2158 |
| 37 | 5 | 13.8028 | 77 | 9 | 1715 | 117 | 14 | 41.4924 | 157 | 18 | 8611 | 197 | 22 | 2298 |
| 38 | 5 | 8168 | 78 | 9 | 1855 | 118 | 14 | 41.5064 | 158 | 18 | 8751 | 198 | 23 | 69.1961 |
| 39 | 5 | 8308 | 79 | 9 | 1995 | 119 | 14 | 5204 | 159 | 18 | 8891 | 199 | 23 | 69.2101 |
| 40 | 5 | 8448 | 80 | 9 | 2135 | 120 | 14 | 5344 | 160 | 18 | 9031 | 200 | 23 | 2241 |

注　1. 对标准直齿圆柱齿轮，公法线长度 $L=L'm$；$L'$ 为 $m=1$mm，$\alpha=20°$ 时的公法线长度。

2. 对变位直齿圆柱齿轮，当变位系数较小，$|x|<0.3$ 时，跨测齿数 $n$ 不变，按照上表查出，而公法线长度 $L=(L'+0.684x)m$，$x$——变位系数；当变位系数 $x$ 较大，$|x|>0.3$ 时跨测齿数为 $n'$，可按下式计算

$$n'=z\frac{\alpha_x}{180°}+0.5，\text{式中}\ \alpha_x=\arccos\frac{2d\cos\alpha}{d_a+d_f}$$

而公法线长度为　$L=[2.9521(n'-0.5)+0.14z+0.684x]m$

3. 斜齿轮的公法线长度 $L_n$ 在法面内测量，其值可按上表确定，但必须根据假想齿数 $z'$ 查表，$z'$ 按下式计算

$$z'=Kz$$

式中　$K$——与分度圆柱上齿的螺旋角 $\beta$ 有关的假想齿数系数，见表 6-111。

假想齿数常非整数，其小数部分 $\Delta z'$ 所对应的公法线长度 $\Delta L'$ 可查表 6-112。

故总的公法线长度　　　　　　　　$L_n=(L'+\Delta L')m_n$

式中　$m_n$——法面模数，$L'$——与假想齿数 $z'$ 整数部分相对应的公法线长度，查表 6-110。

### 表 6-111　假想齿数系数 $K$（$\alpha_n=20°$）

| $\beta(°)$ | $K$ | 差值 | $\beta(°)$ | $K$ | 差值 | $\beta(°)$ | $K$ | 差值 | $\beta(°)$ | $K$ | 差值 |
|---|---|---|---|---|---|---|---|---|---|---|---|
| 1 | 1.000 | 0.002 | 11 | 1.054 | 0.011 | 21 | 1.216 | 0.024 | 31 | 1.548 | 0.047 |
| 2 | 1.002 | 0.002 | 12 | 1.065 | 0.012 | 22 | 1.240 | 0.026 | 32 | 1.595 | 0.051 |
| 3 | 1.004 | 0.003 | 13 | 1.077 | 0.013 | 23 | 1.266 | 0.027 | 33 | 1.646 | 0.054 |
| 4 | 1.007 | 0.004 | 14 | 1.090 | 0.014 | 24 | 1.293 | 0.030 | 34 | 1.700 | 0.058 |
| 5 | 1.011 | 0.005 | 15 | 1.114 | 0.015 | 25 | 1.323 | 0.031 | 35 | 1.758 | 0.062 |
| 6 | 1.016 | 0.006 | 16 | 1.119 | 0.017 | 26 | 1.354 | 0.034 | 36 | 1.820 | 0.067 |
| 7 | 1.022 | 0.006 | 17 | 1.136 | 0.018 | 27 | 1.388 | 0.036 | 37 | 1.887 | 0.072 |
| 8 | 1.028 | 0.008 | 18 | 1.154 | 0.019 | 28 | 1.424 | 0.038 | 38 | 1.959 | 0.077 |
| 9 | 1.036 | 0.009 | 19 | 1.173 | 0.021 | 29 | 1.462 | 0.042 | 39 | 2.036 | 0.083 |
| 10 | 1.045 | 0.009 | 20 | 1.194 | 0.022 | 30 | 1.504 | 0.044 | 40 | 2.119 | 0.088 |

注　对于 $\beta$ 中间值的系数 $K$ 和差值可按内插法求出。

### 表 6-112　$\Delta z'$ 的公法线长度 $\Delta L'$　　　　mm

| $\Delta z'$ | 0.00 | 0.01 | 0.02 | 0.03 | 0.04 | 0.05 | 0.06 | 0.07 | 0.08 | 0.09 |
|---|---|---|---|---|---|---|---|---|---|---|
| 0.0 | 0.0000 | 0.0001 | 0.0003 | 0.0004 | 0.0006 | 0.0007 | 0.0008 | 0.0010 | 0.0011 | 0.0013 |
| 0.1 | 0.0014 | 0.0015 | 0.0017 | 0.0018 | 0.0020 | 0.0021 | 0.0022 | 0.0024 | 0.0025 | 0.0027 |
| 0.2 | 0.0028 | 0.0029 | 0.0031 | 0.0032 | 0.0034 | 0.0035 | 0.0036 | 0.0038 | 0.0039 | 0.0041 |
| 0.3 | 0.0042 | 0.0043 | 0.0045 | 0.0046 | 0.0048 | 0.0049 | 0.0051 | 0.0052 | 0.0053 | 0.0055 |
| 0.4 | 0.0056 | 0.0057 | 0.0059 | 0.0060 | 0.0061 | 0.0063 | 0.0064 | 0.0066 | 0.0067 | 0.0069 |
| 0.5 | 0.0070 | 0.0071 | 0.0073 | 0.0074 | 0.0076 | 0.0077 | 0.0079 | 0.0080 | 0.0081 | 0.0083 |
| 0.6 | 0.0084 | 0.0085 | 0.0087 | 0.0088 | 0.0089 | 0.0091 | 0.0092 | 0.0094 | 0.0095 | 0.0097 |
| 0.7 | 0.0098 | 0.0099 | 0.0101 | 0.0102 | 0.0104 | 0.0105 | 0.0106 | 0.0108 | 0.0109 | 0.0111 |
| 0.8 | 0.0112 | 0.0114 | 0.0115 | 0.0116 | 0.0118 | 0.0119 | 0.0120 | 0.0122 | 0.0123 | 0.0124 |
| 0.9 | 0.0126 | 0.0127 | 0.0129 | 0.0132 | 0.0130 | 0.0133 | 0.0135 | 0.0136 | 0.0137 | 0.0139 |

注　$\Delta z'=0.47$ 时，由上表查得 $\Delta L'=0.0066$。

### 表 6-113　非变位直齿圆柱齿轮分度圆上弦齿厚及弦齿高（$\alpha=20°$，$h_a^*=1$）

弦齿厚 $S_x=K_1 m$；　　　弦齿高 $h_x=K_2 m$；

| 齿数 $z$ | $K_1$ | $K_2$ | 齿数 $z$ | $K_1$ | $K_2$ | 齿数 $z$ | $K_1$ | $K_2$ | 齿数 $z$ | $K_1$ | $K_2$ |
|---|---|---|---|---|---|---|---|---|---|---|---|
| 10 | 1.5643 | 1.0616 | 41 |  | 1.0150 | 73 |  | 1.0085 | 106 |  | 1.0058 |
| 11 | 1.5655 | 1.0560 | 42 | 1.5704 | 1.0147 | 74 | 1.5707 | 1.0084 | 107 |  | 1.0058 |
| 12 | 1.5663 | 1.0514 | 43 |  | 1.0143 | 75 |  | 1.0083 | 108 | 1.5707 | 1.0057 |
| 13 | 1.5670 | 1.0474 | 44 |  | 1.0140 | 76 |  | 1.0081 | 109 |  | 1.0057 |
| 14 | 1.5675 | 1.0440 | 45 |  | 1.0137 | 77 |  | 1.0080 | 110 |  | 1.0056 |
| 15 | 1.5679 | 1.0411 | 46 |  | 1.0134 | 78 | 1.5707 | 1.0079 | 111 |  | 1.0056 |
| 16 | 1.5683 | 1.0385 | 47 | 1.5705 | 1.0131 | 79 |  | 1.0078 | 112 |  | 1.0055 |
| 17 | 1.5686 | 1.0362 | 48 |  | 1.0128 | 80 |  | 1.0077 | 113 | 1.5707 | 1.0055 |
| 18 | 1.5688 | 1.0342 | 49 |  | 1.0126 | 81 |  | 1.0076 | 114 |  | 1.0054 |
| 19 | 1.5690 | 1.0324 | 50 |  | 1.0123 | 82 |  | 1.0075 | 115 |  | 1.0054 |
| 20 | 1.5692 | 1.0308 | 51 |  | 1.0121 | 83 | 1.5707 | 1.0074 | 116 |  | 1.0053 |
| 21 | 1.5694 | 1.0294 | 52 |  | 1.0119 | 84 |  | 1.0074 | 117 |  | 1.0053 |
| 22 | 1.5695 | 1.0281 | 53 |  | 1.0116 | 85 |  | 1.0073 | 118 | 1.5707 | 1.0053 |
| 23 | 1.5696 | 1.0268 | 54 | 1.5705 | 1.0114 | 86 |  | 1.0072 | 119 |  | 1.0052 |
| 24 | 1.5697 | 1.0257 | 55 |  | 1.0112 | 87 |  | 1.0071 | 120 |  | 1.0052 |
| 25 | 1.5698 | 1.0247 | 56 |  | 1.0110 | 88 | 1.5707 | 1.0070 | 121 |  | 1.0051 |
| 26 |  | 1.0237 | 57 |  | 1.0108 | 89 |  | 1.0069 | 122 |  | 1.0051 |
| 27 | 1.5699 | 1.0228 | 58 | 1.5706 | 1.0106 | 90 |  | 1.0068 | 123 | 1.5707 | 1.0050 |
| 28 |  | 1.0220 | 59 |  | 1.0105 | 91 |  | 1.0068 | 124 |  | 1.0050 |
| 29 | 1.5700 | 1.0213 | 60 |  | 1.0102 | 92 |  | 1.0067 | 125 |  | 1.0049 |
| 30 | 1.5701 | 1.0206 | 61 |  | 1.0101 | 93 | 1.5707 | 1.0067 | 126 |  | 1.0049 |
| 31 |  | 1.0199 | 62 |  | 1.0098 | 94 |  | 1.0066 | 127 |  | 1.0049 |
| 32 |  | 1.0193 | 63 | 1.5706 | 1.0098 | 95 |  | 1.0065 | 128 | 1.5707 | 1.0048 |
| 33 | 1.5702 | 1.0187 | 64 |  | 1.0097 | 96 |  | 1.0064 | 129 |  | 1.0048 |
| 34 |  | 1.0181 | 65 |  | 1.0095 | 97 |  | 1.0064 | 130 |  | 1.0047 |
| 35 |  | 1.0176 | 66 |  | 1.0094 | 98 | 1.5707 | 1.0063 | 131 |  | 1.0047 |
| 36 | 15703 | 1.0171 | 67 | 1.5706 | 1.0092 | 99 |  | 1.0062 | 132 |  | 1.0047 |
| 37 |  | 1.0167 | 68 |  | 1.0091 | 100 |  | 1.0061 | 133 | 1.5708 | 1.0047 |
| 38 |  | 1.0162 | 69 | 1.5707 | 1.0090 | 101 |  | 1.0061 | 134 |  | 1.0046 |
| 39 | 1.5704 | 1.0158 | 70 |  | 1.0088 | 102 |  | 1.0060 | 135 |  | 1.0046 |
| 40 |  | 1.0154 | 71 |  | 1.0087 | 103 | 1.5707 | 1.0060 | 140 |  | 1.0044 |
|  |  |  | 72 | 1.5707 | 1.0086 | 104 |  | 1.0059 | 145 | 1.57081 | 1.0042 |
|  |  |  |  |  |  | 105 |  | 1.0059 |  |  | 1.0041 |
|  |  |  |  |  |  |  |  |  | 齿条 |  | 1.0000 |

注　1. 对于斜齿圆柱齿轮和圆锥齿轮，使用本表时，应以当量齿数 $z_v$ 代替 $Z$（斜齿轮：$z_v = \dfrac{z}{\cos^3\beta}$；锥齿轮：$z_v = \dfrac{z}{\cos\delta}$）。

2. $z_v$ 非整数时，可用插值法求出。

锥齿轮的精度应根据传动用途、使用条件、传递功率、圆周速度及其他技术要求决定。锥齿轮第 Ⅱ 组公差的精度等级可参考表 6-115 进行选择。

锥齿轮及齿轮副的检验项目应根据工作要求和生产规模确定。对于 7、8、9 级精度的一般齿轮传动，推荐的检验项目见表 6-116。

**表 6-114　锥齿轮各项公差的分组**

| 公差组 | 公差与极限偏差项目 | 误差特性 | 对传动性能的主要影响 |
|---|---|---|---|
| Ⅰ | $F'_i, F_r, F_p, F_{pK}, F''_{i\Sigma}$ | 以齿轮一转为周期的误差 | 传递运动的准确性 |
| Ⅱ | $f'_i, f''_{i\Sigma}, f'_{zK}, \pm f_{pt}, f_c$ | 在齿轮一周内，多次周期地重复出现的误差 | 传动的平稳性 |
| Ⅲ | 接触斑点 | 齿向线的误差 | 载荷分布的均匀性 |

注　$F'_i$—切向综合公差；$F_p$—齿距累积公差；$F_{pK}$—$k$ 个齿距累积公差；$F_r$—齿圈跳动公差；$F''_{i\Sigma}$—轴交角综合公差；$f'_i$——齿切向综合公差；$f''_{i\Sigma}$——齿轴交角综合公差；$f'_{zK}$——周期误差的公差；$\pm f_{pt}$—齿距极限偏差；$f_c$—齿形相对误差的公差。

**表 6-115　锥齿轮第 Ⅱ 组精度等级的选择**

| 第 Ⅱ 组精度等级 | 直齿 | | 非直齿 | |
|---|---|---|---|---|
| | ≤350HBS | >350HBS | ≤350HBS | >350HBS |
| | 圆周速度(≤)/(m/s) | | | |
| 7 | 7 | 6 | 16 | 13 |
| 8 | 4 | 3 | 9 | 7 |
| 9 | 3 | 2.5 | 6 | 5 |

注　1. 表中的圆周速度按圆锥齿轮平均直径计算。
2. 此表不属于国家标准内容，仅供参考。

**表 6-116　推荐的锥齿轮和锥齿轮副检验项目**

| 项目 | | 精度等级 | | |
|---|---|---|---|---|
| | | 7 | 8 | 9 |
| 公差组 | Ⅰ | $F_p$ 或 $F_r$ | | $F_r$ |
| | Ⅱ | $\pm f_{pt}$ | | |
| | Ⅲ | 接触斑点 | | |
| 锥齿轮副 | 对锥齿轮 | $E_{\overline{ss}}, E_{\overline{si}}$ | | |
| | 对箱体 | $\pm f_a$ | | |
| | 对传动 | $\pm f_{AM}, \pm f_a, \pm E_{\Sigma}, j_{nmin}$ | | |
| 齿轮毛坯公差 | | 齿坯顶锥母线跳动公差 基准端面跳动公差 外径尺寸极限偏差 齿坯轮冠距和顶锥角极限偏差 | | |

注　本表推荐项目的名称、代号和定义见表 6-117。

**表 6-117　推荐的锥齿轮和锥齿轮副检验项目的名称、代号和定义**

| 名称 | 代号 | 定义 | 名称 | 代号 | 定义 |
|---|---|---|---|---|---|
| 齿距累积误差 齿距累积公差 | $\Delta F_p$ $F_p$ | 在中点分度圆[①]上，任意两个同侧齿面间的实际弧长与公称弧长之差的最大绝对值 | 接触斑点 | | 安装好的齿轮副（或被测齿轮与测量齿轮）在轻微力的制动下运转后，在齿轮工作齿面上得到的接触痕迹 接触斑点包括形状、位置、大小三方面的要求 |
| 齿距偏差 实际齿距 公称齿距 齿距极限偏差　上偏差　　　　　下偏差 | $\Delta f_{pt}$ $+f_{pt}$ $-f_{pt}$ | 在中点分度圆[①]上，实际齿距与公称齿距之差 | 齿轮副轴间距偏差 设计轴线　　设计轴线 实际轴线 齿轮副轴间距极限偏差　上偏差　　　　　下偏差 | $\Delta f_a$ $+f_a$ $-f_a$ | 齿轮副实际轴间距与公称轴间距之差 |

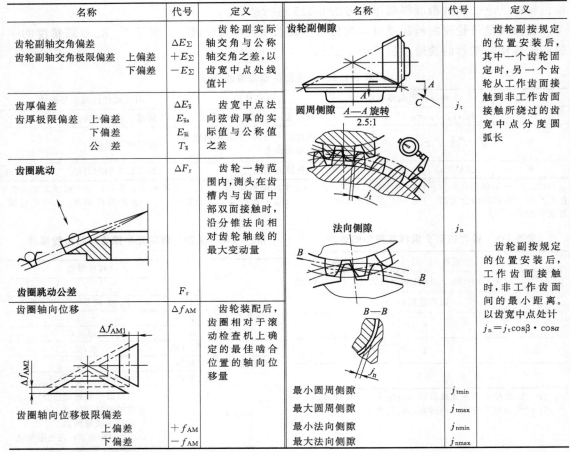

| 名称 | 代号 | 定义 | 名称 | 代号 | 定义 |
|---|---|---|---|---|---|
| 齿轮副轴交角偏差<br>齿轮副轴交角极限偏差　上偏差<br>下偏差 | $\Delta E_\Sigma$<br>$+E_\Sigma$<br>$-E_\Sigma$ | 齿轮副实际轴交角与公称轴交角之差,以齿宽中点处线值计 | **齿轮副侧隙**<br>圆周侧隙　$A—A$ 旋转<br>2.5:1 | $j_t$ | 齿轮副按规定的位置安装后,其中一个齿轮固定时,另一个齿轮从工作齿面接触到非工作齿面接触所绕过的齿宽中点分度圆弧长 |
| 齿厚偏差<br>齿厚极限偏差　上偏差<br>下偏差<br>公　差 | $\Delta E_{\bar s}$<br>$E_{\bar{ss}}$<br>$E_{\bar{si}}$<br>$T_{\bar s}$ | 齿宽中点法向弦齿厚的实际值与公称值之差 | 法向侧隙 | $j_n$ | 齿轮副按规定的位置安装后,工作齿面接触时,非工作齿面间的最小距离。以齿宽中点处计<br>$j_n=j_t\cos\beta\cdot\cos\alpha$ |
| **齿圈跳动**<br>**齿圈跳动公差** | $\Delta F_r$<br><br>$F_r$ | 齿轮一转范围内,测头在齿槽内与齿面中部双面接触时,沿分锥法向相对齿轮轴线的最大变动量 | | | |
| 齿圈轴向位移<br>$\Delta f_{AM1}$<br>$\Delta f_{AM2}$<br>齿圈轴向位移极限偏差<br>上偏差<br>下偏差 | $\Delta f_{AM}$<br><br><br><br>$+f_{AM}$<br>$-f_{AM}$ | 齿轮装配后,齿圈相对于滚动检查机上确定的最佳啮合位置的轴向位移量 | 最小圆周侧隙<br>最大圆周侧隙<br>最小法向侧隙<br>最大法向侧隙 | $j_{tmin}$<br>$j_{tmax}$<br>$j_{nmin}$<br>$j_{nmax}$ | |

① 允许在齿面中部测量。

(2) 锥齿轮副的侧隙规定

本标准规定锥齿轮副的最小法向侧隙种类为 6 种,a、b、c、d、e 和 h。最小法向间隙值 a 为最大,依次递减,h 为零,如图 6-5 所示。最小法向侧隙种类与精度等级无关,其值见表 6-118。最小法向侧隙种类确定后,可按表 6-120 查取齿厚上偏差 $E_{\bar{ss}}$。

最大法向侧隙 $j_{namx}$ 按下式计算:

$$j_{nmax}=(|E_{\bar{ss}1}+E_{\bar{ss}2}|+T_{\bar s1}+T_{\bar s2}+E_{\bar s\Delta1}+E_{\bar s\Delta2})\cos\alpha_n$$

式中 $E_{\bar s\Delta}$ 为制造误差的补偿部分,由表 6-120 查取。齿厚公差 $T_s$ 按表 6-119 查取。

本标准规定锥齿轮副的法向侧隙公差种类为 5 种:A、B、C、D 与 H。在一般情况下,推荐法向侧隙公差种类与最小侧隙种类的对应关系如图 6-5 所示。

表 6-118　最小法向侧隙值 $j_{nmin}$ 　　　　　　μm

| 中点锥距/mm | | 小轮分锥角(°) | | 最小法向侧隙 $j_{nmin}$ 值<br>最小法向侧隙种类 | | |
|---|---|---|---|---|---|---|
| 大于 | 到 | 大于 | 到 | $d$ | $c$ | $b$ |
| — | 50 | — | 15 | 22 | 36 | 58 |
| | | 15 | 25 | 33 | 52 | 84 |
| | | 25 | — | 39 | 62 | 100 |

| 中点锥距/mm | | 小轮分锥角(°) | | 最小法向侧隙 $j_{nmin}$ 值 | | |
|---|---|---|---|---|---|---|
| | | | | 最小法向侧隙种类 | | |
| 大于 | 到 | 大于 | 到 | $d$ | $c$ | $b$ |
| 50 | 100 | — | 15 | 33 | 52 | 84 |
| | | 15 | 25 | 39 | 62 | 100 |
| | | 25 | — | 46 | 74 | 120 |
| 100 | 200 | — | 15 | 39 | 62 | 100 |
| | | 15 | 25 | 54 | 87 | 140 |
| | | 25 | — | 63 | 100 | 160 |
| 200 | 400 | — | 15 | 46 | 74 | 120 |
| | | 15 | 25 | 72 | 115 | 185 |
| | | 25 | — | 81 | 130 | 210 |

注　1. 表中数值用于 $\alpha=20°$ 的正交齿轮副。

2. 对正交齿轮副按中点锥距 $R_m$ 值查取 $j_{nmin}$ 值。

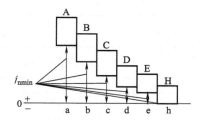

图 6-5　法向侧隙公差种类与最小
　　　侧隙种类对应关系

**表 6-119　齿厚公差 $T_s$ 值**　　μm

| 齿圈跳动公差 | | 法向间隙公差种类 | | |
|---|---|---|---|---|
| > | 到 | D | C | B |
| 32 | 40 | 55 | 70 | 85 |
| 40 | 50 | 65 | 80 | 100 |
| 50 | 60 | 75 | 95 | 120 |
| 60 | 80 | 90 | 110 | 130 |
| 80 | 100 | 110 | 140 | 170 |
| 100 | 125 | 130 | 170 | 200 |

**表 6-120　锥齿轮有关 $E_{ss}$ 与 $E_{s\Delta}$ 值**　　μm

| | 齿厚上偏差 $E_{ss}$ 值 | | | | | | | | | 最大法向侧隙 $j_{nmax}$ 的制造误差补偿部分 $E_{s\Delta}$ 值 | | | | | | | | | | | | | | | | |
|---|---|---|---|---|---|---|---|---|---|---|---|---|---|---|---|---|---|---|---|---|---|---|---|---|---|---|
| | | | | | | | | | | 第Ⅱ组精度等级 | | | | | | | | | | | | | | | | |
| | | | | | | | | | | 7 | | | | | | 8 | | | | | | 9 | | | | |
| | 中点分度圆直径/mm | | | | | | | | | 中点分度圆直径/mm | | | | | | | | | | | | | | | | |
| 中点法向模数/mm | ≤125 | | | >125~400 | | | >400~800 | | | ≤125 | | | >125~400 | | | >400~800 | | | ≤125 | | | >125~400 | | | >400~800 | | |
| | 分锥角/(°) | | | | | | | | | 分锥角/(°) | | | | | | | | | | | | | | | | |
| 基本值 | ≤20 | >20~45 | >45 | ≤20 | >20~45 | >45 | ≤20 | >20~45 | >45 | ≤20 | >20~45 | >45 | ≤20 | >20~45 | >45 | ≤20 | >20~45 | >45 | ≤20 | >20~45 | >45 | ≤20 | >20~45 | >45 | | |
| >1~3.5 | −20 | −20 | −22 | −28 | −32 | −30 | −36 | −50 | −45 | 20 | 20 | 22 | 28 | 32 | 30 | 36 | 50 | 45 | 22 | 22 | 24 | 30 | 36 | 32 | 40 | 55 50 | 24 25 | 32 38 | 36 45 | 65 55 |
| >3.5~6.3 | −22 | −22 | −25 | −32 | −32 | −30 | −38 | −55 | −45 | 22 | 22 | 25 | 32 | 32 | 30 | 38 | 55 | 45 | 24 | 24 | 28 | 36 | 36 | 32 | 42 | 60 50 | 25 30 | 38 38 | 36 45 | 65 55 |
| >6.3~10 | −25 | −25 | −28 | −36 | −36 | −34 | −40 | −55 | −50 | 25 | 25 | 28 | 36 | 36 | 34 | 40 | 55 | 50 | 28 | 28 | 30 | 40 | 40 | 38 | 45 | 60 50 | 30 30 | 32 45 | 45 40 | 48 65 60 |

| | 最小法向侧隙种类 | 第Ⅱ组精度等级 | | |
|---|---|---|---|---|
| 系数 | | 7 | 8 | 9 |
| | $d$ | 2 | 2.2 | — |
| | $c$ | 2.7 | 3.0 | 3.2 |
| | $b$ | 3.8 | 4.2 | 4.6 |

注　各最小法向侧隙种类的各种精度等级齿轮的 $E_{ss}$ 值，由本表查出基本值乘以系数得出。

**6.8**

149

（3）锥齿轮精度数值表

**表 6-121　锥齿轮有关 $F_r$、$\pm f_{pt}$ 值**　　　　　　　　　　μm

| 中点分度圆直径 /mm | | 中点法向模数 /mm | 齿圈径向跳动公差 $F_r$ 第Ⅰ组精度等级 | | | 齿距极限偏差 $\pm f_{pt}$ 第Ⅱ组精度等级 | | |
|---|---|---|---|---|---|---|---|---|
| | | | 7 | 8 | 9 | 7 | 8 | 9 |
| — | 125 | ≥1～3.5 | 36 | 45 | 56 | 14 | 20 | 28 |
| | | >3.5～6.3 | 40 | 50 | 63 | 18 | 25 | 36 |
| | | >6.3～10 | 45 | 56 | 71 | 20 | 28 | 40 |
| 125 | 400 | ≥1～3.5 | 50 | 63 | 80 | 16 | 22 | 32 |
| | | >3.5～6.3 | 56 | 71 | 90 | 20 | 28 | 40 |
| | | >6.3～10 | 63 | 80 | 100 | 22 | 32 | 45 |
| 400 | 800 | ≥1～3.5 | 63 | 80 | 100 | 18 | 25 | 36 |
| | | >3.5～6.3 | 71 | 90 | 112 | 20 | 28 | 40 |
| | | >6.3～10 | 80 | 100 | 125 | 25 | 36 | 50 |

**表 6-122　锥齿轮齿距累积公差 $F_p$ 值**　　　　　　　　　　μm

| 中点分度圆弧长 L/mm | | Ⅰ组精度等级 | | | 中点分度圆弧长 L/mm | | Ⅰ组精度等级 | | |
|---|---|---|---|---|---|---|---|---|---|
| > | 到 | 7 | 8 | 9 | > | 到 | 7 | 8 | 9 |
| 32 | 50 | 32 | 45 | 63 | 315 | 630 | 90 | 125 | 180 |
| 50 | 80 | 36 | 50 | 71 | 630 | 1000 | 112 | 160 | 224 |
| 80 | 160 | 45 | 63 | 90 | 1000 | 1600 | 140 | 200 | 280 |
| 160 | 315 | 63 | 90 | 125 | 1600 | 2500 | 160 | 224 | 315 |

注　$F_p$ 按中点分度圆弧长 $L$（mm）查表，

$$L=\frac{\pi d_{m}}{2}=\frac{\pi m_{mn}z}{2\cos\beta}$$

式中　$\beta$——锥齿轮螺旋角，$m_{mn}$——中点法向模数；$d_m$——齿宽中点分度圆直径。

**表 6-123　接触斑点**　　　　　　　　　　%

| Ⅲ组精度等级 | 7 | 8,9 |
|---|---|---|
| 沿齿长方向 | 50～70 | 35～65 |
| 沿齿高方向 | 55～75 | 40～70 |

注　1. 表中数值范围用于齿面修形的齿轮。
对齿面不作修形的齿轮，其接触斑点大小不小于其平均值。
2. 接触痕迹的大小按百分比确定：
沿齿长方向——接触痕迹长度 $b''$ 与工作长度 $b'$ 之比，即 $b''/b'\times100\%$
沿齿高方向——接触痕迹高度 $h''$ 与接触痕迹中部的工作齿高 $h'$ 之比，即 $h''/h'\times100\%$。

**表 6-124　锥齿轮副检验安装误差项目 $\pm f_a$、$\pm f_{AM}$ 与 $\pm E_\Sigma$ 值**　　　　　　　　　　μm

| 中点锥距 /mm | | 轴间距极限偏差 $\pm f_a$ 第Ⅱ组精度等级 | | | 分锥角 (°) | | 齿圈轴向位移极限偏差 $\pm f_{AM}$ 第Ⅱ组精度等级（中点法向模数/mm） | | | | | | | | | 轴交角极限偏差 $\pm E_\Sigma$ 小轮分锥角 (°) | | 最小法向间隙种类 | | |
|---|---|---|---|---|---|---|---|---|---|---|---|---|---|---|---|---|---|---|---|---|
| > | 到 | 7 | 8 | 9 | > | 到 | 7 ≥1～3.5 | >3.5～6.3 | >6.3～10 | 8 ≥1～3.5 | >3.5～6.3 | >6.3～10 | 9 ≥1～3.5 | >3.5～6.3 | >6.3～10 | 大于 | 到 | d | c | b |
| | | | | | — | 20 | 20 | 11 | — | 28 | 16 | — | 40 | 22 | — | — | 15 | 11 | 18 | 30 |
| — | 50 | 18 | 28 | 36 | 20 | 45 | 17 | 9.5 | — | 24 | 13 | — | 34 | 19 | — | 15 | 25 | 16 | 26 | 42 |
| | | | | | 45 | — | — | 7.1 | 4 | — | 10 | 5.6 | — | 14 | 8 | 25 | — | 19 | 30 | 50 |

| 中点锥距/mm | | 轴间距极限偏差±$f_a$ 第Ⅱ组精度等级 | | | 齿圈轴向位移极限偏差±$f_{AM}$ 第Ⅱ组精度等级 | | | | | | | | | | | 轴交角极限偏差±$E_\Sigma$ | | | | |
|---|---|---|---|---|---|---|---|---|---|---|---|---|---|---|---|---|---|---|---|---|
| | | | | | 分锥角(°) | | 7 | | | 8 | | | 9 | | | 小轮分锥角(°) | | 最小法向间隙种类 | | |
| | | | | | | | 中点法向模数/mm | | | | | | | | | | | | | |
| > | 到 | 7 | 8 | 9 | > | 到 | ≥1~3.5 | >3.5~6.3 | >6.3~10 | ≥1~3.5 | >3.5~6.3 | >6.3~10 | ≥1~3.5 | >3.5~6.3 | >6.3~10 | 大于 | 到 | d | c | b |
| 50 | 100 | 20 | 30 | 45 | — | 20 | 67 | 38 | 24 | 95 | 53 | 34 | 140 | 75 | 50 | — | 15 | 16 | 26 | 42 |
| | | | | | 20 | 45 | 56 | 32 | 21 | 81 | 45 | 30 | 120 | 63 | 42 | 15 | 25 | 19 | 30 | 50 |
| | | | | | 45 | — | 24 | 13 | 8.5 | 34 | 17 | 12 | 48 | 26 | 17 | 25 | | 22 | 32 | 60 |
| 100 | 200 | 25 | 36 | 55 | — | 20 | 150 | 80 | 53 | 200 | 120 | 75 | 300 | 160 | 105 | — | 15 | 19 | 30 | 50 |
| | | | | | 20 | 45 | 130 | 71 | 45 | 180 | 100 | 63 | 260 | 140 | 90 | 15 | 25 | 26 | 45 | 71 |
| | | | | | 45 | — | 53 | 30 | 19 | 75 | 40 | 26 | 105 | 60 | 38 | 25 | | 32 | 50 | 80 |
| 200 | 400 | 30 | 45 | 75 | — | 20 | 340 | 180 | 120 | 480 | 250 | 170 | 670 | 360 | 240 | — | 15 | 22 | 32 | 60 |
| | | | | | 20 | 45 | 280 | 150 | 100 | 400 | 210 | 140 | 560 | 300 | 200 | 15 | 25 | 36 | 56 | 90 |
| | | | | | 45 | — | 120 | 63 | 40 | 170 | 90 | 60 | 240 | 130 | 85 | 25 | | 40 | 63 | 100 |

注 1. 表中±$f_a$值用于无纵向修形的齿轮副。

2. 表中±$f_{AM}$值用于$\alpha=20°$的非修形齿轮。

3. 表中±$E_\Sigma$值的公差带位置相对于零线，可以不对称或取在一侧。

4. 表中±$E_\Sigma$值用于$\alpha=20°$的正交齿轮副。

## （4）锥齿轮齿坯公差

### 表 6-125　齿坯轮冠距与顶锥角极限偏差

| 中点法向模数/mm | 轮冠距极限偏差/$\mu$m | 顶锥角极限偏差/(′) |
|---|---|---|
| >1.2~10 | 0<br>−75 | +8<br>0 |

### 表 6-126　齿坯尺寸公差

| 精度等级 | 7,8 | 9 | 精度等级 | 7,8 | 9 |
|---|---|---|---|---|---|
| 轴径尺寸公差 | IT6 | IT7 | 外径尺寸极限偏差 | $\binom{0}{-IT8}$ | $\binom{0}{-IT9}$ |
| 孔径尺寸公差 | IT7 | IT8 | | | |

注　当三个公差组精度等级不同时，按最高的精度等级确定公差值。

### 表 6-127　齿坯顶锥母线跳动和基准端面跳动公差

| 项目 | | 尺寸范围 | | 精度等级 | | 项目 | | 尺寸范围 | | 精度等级 | |
|---|---|---|---|---|---|---|---|---|---|---|---|
| | | > | 到 | 7,8 | 9 | | | > | 到 | 7,8 | 9 |
| 顶锥母线跳动公差/$\mu$m | 外径/mm | 30 | 50 | 30 | 60 | 基准端面跳动公差/$\mu$m | 基准端面直径/mm | 30 | 50 | 12 | 20 |
| | | 50 | 120 | 40 | 80 | | | 50 | 120 | 15 | 25 |
| | | 120 | 250 | 50 | 100 | | | 120 | 250 | 20 | 30 |
| | | 250 | 500 | 60 | 120 | | | 250 | 500 | 25 | 40 |
| | | 500 | 800 | 80 | 150 | | | 500 | 800 | 30 | 50 |
| | | 800 | 1250 | 100 | 200 | | | 800 | 1250 | 40 | 60 |

注　同表6-126注。

### 表 6-128　锥齿轮表面粗糙度 $Ra$ 推荐值　　　　　　　　　　　$\mu$m

| 精度等级 | 表面粗糙度 | | | | |
|---|---|---|---|---|---|
| | 齿侧面 | 基准孔（轴） | 端面 | 顶锥面 | 背锥面 |
| 7 | 0.8 | — | | | |
| 8 | | 1.6 | | | 3.2 |

6.8

151

| 精度等级 | 表面粗糙度 | | | | |
|---|---|---|---|---|---|
| | 齿侧面 | 基准孔（轴） | 端面 | 顶锥面 | 背锥面 |
| 9 | 3.2 | | 3.2 | | 6.3 |
| 10 | 6.3 | | | | |

注　1. 齿侧面按第Ⅱ组，其他按第Ⅰ组精度等级查表。

　　2. 此表不属于国家标准内容，仅供参考。

（5）图样标注

在齿轮工作图上应标注锥齿轮的精度等级和最小法向侧隙种类及法向侧隙公差种类的数字（字母）代号。

标注示例：

（1）锥齿轮的第Ⅰ公差组精度为 8 级，第Ⅱ、Ⅲ公差组精度为 7 级，最小法向侧隙种类为 c，法向侧隙公差种类为 B

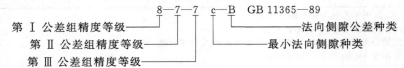

（2）锥齿轮的三个公差组精度同为 7 级，最小法向侧隙种类为 b，法向侧隙公差种类为 B

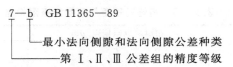

（3）锥齿轮的三个公差组精度同为 7 级，最小法向侧隙为 160 $\mu$m，法向侧隙公差种类为 B

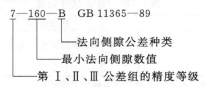

### 6.8.3　圆柱蜗杆、蜗轮精度

本标准摘自 GB 10089—88，适用于轴交角 $\Sigma = 90°$，模数 $m \geqslant 1$mm 的圆柱蜗杆、蜗轮及传动。其蜗杆分度圆直径 $d_1 \leqslant 400$mm，蜗轮分度圆直径 $d_2 \leqslant 4000$mm。

（1）精度等级与检验要求

本标准对蜗杆、蜗轮和蜗杆传动规定了 12 个精度等级，1 级精度最高，12 级精度最低。对于动力传动的蜗杆、蜗轮，一般采用 7～9 级。

按照公差特性对传动性能的主要保证作用，将蜗杆、蜗轮和蜗杆传动的公差（或极限偏差）分成三个公差组，见表 6-129 根据使用要求不同，允许各公差组选用不同的精度等级组合，但在同一公差组中，各项公差与极限偏差，应保持相同的精度等级。

蜗杆、蜗轮精度应根据传动用途、使用条件、传递功率、圆周速度以及其他技术要求决定，其中第Ⅱ公差组主要由蜗轮圆周速度决定，见表 6-130。

蜗杆、蜗轮和蜗杆传动的检验项目应根据工作要求、生产规模和生产条件确定。对于动力传动的一般圆柱蜗杆传动，推荐的检测项目见表 6-131。

**表 6-129　蜗杆、蜗轮和蜗杆传动各项公差的分组**

| 公差组 | 检验对象 | 公差与极限偏差项目 | 误差特性 | 对传动性能的主要影响 |
|---|---|---|---|---|
| I | 蜗　杆<br>蜗　轮<br>传　动 | $F'_i, F''_i, F_p, F_{pk}, F_r, F'_{ic}$ | 一转为周期的误差 | 传递运动的准确性 |
| II | 蜗　杆<br>蜗　轮<br>传　动 | $f_h, f_{hL}, \pm f_{px}, f_{pxL}, f_r$<br>$f'_i, f''_i, \pm f_{pt}$<br>$f'_{ic}$ | 一周内多次周期重复出现的误差 | 传动的平稳性、噪声、振动 |
| III | 蜗　杆<br>蜗　轮<br>传　动 | $f_{f1}$<br>$f_{f2}$<br>接触斑点, $\pm f_a, \pm f_\Sigma, \pm f_x$ | 齿向线的误差 | 载荷分布的均匀性 |

注　$F'_i$—蜗轮切向综合公差；$F''_i$—蜗轮径向综合公差；$F_p$—蜗轮齿距累积公差；$F_{pk}$—蜗轮 $k$ 个齿距累积公差；$F_r$—蜗轮齿圈径向跳动公差；$F'_{ic}$—蜗杆副的切向综合公差；$f_h$—蜗杆一转螺旋线公差；$f_{hL}$—蜗杆螺旋线公差；$\pm f_{px}$—蜗杆轴向齿距极限偏差；$f_{pxL}$—蜗杆轴向齿距累积公差；$f_r$—蜗杆齿槽径向跳动公差；$f'_i$—蜗轮一齿切向综合公差；$f''_i$—蜗轮一齿径向综合公差；$\pm f_{pt}$—蜗轮齿距极限偏差；$f'_{ic}$—蜗杆副的一齿切向综合公差；$f_{f1}$—蜗杆齿形公差；$f_{f2}$—蜗轮齿形公差；$\pm f_a$—蜗杆副的中心距极限偏差；$\pm f_\Sigma$—蜗杆副的轴交角极限偏差；$\pm f_x$—蜗杆副的中间平面极限偏差。

**表 6-130　第 II 公差组精度等级与蜗轮圆周速度关系**

| 项　　目 | 第 II 公差组精度等级 | | |
|---|---|---|---|
| | 7 | 8 | 9 |
| 蜗轮圆周速度/(m/s) | ≤7.5 | ≤3 | ≤1.5 |

注　此表不属于国家标准内容，仅供参考。

**表 6-131　推荐的圆柱蜗杆、蜗轮和蜗杆传动的检验项目**

| 项　　目 | | | 精　度　等　级 | | |
|---|---|---|---|---|---|
| | | | 7 | 8 | 9 |
| 公差组 | I | 蜗杆 | — | | |
| | | 蜗轮 | $F_p$ | | $F_r$ |
| | II | 蜗杆 | $\pm f_{px}, f_{pxL}$ | | |
| | | 蜗轮 | $\pm f_{pt}$ | | |
| | III | 蜗杆 | $f_{f1}$ | | |
| | | 蜗轮 | $f_{f2}$ | | |
| 蜗杆副 | 对蜗杆 | | $E_{ss1}, E_{si1}$ | | |
| | 对蜗轮 | | $E_{ss2}, E_{si2}$ | | |
| | 对箱体 | | $\pm f_a, \pm f_x, \pm f_\Sigma$ | | |
| | 对传动 | | 接触斑点, $\pm f_a, j_{nmin}$ | | |
| 毛坯公差 | | | 蜗杆、蜗轮齿坯尺寸公差，形状公差，基准面径向和端面跳动公差 | | |

注　1. 当蜗杆副的接触斑点有要求时，蜗轮的齿形误差 $f_{f2}$ 可不检验。
2. 本表推荐项目的名称，代号和定义见表 6-132。

**（2）蜗杆传动的侧隙规定**

本标准按蜗杆传动的最小法向侧隙 $j_{nmin}$ 的大小，将侧隙种类分为 8 种：a，b，c，d，e，f，g 和 h。a 的最小法向侧隙值最大，其他依次减小，h 为零。如图 6-6 所示。侧隙种类与精度等级无关。

蜗杆传动的侧隙种类，应根据工作条件和使用要求选定，用代号（字母）表示。传动一般采用的最小法向侧隙种类及其值，按表 6-133 的规定。

6.8

**表 6-132　推荐的圆柱蜗杆、蜗轮和蜗杆传动检验项目的名称、代号和定义**

| 名称 | 代号 | 定义 | 名称 | 代号 | 定义 |
|---|---|---|---|---|---|
| 蜗轮齿距累积误差 蜗轮齿距累积公差 | $\Delta F_p$ $F_p$ | 在蜗轮分度圆上,任意两个同侧齿面间的实际弧长与公称弧长之差的最大绝对值 | 蜗轮齿距偏差 蜗轮齿距极限偏差　上偏差　下偏差 | $\Delta f_{pt}$ $+f_{pt}$ $-f_{pt}$ | 在蜗轮分度圆上,实际齿距与公称齿距之差 用相对法测量时,公称齿距是指所有实际齿距的平均值 |
| 蜗轮齿圈径向跳动 蜗轮齿圈径向跳动公差 | $\Delta F_r$ $F_r$ | 在蜗轮一转范围内,测头在靠近中间平面的齿槽内与齿高中部的齿面双面接触,其测头相对于蜗轮轴线径向距离的最大变动量 | 蜗轮齿形误差 蜗轮齿形公差 | $\Delta f_2$ $f_2$ | 在蜗轮轮齿给定截面上的齿形工作部分内,包容实际齿形且距离为最小的两条设计齿形间的法向距离 当两条设计齿形线为非等距离曲线时,应在靠近齿体内的设计齿形线的法线上确定其两者间的法向距离 |
| 蜗杆轴向齿距偏差 蜗杆轴向齿距极限偏差　上偏差　下偏差 | $\Delta f_{px}$ $+f_{px}$ $-f_{px}$ | 在蜗杆轴向截面上实际齿距与公称齿距之差 | 蜗杆齿厚偏差 蜗杆齿厚极限偏差　上偏差　下偏差 | $\Delta E_{s1}$ $E_{ss1}$ $E_{si1}$ $T_{s1}$ | 在蜗杆分度圆柱上,法向齿厚的实际值与公称值之差 |
| 蜗杆齿形误差 蜗杆齿形公差 | $\Delta f_{f1}$ $f_{f1}$ | 在蜗杆轮齿给定截面上的齿形工作部分内,包容实际齿形且距离为最小的两条设计齿形间的法向距离,当两条设计齿形线为非等距离的曲线时,应在靠近齿体内设计齿形线的法线上确定其两者间的法向距离 | 蜗轮齿厚偏差 蜗轮齿厚极限偏差　上偏差　下偏差 蜗轮齿厚公差 | $\Delta E_{s2}$ $E_{ss2}$ $E_{si2}$ $T_{s2}$ | 在蜗轮中间平面上,分度圆齿厚的实际值与公称值之差 |

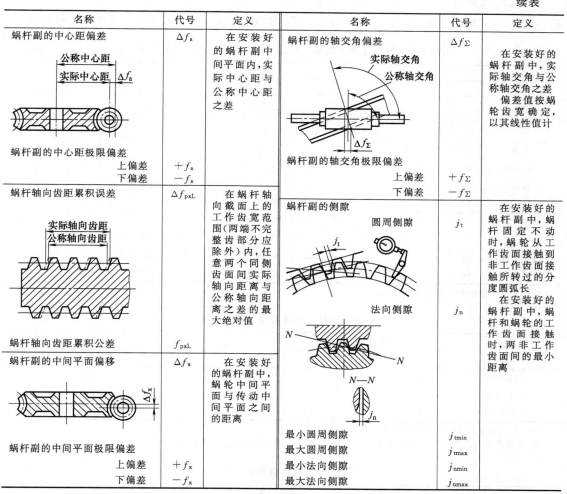

| 名称 | 代号 | 定义 | 名称 | 代号 | 定义 |
|---|---|---|---|---|---|
| 蜗杆副的中心距偏差 公称中心距 实际中心距 $\Delta f_a$ 蜗杆副的中心距极限偏差 上偏差 下偏差 | $\Delta f_a$ +$f_a$ -$f_a$ | 在安装好的蜗杆副中间平面内,实际中心距与公称中心距之差 | 蜗杆副的轴交角偏差 实际轴交角 公称轴交角 $\Delta f_\Sigma$ 蜗杆副的轴交角极限偏差 上偏差 下偏差 | $\Delta f_\Sigma$ +$f_\Sigma$ -$f_\Sigma$ | 在安装好的蜗杆副中,实际轴交角与公称轴交角之差 偏差值按蜗轮齿宽确定,以其线性值计 |
| 蜗杆轴向齿距累积误差 实际轴向齿距 公称轴向齿距 蜗杆轴向齿距累积公差 | $\Delta f_{pxL}$ $f_{pxL}$ | 在蜗杆轴向截面上的工作齿宽范围(两端不完整齿部分应除外)内,任意两个同侧齿面间实际轴向距离与公称轴向距离之差的最大绝对值 | 蜗杆副的侧隙 圆周侧隙 $j_t$ 法向侧隙 $j_n$ N—N 最小圆周侧隙 最大圆周侧隙 最小法向侧隙 最大法向侧隙 | $j_t$ $j_n$ $j_{tmin}$ $j_{tmax}$ $j_{nmin}$ $j_{nmax}$ | 在安装好的蜗杆副中,蜗杆固定不动时,蜗轮从工作齿面接触到非工作齿面接触所转过的分度圆弧长 在安装好的蜗杆副中,蜗杆和蜗轮的工作齿面接触时,两非工作齿面间的最小距离 |
| 蜗杆副的中间平面偏移 $\Delta f_x$ 蜗杆副的中间平面极限偏差 上偏差 下偏差 | $\Delta f_x$ +$f_x$ -$f_x$ | 在安装好的蜗杆副中,蜗轮中间平面与传动中间平面之间的距离 | | | |

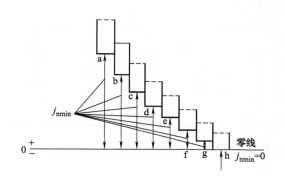

图 6-6 侧隙种类和最小法向侧隙

**表 6-133 最小法向侧隙 $j_{nmin}$ 值** $\mu m$

| 传动中心距 $a$/mm | 侧隙种类 | | |
|---|---|---|---|
| | b | c | d |
| ≤30 | 84 | 52 | 33 |
| >30~50 | 100 | 62 | 39 |
| >50~80 | 120 | 74 | 46 |
| >80~120 | 140 | 87 | 54 |
| >120~180 | 160 | 100 | 63 |
| >180~250 | 185 | 115 | 72 |
| >250~315 | 210 | 130 | 81 |
| >315~400 | 230 | 140 | 89 |

注 传动的最小圆周侧隙 $f_{tmin} \approx f_{nmin}/(\cos\gamma'\cos\alpha_n)$。
式中 $\gamma'$——蜗杆节圆柱导程角;
$\alpha_n$——蜗杆法向齿形角。

传动的最小法向侧隙由蜗杆齿厚的减薄量来保证,即取

蜗杆齿厚上偏差 $E_{ss1} = -(j_{nmin}/\cos\alpha_n + E_{s\Delta})$ ($E_{s\Delta}$ 为制造误差的补偿部分)

齿厚下偏差 $E_{si1} = E_{ss1} - T_{s1}$

6.8

155

最大法向侧隙由蜗杆、蜗轮齿厚公差 $T_{s1}$，$T_{s2}$ 确定。蜗轮齿厚上偏差 $E_{ss2}=0$，下偏差 $E_{si2}=-T_{s2}$。对精度为 7，8，9 级的 $E_{s\Delta}$、$T_{s1}$ 和 $T_{s2}$ 的值，按表 6-134～表 6-136 的规定。

表 6-134　蜗杆齿厚上偏差（$E_{ss1}$）中的制造误差补偿部分 $E_{s\Delta}$ 值　　　　μm

| 传动中心距 $a$ /mm | 精 度 等 级 | | | | | | | | | | | | | | |
|---|---|---|---|---|---|---|---|---|---|---|---|---|---|---|---|
| | 7 | | | | | 8 | | | | | 9 | | | | |
| | 模数 $m$/mm | | | | | | | | | | | | | | |
| | ≥1～3.5 | >3.5～6.3 | >6.3～10 | >10～16 | >16～25 | ≥1～3.5 | >3.5～6.3 | >6.3～10 | >10～16 | >16～25 | ≥1～3.5 | >3.5～6.3 | >6.3～10 | >10～16 | >16～25 |
| ≤30 | 45 | 50 | 60 | — | — | 50 | 68 | 80 | — | — | 75 | 90 | 110 | — | — |
| >30～50 | 48 | 56 | 63 | — | — | 56 | 71 | 85 | — | — | 80 | 95 | 115 | — | — |
| >50～80 | 50 | 58 | 65 | — | — | 58 | 75 | 90 | — | — | 90 | 100 | 120 | — | — |
| >80～120 | 56 | 63 | 71 | 80 | — | 63 | 78 | 90 | 110 | — | 95 | 105 | 125 | 160 | — |
| >120～180 | 60 | 68 | 75 | 85 | 115 | 68 | 80 | 95 | 115 | 150 | 100 | 110 | 130 | 165 | 215 |
| >180～250 | 71 | 75 | 80 | 90 | 120 | 75 | 85 | 100 | 115 | 155 | 110 | 120 | 140 | 170 | 220 |
| >250～315 | 75 | 80 | 85 | 95 | 120 | 80 | 90 | 100 | 120 | 155 | 120 | 130 | 145 | 180 | 225 |
| >315～400 | 80 | 85 | 90 | 100 | 125 | 85 | 90 | 105 | 125 | 160 | 130 | 140 | 155 | 185 | 230 |

注　精度等级按蜗杆的第Ⅱ公差组确定。

表 6-135　蜗杆齿厚公差 $T_{s1}$ 值　　　　μm

| 模数 $m$ /mm | 精 度 等 级 | | | 模数 $m$ /mm | 精 度 等 级 | | |
|---|---|---|---|---|---|---|---|
| | 7 | 8 | 9 | | 7 | 8 | 9 |
| ≥1～3.5 | 45 | 53 | 67 | >10～16 | 95 | 120 | 150 |
| >3.5～6.3 | 56 | 71 | 90 | >16～25 | 130 | 160 | 200 |
| >6.3～10 | 71 | 90 | 110 | | | | |

注　1. $T_{s1}$ 按蜗杆第Ⅱ公差组精度等级确定。

2. 当传动最大法向侧隙 $j_{nmax}$ 无要求时，允许 $T_{s1}$ 增大，最大不超过表中值的两倍。

表 6-136　蜗轮齿厚公差 $T_{s2}$ 值　　　　μm

| 模数 $m$ /mm | 蜗轮分度圆直径 $d_2$/mm | | | | | | | | |
|---|---|---|---|---|---|---|---|---|---|
| | ≤125 | | | >125～400 | | | >400～800 | | |
| | 精 度 等 级 | | | | | | | | |
| | 7 | 8 | 9 | 7 | 8 | 9 | 7 | 8 | 9 |
| ≥1～3.5 | 90 | 110 | 130 | 100 | 120 | 140 | 110 | 130 | 160 |
| >3.5～6.3 | 110 | 130 | 160 | 120 | 140 | 170 | 120 | 140 | 170 |
| >6.3～10 | 120 | 140 | 170 | 130 | 160 | 190 | 130 | 160 | 190 |
| >10～16 | — | — | — | 140 | 170 | 210 | 160 | 190 | 230 |
| >16～25 | — | — | — | 170 | 210 | 260 | 190 | 230 | 290 |

注　1. $T_{s2}$ 按蜗轮第Ⅱ公差组精度等级确定。

2. 在最小侧隙能保证的条件下，$T_{s2}$ 公差带允许采用对称分布。

（3）图样标注

① 在蜗杆、蜗轮工作图上，应分别标注其精度等级、齿厚偏差或相应的侧隙种类代号和图标代号。

标注示例：

ⅰ. 蜗杆的Ⅱ、Ⅲ级公差组的精度等级是 7 级、齿厚偏差为标准值，相配的侧隙种类是 c，标注为

蜗杆 7 c GB 100089—88
标准代号
侧隙种类代号
第Ⅱ、Ⅲ公差组的精度等级

ⅱ. 蜗轮的第Ⅰ公差组为7级精度，第Ⅱ、Ⅲ公差组同为8级精度。齿厚偏差为标准值，相配侧隙种类为b，标注为

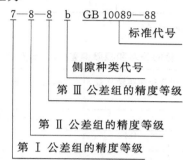

7—8—8 b GB 10089—88
标准代号
侧隙种类代号
第Ⅲ公差组的精度等级
第Ⅱ公差组的精度等级
第Ⅰ公差组的精度等级

② 对传动，应标出相应的精度等级、侧隙种类代号和国标代号。

标注示例：

ⅰ. 传动的三个公差组的精度同为8级，侧隙种类为c，标注为

传动 8 c GB 10089—88
标准代号
侧隙种类代号
第Ⅰ、Ⅱ、Ⅲ公差组的精度等级

ⅱ. 传动的第Ⅰ公差组的精度为7级，第Ⅱ、Ⅲ公差组的精度为8级，侧隙种类为d，则标注为

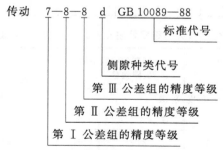

传动 7—8—8 d GB 10089—88
标准代号
侧隙种类代号
第Ⅲ公差组的精度等级
第Ⅱ公差组的精度等级
第Ⅰ公差组的精度等级

（4）蜗杆、蜗轮和蜗杆传动的精度数值表

表 6-137　蜗杆的公差和极限偏差$\pm f_{px}$、$f_{pxL}$和$f_{f1}$值　　　　μm

| 模数 $m$ /mm | 蜗杆轴向齿距偏差 $\pm f_{px}$ | | | 蜗杆轴向齿距累积公差 $f_{pxL}$ | | | 蜗杆齿形公差 $f_{f1}$ | | |
|---|---|---|---|---|---|---|---|---|---|
| | 精 度 等 级 | | | | | | | | |
| | 7 | 8 | 9 | 7 | 8 | 9 | 7 | 8 | 9 |
| ≥1～3.5 | 11 | 14 | 20 | 18 | 25 | 36 | 16 | 22 | 32 |
| >3.5～6.3 | 14 | 20 | 25 | 24 | 34 | 48 | 22 | 32 | 45 |
| >6.3～10 | 17 | 25 | 32 | 32 | 45 | 63 | 28 | 40 | 53 |
| >10～16 | 22 | 32 | 46 | 40 | 56 | 80 | 36 | 53 | 75 |
| >16～25 | 32 | 45 | 63 | 53 | 75 | 100 | 53 | 75 | 100 |

6.8

**表 6-138　蜗轮齿距累积公差 $F_p$ 值**　　　　μm

| 精度等级 | 分度圆弧长 $L$/mm | | | | | | | | | |
|---|---|---|---|---|---|---|---|---|---|---|
| | ≤11.2 | >11.2 ~20 | >20 ~32 | >32 ~50 | >50 ~80 | >80 ~160 | >160 ~315 | >315 ~630 | >630 ~1000 | >1000 ~1600 |
| 7 | 16 | 22 | 28 | 32 | 36 | 45 | 63 | 90 | 112 | 140 |
| 8 | 22 | 32 | 40 | 45 | 50 | 63 | 90 | 125 | 160 | 200 |
| 9 | 32 | 45 | 56 | 63 | 71 | 90 | 125 | 180 | 224 | 280 |

注　$F_p$ 按分度圆弧长 $L=\dfrac{1}{2}\pi d_2=\dfrac{1}{2}\pi m z_2$ 查表。

**表 6-139　蜗轮的公差和极限偏差 $F_r$、$\pm f_{pt}$ 和 $f_{f2}$ 值**　　　　μm

| 分度圆直径 $d_2$ /mm | 模数 $m$ /mm | 蜗轮齿圈径向跳动公差 $F_r$ | | | 蜗轮齿距极限偏差 $\pm f_{pt}$ | | | 蜗轮齿形公差 $f_{f2}$ | | |
|---|---|---|---|---|---|---|---|---|---|---|
| | | 精 度 等 级 | | | | | | | | |
| | | 7 | 8 | 9 | 7 | 8 | 9 | 7 | 8 | 9 |
| ≤125 | ≥1~3.5 | 40 | 50 | 63 | 14 | 20 | 28 | 11 | 14 | 22 |
| | >3.5~6.3 | 50 | 63 | 80 | 18 | 25 | 36 | 14 | 20 | 32 |
| | >6.3~10 | 56 | 71 | 90 | 20 | 28 | 40 | 17 | 22 | 36 |
| >125~400 | ≥1~3.5 | 45 | 56 | 71 | 16 | 22 | 32 | 13 | 18 | 28 |
| | >3.5~6.3 | 56 | 71 | 90 | 20 | 28 | 40 | 16 | 22 | 36 |
| | >6.3~10 | 63 | 80 | 100 | 22 | 32 | 45 | 19 | 28 | 45 |
| | >10~16 | 71 | 90 | 112 | 25 | 36 | 50 | 22 | 32 | 50 |
| >400~800 | ≥1~3.5 | 63 | 80 | 100 | 18 | 25 | 36 | 17 | 25 | 40 |
| | >3.5~6.3 | 71 | 90 | 112 | 20 | 28 | 40 | 20 | 28 | 45 |
| | >6.3~10 | 80 | 100 | 125 | 25 | 36 | 50 | 24 | 36 | 56 |
| | >10~16 | 100 | 125 | 160 | 28 | 40 | 56 | 26 | 40 | 63 |
| | >16~25 | 125 | 160 | 200 | 36 | 50 | 71 | 36 | 56 | 90 |

**表 6-140　传动有关的极限偏差 $\pm f_a$，$\pm f_x$ 及 $\pm f_\Sigma$ 值**　　　　μm

| 传动中心距 $a$ /mm | 蜗杆副的中心距极限偏差 $\pm f_a$ | | 蜗杆副的中间平面极限偏移 $\pm f_x$ | | | 蜗轮宽度 $b_2$ /mm | 蜗杆副的轴交角极限偏差 $\pm f_\Sigma$ | | |
|---|---|---|---|---|---|---|---|---|---|
| | 精 度 等 级 | | | | | | 精 度 等 级 | | |
| | 7 | 8 | 7 | 8 | 9 | | 7 | 8 | 9 |
| ≤30 | 26 | 42 | 21 | 34 | | ≤30 | 12 | 17 | 24 |
| >30~50 | 31 | 50 | 25 | 40 | | >30~50 | 14 | 19 | 28 |
| >50~80 | 37 | 60 | 30 | 48 | | >50~80 | 16 | 22 | 32 |
| >80~120 | 44 | 70 | 36 | 56 | | | | | |
| >120~180 | 50 | 80 | 40 | 64 | | >80~120 | 19 | 24 | 36 |
| >180~250 | 58 | 92 | 47 | 74 | | >120~180 | 22 | 28 | 42 |
| >250~315 | 65 | 105 | 52 | 85 | | >180~250 | 25 | 32 | 48 |
| >315~400 | 70 | 115 | 56 | 92 | | | | | |

表 6-141　接触斑点

| 精度等级 | 接触面积的百分比/% | | 接 触 位 置 |
|---|---|---|---|
| | 沿齿高不小于 | 沿齿长不小于 | |
| 7,8 | 55 | 50 | 接触斑点痕迹应偏于啮出端,但不允许在齿顶 |
| 9 | 45 | 40 | 和啮入、啮出端的棱边接触 |

注　采用修形齿面的蜗杆传动,接触斑点的要求可不受本标准规定的限制。

（5）蜗杆、蜗轮的齿坯公差

表 6-142　蜗杆、蜗轮齿坯尺寸和形状公差

| 精 度 等 级 | | 7 | 8 | 9 |
|---|---|---|---|---|
| 孔 | 尺寸公差 | IT7 | | IT8 |
| | 形状公差 | IT6 | | IT7 |
| 轴 | 尺寸公差 | IT6 | | IT7 |
| | 形状公差 | IT5 | | IT6 |
| 齿顶圆直径公差 | | IT8 | | IT9 |

注　1. 当三个公差组的精度等级不同时,按最高精度等级确定公差。

2. 当齿顶圆不作测量齿厚基准时,尺寸公差按 IT11 确定,但不得大于 0.1mm。

表 6-143　蜗杆、蜗轮齿坯基准面径向和端面跳动公差　　　　μm

| 基准面直径 $d$ /mm | 精 度 等 级 | | 基准面直径 $d$ /mm | 精 度 等 级 | |
|---|---|---|---|---|---|
| | 7,8 | 9 | | 7,8 | 9 |
| ≤31.5 | 7 | 10 | >125~400 | 18 | 28 |
| >31.5~63 | 10 | 16 | >400~800 | 22 | 36 |
| >63~125 | 14 | 22 | | | |

注　1. 当三个公差组的精度等级不同时,按最高精度等级确定公差。

2. 当以齿顶圆作为测量基准时,也即为蜗杆、蜗轮的齿坯基准面。

表 6-144　蜗杆、蜗轮表面粗糙度 $Ra$ 推荐值　　　　μm

| 精度等级 | 齿 面 | | 顶 圆 | |
|---|---|---|---|---|
| | 蜗杆 | 蜗轮 | 蜗杆 | 蜗轮 |
| 7 | 0.8 | | 1.6 | 3.2 |
| 8 | 1.6 | | | |
| 9 | 3.2 | | 3.2 | 6.3 |

# 6.9　电动机

## 6.9.1　Y 系列三相异步电动机（JB 9616—1999）

　　Y 系列电动机为一般用途全封闭自扇冷式笼型三相异步电动机,用于空气中不含易燃、易爆或腐蚀性气体的场所,工作环境温度不超过＋40℃,相对湿度不超过 95％,额定电压 380V,频率 50Hz。适用于无特殊要求的机械上,如机床、泵、风机、运输机、搅拌机、农业机械等。

## 6.9.2　Y 系列电动机的安装及外形尺寸

## 6.9.3　YS 系列三相异步电动机（JB 1009—1991）

　　YS 系列三相异步电动机为一般用途的电动机,适用于驱动无特殊要求的各种机械设备:如机床、鼓风机、水泵等。本系列电动机为全封闭结构,外壳防护等级为 IP44,绝缘等级为 E 级,冷却方式为 IC0141。Y 系列三相异步电动机技术数据见表 6-145。

**表 6-145　Y 系列三相异步电动机技术数据**

| 电动机型号 | 额定功率/kW | 满载转速/(r/min) | 堵转转矩／额定转矩 | 最大转矩／额定转矩 | 电动机型号 | 额定功率/kW | 满载转速/(r/min) | 堵转转矩／额定转矩 | 最大转矩／额定转矩 |
|---|---|---|---|---|---|---|---|---|---|
| 同步转速　3000/(r/min)2 极 | | | | | 同步转速　1500/(r/min)4 极 | | | | |
| Y801-2 | 0.75 | 2825 | 2.2 | 2.2 | Y801-4 | 0.55 | 1390 | 2.2 | 2.2 |
| Y802-2 | 1.1 | 2825 | 2.2 | 2.2 | Y802-4 | 0.75 | 1390 | 2.2 | 2.2 |
| Y90S-2 | 1.5 | 2840 | 2.2 | 2.2 | Y90S-4 | 1.1 | 1400 | 2.2 | 2.2 |
| Y90L-2 | 2.2 | 2840 | 2.2 | 2.2 | Y90L-4 | 1.5 | 1400 | 2.2 | 2.2 |
| Y100L-2 | 3 | 2880 | 2.2 | 2.2 | Y100L1-4 | 2.2 | 1420 | 2.2 | 2.2 |
| Y112M-2 | 4 | 2890 | 2.2 | 2.2 | Y100L2-4 | 3 | 1420 | 2.2 | 2.2 |
| Y132S1-2 | 5.5 | 2920 | 2.0 | 2.2 | Y112M-4 | 4 | 1440 | 2.2 | 2.2 |
| Y132S2-2 | 7.5 | 2920 | 2.0 | 2.2 | Y132S-4 | 5.5 | 1440 | 2.2 | 2.2 |
| Y160M1-2 | 11 | 2930 | 2.0 | 2.2 | Y132M-4 | 7.5 | 1440 | 2.2 | 2.2 |
| Y160M2-2 | 15 | 2930 | 2.0 | 2.2 | Y160M-4 | 11 | 1460 | 2.2 | 2.2 |
| Y160L-2 | 18.5 | 2930 | 2.0 | 2.2 | Y160L-4 | 15 | 1460 | 2.2 | 2.2 |
| Y180M-2 | 22 | 2940 | 2.0 | 2.2 | Y180M-4 | 18.5 | 1470 | 2.0 | 2.2 |
| Y200L1-2 | 30 | 2950 | 2.0 | 2.2 | Y180L-4 | 22 | 1470 | 2.0 | 2.2 |
| Y200L2-2 | 37 | 2950 | 2.0 | 2.2 | Y200L-4 | 30 | 1470 | 2.0 | 2.2 |
| Y225M-2 | 45 | 2970 | 2.0 | 2.2 | Y225S-4 | 37 | 1480 | 1.9 | 2.2 |
| Y250M-2 | 55 | 2970 | 2.0 | 2.2 | Y225M-4 | 45 | 1480 | 1.9 | 2.2 |
| 同步转速 1000/(r/min)6 极 | | | | | Y250M-4 | 55 | 1480 | 2.0 | 2.2 |
| Y90S-6 | 0.75 | 910 | 2.0 | 2.0 | Y280S-4 | 75 | 1480 | 1.9 | 2.2 |
| Y90L-6 | 1.1 | 910 | 2.0 | 2.0 | Y280M-4 | 90 | 1480 | 1.9 | 2.2 |
| Y100L-6 | 1.5 | 940 | 2.0 | 2.0 | 同步转速　750/(r/min)8 极 | | | | |
| Y112M-6 | 2.2 | 940 | 2.0 | 2.0 | Y132S-8 | 2.2 | 710 | 2.0 | 2.0 |
| Y132S-6 | 3 | 960 | 2.0 | 2.0 | Y132M-8 | 3 | 710 | 2.0 | 2.0 |
| Y132M1-6 | 4 | 960 | 2.0 | 2.0 | Y160M1-8 | 4 | 720 | 2.0 | 2.0 |
| Y132M2-6 | 5.5 | 960 | 2.0 | 2.0 | Y160M2-8 | 5.5 | 720 | 2.0 | 2.0 |
| Y160M-6 | 7.5 | 970 | 2.0 | 2.0 | Y160L-8 | 7.5 | 720 | 2.0 | 2.0 |
| Y160L-6 | 11 | 970 | 2.0 | 2.0 | Y180L-8 | 11 | 730 | 1.7 | 2.0 |
| Y180L-6 | 15 | 970 | 1.8 | 2.0 | Y200L-8 | 15 | 730 | 1.8 | 2.0 |
| Y200L1-6 | 18.5 | 970 | 1.8 | 2.0 | Y225S-8 | 18.5 | 730 | 1.7 | 2.0 |
| Y200L2-6 | 22 | 970 | 1.8 | 2.0 | Y225M-8 | 22 | 730 | 1.8 | 2.0 |
| Y225M-6 | 30 | 980 | 1.7 | 2.0 | Y250M-8 | 30 | 730 | 1.8 | 2.0 |
| Y250M-6 | 37 | 980 | 1.8 | 2.0 | Y280S-8 | 37 | 740 | 1.8 | 2.0 |
| Y280S-6 | 45 | 980 | 1.8 | 2.0 | Y280M-8 | 45 | 740 | 1.8 | 2.0 |
| Y280M-6 | 55 | 980 | 1.8 | 2.0 | Y315S-8 | 55 | 740 | 1.6 | 2.0 |

注　电动机型号意义：以 Y132S2—2—B3 为例，Y 表示系列代号，132 表示机座中心高，S 表示短机座，第二种铁心长度（M—中机座，L—长机座），2 为电动机的极数，B3 表示安装型式。

**表 6-146  Y 系列电动机安装代号**

| 安装型式 | 基本安装型 | 由 B3 派生安装型 | | | | |
|---|---|---|---|---|---|---|
| | B3 | V5 | V6 | B6 | B7 | B8 |
| 示意图 | 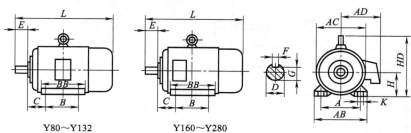 | | | | | |
| 中心高/mm | 80～280 | 80～160 | | | | |
| 安装型式 | 基本安装型 | 由 B5 派生安装型 | | 基本安装型 | 由 B35 派生安装型 | |
| | B5 | V1 | V3 | B35 | V15 | V36 |
| 示意图 | | | | | | |
| 中心高/mm | 80～225 | 80～280 | 80～160 | 80～280 | 80～160 | |

**表 6-147  机座带底脚，端盖无凸缘（B3、B6、B7、B8、V5、V6 型）** mm

Y80～Y132    Y160～Y280

| 机座号 | 极数 | A | B | C | D | E | F | G | H | K | AB | AC | AD | HD | BB | L |
|---|---|---|---|---|---|---|---|---|---|---|---|---|---|---|---|---|
| 80 | 2,4 | 125 | 100 | 50 | 19 | 40 | 6 | 15.5 | 80 | 10 | 165 | 165 | 150 | 170 | 130 | 285 |
| 90S | | 140 | | 56 | 24 | 50 | | 20 | 90 | | 180 | 175 | 155 | 190 | | 310 |
| 90L | 2,4,6 | | 125 | | | | 8 | | | | | | | | 155 | 335 |
| 100L | | 160 | | 63 | 28 | 60 | | 24 | 100 | 12 | 205 | 205 | 180 | 245 | 170 | 380 |
| 112M | | 190 | 140 | 70 | | | | | 112 | | 245 | 230 | 190 | 265 | 180 | 400 |
| 132S | | 216 | | 89 | 38 | 80 | 10 | 33 | 132 | | 280 | 270 | 210 | 315 | 200 | 475 |
| 132M | | | 178 | | | | | | | | | | | | 238 | 515 |
| 160M | 2,4,6,8 | 254 | 210 | 108 | 42 | | 12 | 37 | 160 | 15 | 330 | 325 | 255 | 385 | 270 | 600 |
| 160L | | | 254 | | | | | | | | | | | | 314 | 645 |
| 180M | | 279 | 241 | 121 | 48 | 110 | 14 | 42.5 | 180 | | 355 | 360 | 285 | 430 | 311 | 670 |
| 180L | | | 279 | | | | | | | | | | | | 349 | 710 |
| 200L | | 318 | 305 | 133 | 55 | | 16 | 49 | 200 | | 395 | 400 | 310 | 475 | 379 | 775 |
| 225S | 4,8 | | 286 | | 60 | 140 | 18 | 53 | | 19 | | | | | 368 | 820 |
| 225M | 2 | 356 | 311 | 149 | 55 | 110 | 16 | 49 | 225 | | 435 | 450 | 345 | 530 | 393 | 815 |
| | 4,6,8 | | | | 60 | | 18 | 53 | | | | | | | | 845 |
| 250M | 2 | 406 | 349 | 168 | 60 | | 18 | 53 | 250 | | 490 | 495 | 385 | 575 | 455 | 930 |
| | 4,6,8 | | | | 65 | 140 | | 58 | | | | | | | | |
| 280S | 2 | 457 | 368 | 190 | 65 | | 18 | 58 | 280 | 24 | 550 | 555 | 410 | 640 | 530 | 1000 |
| | 4,6,8 | | | | 75 | | 20 | 67.5 | | | | | | | | |
| 280M | 2 | | 419 | | 65 | | 18 | 58 | | | | | | | 581 | 1050 |
| | 4,6,8 | | | | 75 | | 20 | 67.5 | | | | | | | | |

D 公差：90S～112M 为 +0.009/−0.004；132S～200L 为 +0.018/+0.002；225M～280M 为 +0.030/+0.011

表 6-148　机座不带底脚，端盖有凸缘（B5、V3 型）和立式安装，

机座不带底脚，端盖有凸缘，轴伸向下（V1 型）　　　　mm

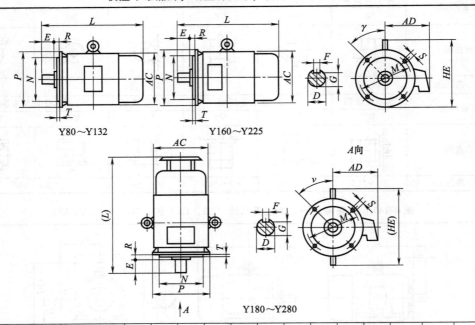

| 机座号 | 极数 | | D | E | F | G | M | N | P | R | S | T | 凸数孔数 | AC | AD | HE(HE) | L(L) |
|---|---|---|---|---|---|---|---|---|---|---|---|---|---|---|---|---|---|
| 80 | 2,4 | 19 | | 40 | 6 | 15.5 | | | | | | | | 165 | 150 | 185 | 285 |
| 90S | | 24 | +0.009 | 50 | | 20 | 165 | 130 | 200 | | 12 | 3.5 | | 175 | 155 | 195 | 310 |
| 90L | 2,4,6 | | −0.004 | | 8 | | | | | | | | | | | | 335 |
| 100L | | 28 | | 60 | | 24 | 215 | 180 | 250 | | | | | 205 | 180 | 245 | 380 |
| 112M | | | | | | | | | | | 15 | 4 | | 230 | 190 | 265 | 400 |
| 132S | | 38 | | 80 | 10 | 33 | 265 | 230 | 300 | | | | 4 | 270 | 210 | 315 | 475 |
| 132M | | | | | | | | | | | | | | | | | 515 |
| 160M | | 42 | +0.018 | | 12 | 37 | | | | | | | | 325 | 255 | 385 | 600 |
| 160L | | | +0.002 | | | | | | | | | | | | | | 645 |
| 180M | 2,4,6,8 | | | 110 | 14 | 42.5 | 300 | 250 | 350 | | | | | 360 | 285 | 430(500) | 670(730) |
| 180L | | 48 | | | | | | | | | | | | | | | 710(770) |
| 200L | | 55 | | | 16 | 49 | 350 | 300 | 400 | 0 | | | | 400 | 310 | 480(550) | 775(850) |
| 225S | 4,8 | 60 | | 140 | 18 | 53 | | | | | | | | 450 | 345 | 535(610) | 820(910) |
| 225M | 2 | 55 | | 110 | 16 | 49 | 400 | 350 | 450 | | 19 | 5 | | | | | 815(905) |
| | 4,6,8 | 60 | +0.030 | | | 53 | | | | | | | 8 | | | | 845(935) |
| 250M | 2 | | +0.011 | | 18 | | | | | | | | | 495 | 385 | (650) | (1035) |
| | 4,6,8 | 65 | | 140 | | 58 | | | | | | | | | | | |
| 280S | 2 | 65 | | | 18 | 58 | 500 | 450 | 550 | | | | | 555 | 410 | (720) | (1120) |
| | 4,6,8 | 75 | | | 20 | 67.5 | | | | | | | | | | | |
| 280M | 2 | 65 | | | 18 | 58 | | | | | | | | | | | (1170) |
| | 4,6,8 | 75 | | | 20 | 67.5 | | | | | | | | | | | |

注　1. Y80～Y200 时，γ=45°；Y225～Y280 时，γ=22.5°。

2. N 的极限偏差 130 和 180 为 ±0.011，230 和 250 为 ±0.013，300 为 ±0.016，350 为 ±0.018，450 为 ±0.020。

**表 6-149　YS 系列三相异步电动机的规格与主要技术参数**

| 型号 YS | 额定功率<br>/W | 额定电压<br>/V | 额定电流<br>/A | 额定转速<br>/(r/min) | 功率因素<br>(cos$\phi$) | 堵转转矩/<br>额定转矩<br>(倍) | 堵转电流/<br>额定电流<br>(倍) |
|---|---|---|---|---|---|---|---|
| 6312 | 180 | 220/380 | 0.91/0.53 | 2800 | 0.75 | 2.3 | 6.0 |
| 6322 | 250 | 220/380 | 1.16/0.67 | 2800 | 0.78 | 2.3 | 6.0 |
| 6314 | 120 | 220/380 | 0.85/0.48 | 1400 | 0.63 | 2.4 | 6.0 |
| 6324 | 180 | 220/380 | 1.12/0.64 | 1400 | 0.66 | 2.4 | 6.0 |
| 7112 | 370 | 220/380 | 1.65/0.95 | 2800 | 0.80 | 2.3 | 6.0 |
| 7122 | 550 | 220/380 | 2.23/1.34 | 2800 | 0.82 | 2.3 | 6.0 |
| 7114 | 250 | 220/380 | 1.44/0.83 | 1400 | 0.68 | 2.4 | 6.0 |
| 7124 | 370 | 220/380 | 1.94/1.12 | 1400 | 0.72 | 2.4 | 6.0 |
| 8012 | 750 | 220/380 | 3.02/1.74 | 2800 | 0.85 | 2.2 | 6.0 |

型号说明　YS6312：63—机座号（中心高）；1—铁心数；2—极数

**表 6-150　YS 系列三相异步电动机的安装与外形尺寸**

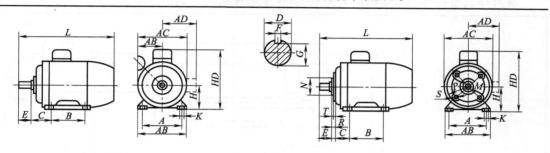

B3型　　　　　　　　　　　　　　　　　　　B34型

| 机座号 | B3 型安装尺寸 | | | | | | | | | B34 型安装尺寸 | | | | | | 外部尺寸不大于 | | | | |
|---|---|---|---|---|---|---|---|---|---|---|---|---|---|---|---|---|---|---|---|---|
| | A | B | C | D | E | F | G | H | K | M | N | P | R | S | T | AB | AC | AD | HD | L |
| 63 | 100 | 80 | 40 | 11 | 23 | 4 | 8.5 | 63 | 7 | 75 | 60 | 90 | 0 | M5 | 2.5 | 130 | 130 | 125 | 165 | 250 |
| 71 | 112 | 90 | 45 | 14 | 30 | 5 | 11 | 71 | 7 | 85 | 70 | 105 | 0 | M6 | 2.5 | 145 | 145 | 140 | 180 | 275 |
| 80 | 125 | 100 | 50 | 19 | 40 | 6 | 15.5 | 80 | 10 | 100 | 80 | 120 | 0 | M6 | 3.0 | 160 | 165 | 150 | 200 | 300 |

6.9

# 7 参考图例

## 7.1 机构运动简图

蜂窝煤成型机机构运动简图见图 7-1。牛头刨床机构运动简图见图 7-2。

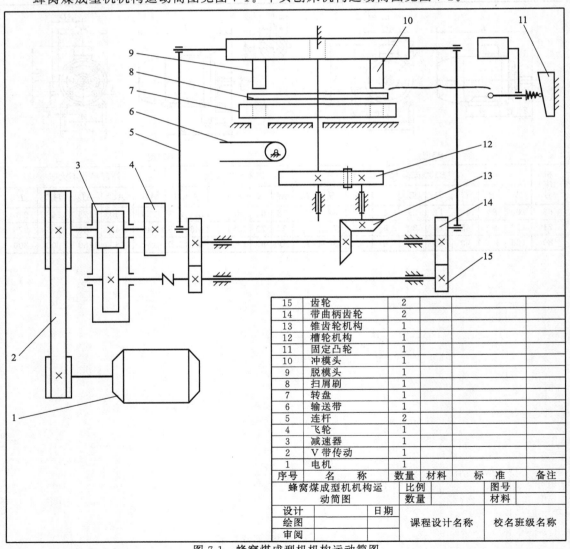

| 15 | 齿轮 | 2 | | | |
| 14 | 带曲柄齿轮 | 2 | | | |
| 13 | 锥齿轮机构 | 1 | | | |
| 12 | 槽轮机构 | 1 | | | |
| 11 | 固定凸轮 | 1 | | | |
| 10 | 冲模头 | 1 | | | |
| 9 | 脱模头 | 1 | | | |
| 8 | 扫屑刷 | 1 | | | |
| 7 | 转盘 | 1 | | | |
| 6 | 输送带 | 1 | | | |
| 5 | 连杆 | 2 | | | |
| 4 | 飞轮 | 1 | | | |
| 3 | 减速器 | 1 | | | |
| 2 | V带传动 | 1 | | | |
| 1 | 电机 | 1 | | | |
| 序号 | 名　　称 | 数量 | 材料 | 标　准 | 备注 |

| 蜂窝煤成型机机构运动简图 | | 比例 | | 图号 | |
| | | 数量 | | 材料 | |
| 设计 | | 日期 | | | |
| 绘图 | | | 课程设计名称 | | 校名班级名称 |
| 审阅 | | | | | |

图 7-1　蜂窝煤成型机机构运动简图

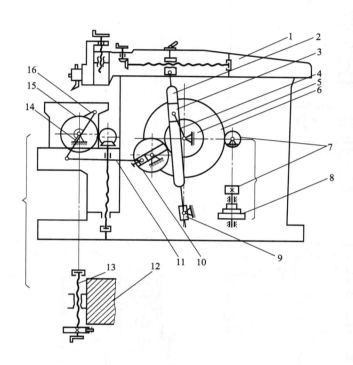

图 7-2  牛头刨床机构运动简图

1—刨刀滑枕；2—导杆；3—滑块；4—曲柄（与大齿轮固接）；5—齿轮（与大齿轮固接）；
6—大齿轮；7—小齿轮；8—塔式带轮；9—摆块；10—偏心轮（轮缘有齿）；11—连杆；
12—工作台（螺母）；13—螺杆；14—摇杆；15—棘轮；16—棘爪

# 7.2  齿轮减速器结构图、装配图

图 7-3 为一级圆柱齿轮减速器装配图（见文后插页）。图 7-4 为一级圆柱齿轮结构图（上下轴布置，见文后插页）。图 7-5 为二级展开式圆柱齿轮减速器结构图（轴承脂润滑）。图 7-6 为二级展开式圆柱齿轮减速器结构图（轴承油润滑）。图 7-7 为二级同轴式圆柱齿轮减速器（焊接箱体）。图 7-8 为圆锥-圆柱齿轮减速结构图。图 7-9 为一级圆锥齿轮减速器装配图（见文后插页）。图 7-10 为蜗杆减速器装配图（蜗杆下置，见文后插页）。图 7-11 为蜗杆减速器结构图（蜗杆上置）。图 7-12 蜗杆减速器结构图（蜗杆侧置）。

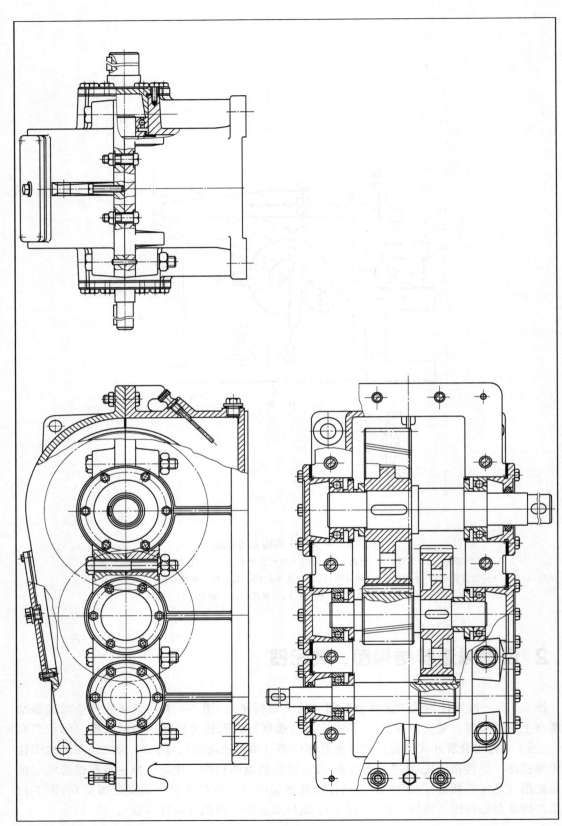

图 7-5 二级展开式圆柱齿轮减速器结构图（轴承脂润滑）

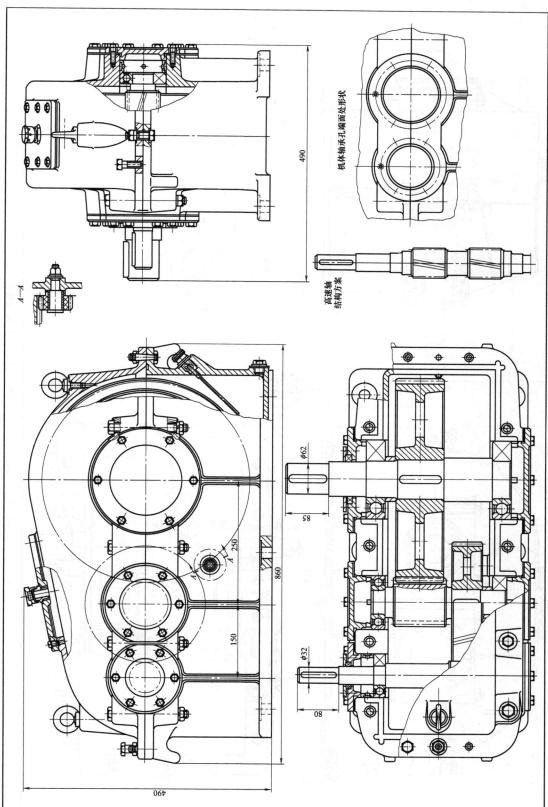

图 7-6 二级展开式圆柱齿轮减速器结构图（轴承油润滑）

机体轴承孔端面处形状

高速轴结构方案

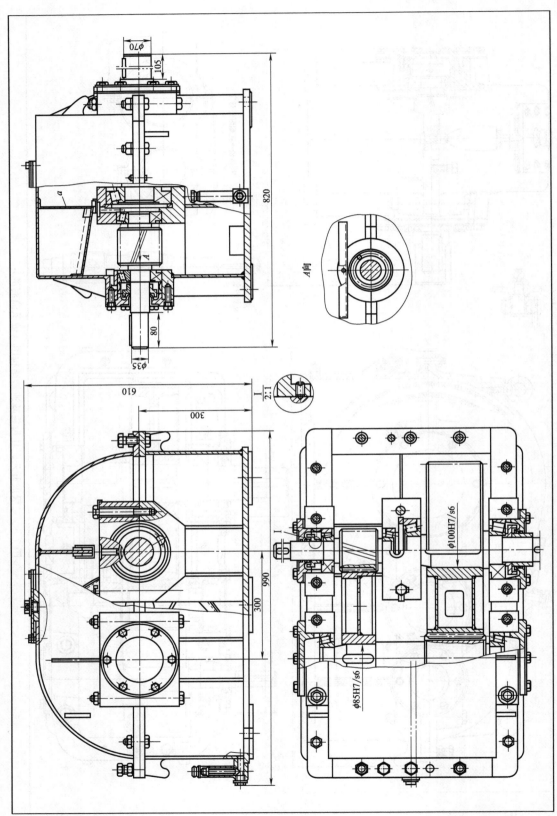

图 7-7 二级同轴式圆柱齿轮减速器（焊接箱体）

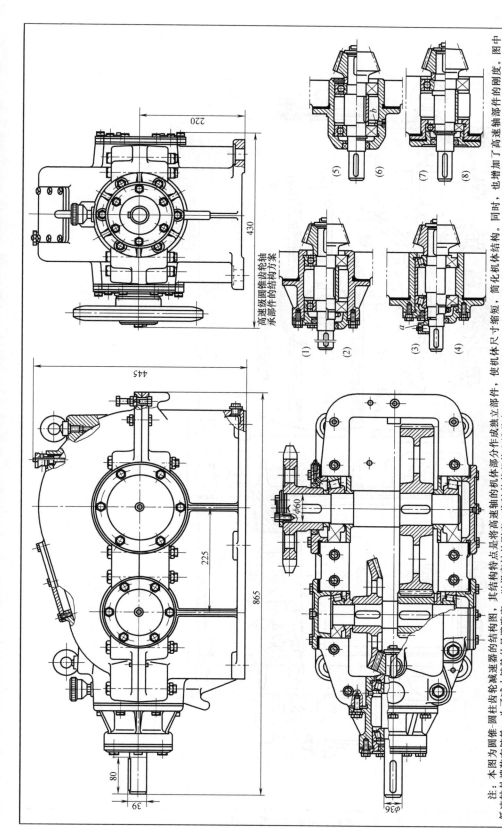

图 7-8 圆锥-圆柱齿轮减速器结构图

注：本图为圆锥-圆柱齿轮减速器的结构图，其结构特点是将高速轴的机体部分作成独立部件，使机体尺寸缩短，简化机体结构。同时，也增加了高速轴部件的刚度。图中低速轴外端装有链轮，为了减小链轮的悬臂跨度，以提高轴的刚度，将链轮装在伸入端盖内。

图中列有八种轴承部件结构。图（1）采用圆锥齿轮分开式的结构，因此安装拆卸比较方便。图（3）的轴承结构是采用调整零件 a 与轴用螺纹联接，转动 a 使轴承内圈轴向移动，以免松动。图（5）、图（6）方案中的套杯有左端用螺纹、右端用套杯左端盖，结构简单，尺寸紧凑，但调整有困难，因此不宜用于单列圆锥轴承。调整后，将零件 a 用螺钉固定在轴端套杯套圈上，用螺钉调节调节套圈 b 的位置。这种结构当结构靠磨损后便不能再调整。图（7）、图（8）方案采用短套杯式结构，左端轴承固定，右端轴承游动。图（6）方案中左端轴承靠套圈 b 固定，右端轴承游动。

169

7.2

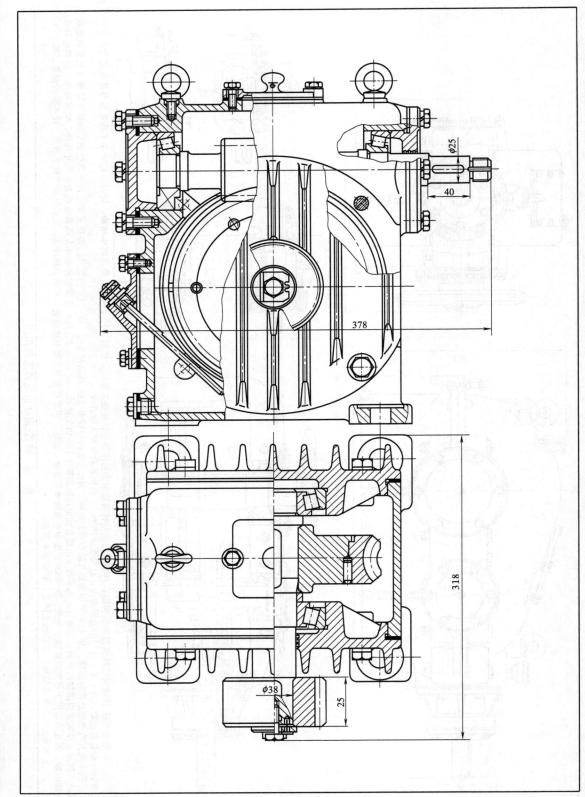

图 7-11　蜗杆减速器结构图（蜗杆上置）

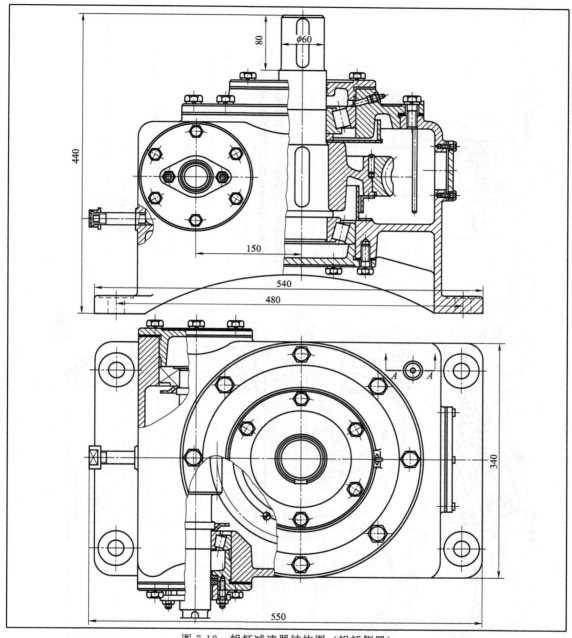

图 7-12　蜗杆减速器结构图（蜗杆侧置）

# 7.3 零件工作图

图 7-13 为圆柱齿轮减速器箱盖零件工作图。图 7-14 为圆柱齿轮减速器箱座零件工作图。图 7-15 为轴零件工作图。图 7-16 为齿轮轴零件工作图。图 7-17 为斜齿圆柱齿轮零件工作图。图 7-18 为直齿锥齿轮零件工作图。图 7-19 蜗杆零件工作图。图 7-20 为蜗轮部件装配图。图 7-21 为蜗轮轮缘零件工作图。图 7-22 为蜗轮轮芯零件工作图。图 7-23 为盘形凸轮零件工作图。

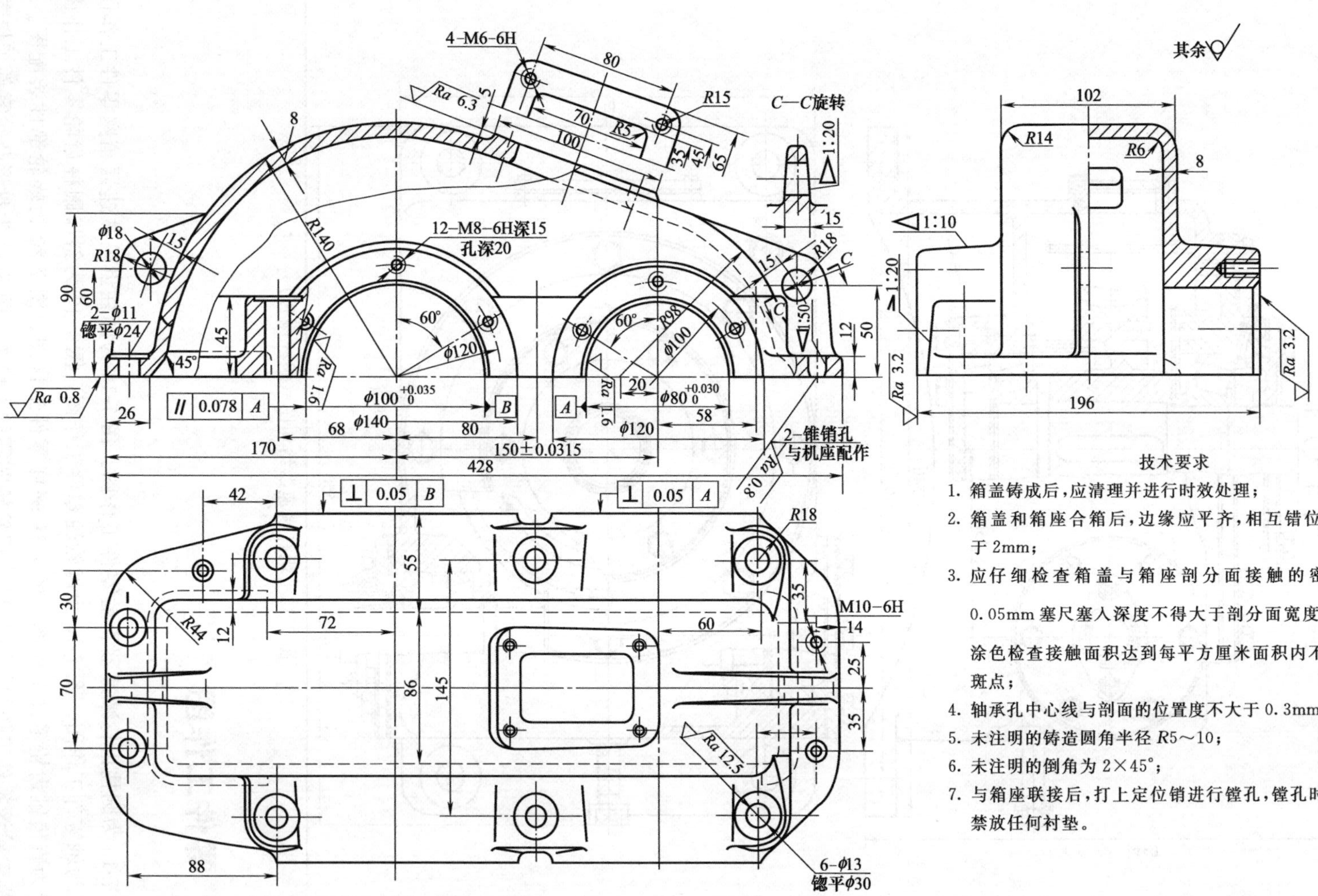

图 7-13　圆柱齿轮减速器箱盖零件工作图

技术要求

1. 箱盖铸成后，应清理并进行时效处理；
2. 箱盖和箱座合箱后，边缘应平齐，相互错位每边不大于 2mm；
3. 应仔细检查箱盖与箱座剖分面接触的密合性，用 0.05mm 塞尺塞入深度不得大于剖分面宽度的 $\frac{1}{3}$。用涂色检查接触面积达到每平方厘米面积内不少于一个斑点；
4. 轴承孔中心线与剖面的位置度不大于 0.3mm；
5. 未注明的铸造圆角半径 R5～10；
6. 未注明的铸造的倒角为 2×45°；
7. 与箱座联接后，打上定位销进行镗孔，镗孔时结合面处禁放任何衬垫。

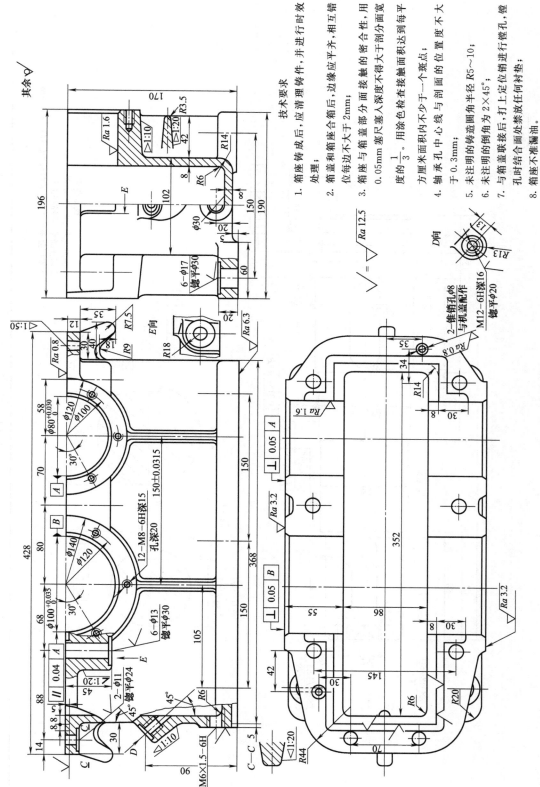

技术要求

1. 箱座铸成后，应清理铸件，并进行时效处理；
2. 箱盖和箱座合箱后，边缘应齐平，相互错位每边大于 2mm；
3. 箱座与箱盖部分接触面接触不得大于箱盖边位每边大于 2mm；用 0.05mm 塞尺塞入深度不得大于分面宽度的 $\frac{1}{3}$。用涂色检查接触面积达到每平方厘米面积内不少于一个斑点；
4. 轴承孔中心线与剖面与平面度不大于 0.3mm；
5. 未注明的铸造圆角半径 R5～10；
6. 未注明的铸造圆角为 2×45°；
7. 与箱盖联接后，打上定位销进行镗孔，镗孔时结合面处不准放任何村垫；
8. 箱座不准漏油。

图 7-14 圆柱齿轮减速器箱座零件工作图

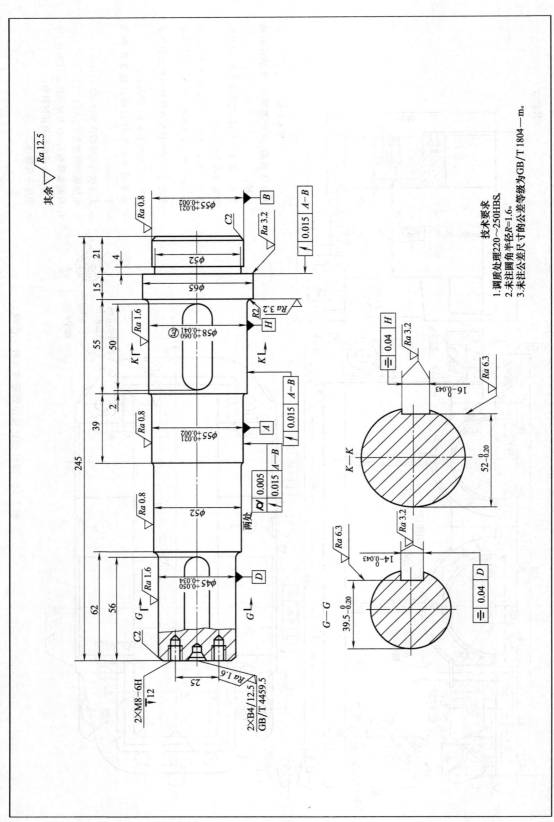

图 7-15 轴零件工作图

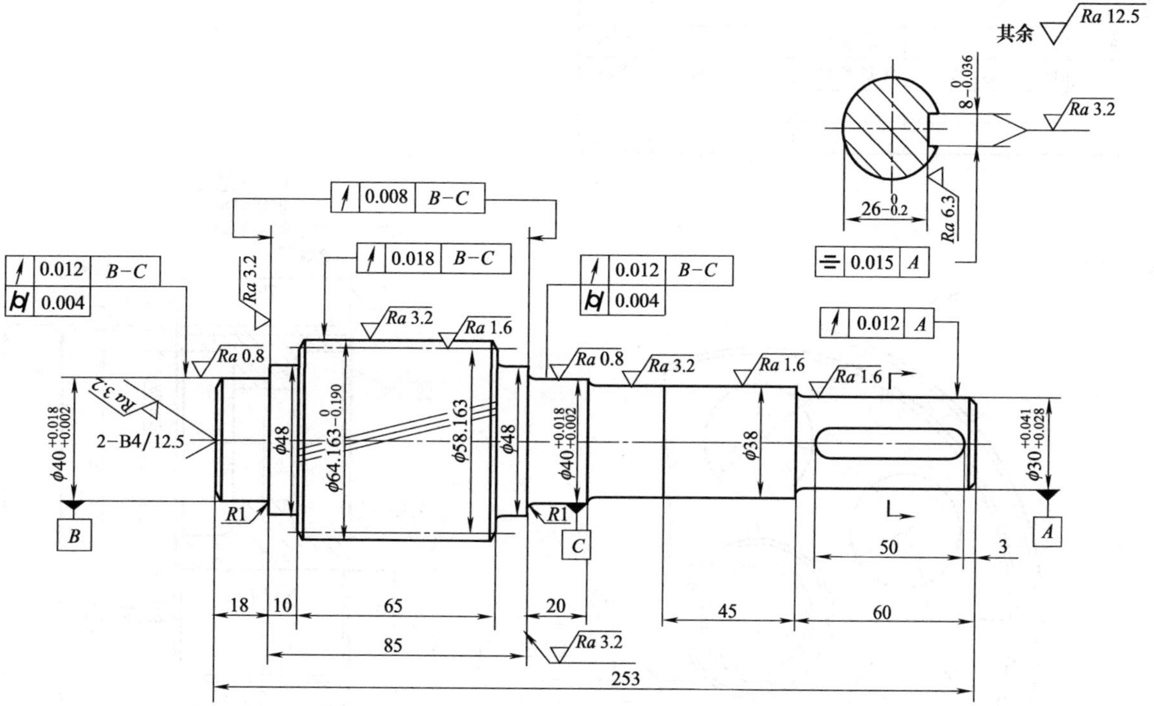

| 法向模数 | $m_n$ | 3 |
|---|---|---|
| 齿数 | $z$ | 19 |
| 齿形角 | $\alpha$ | 20° |
| 齿顶高系数 | $h_a^*$ | 1 |
| 螺旋角 | $\beta$ | 11°28′42″ |
| 螺旋方向 | | 左旋 |
| 径向变位系数 | $x$ | 0 |
| 法向齿厚 | | $4.712_{-0.140}^{-0.084}$ |
| 精度等级 | | 7GJ GB 10095—88 |
| 齿轮副中心距<br>及其极限偏差 | $a \pm f_a$ | $150 \pm 0.032$ |
| 配对齿轮 | 图号 | |
| | 齿数 | 79 |
| 公差组 | 检验项目<br>代号 | 公差 (或极<br>限偏差) 值 |
| I | $F_r$ | 0.050 |
| I | $F_w$ | 0.028 |
| II | $f_i$ | 0.011 |
| II | $f_{pb}$ | $\pm 0.013$ |
| III | $F_\beta$ | 0.016 |
| 公法线平均<br>长度公差 | $E_a$ | $22.986_{-0.150}^{-0.114}$ |
| 跨测齿数 | $K$ | 3 |

(标题栏)

技术条件

1. 调质处理表面硬度220~250HBS；
2. 未注圆角半径R2；
3. 未注倒角为1.5×45°；
4. 未注尺寸公差按GB/T 18204—m。

图 7-16 齿轮轴零件工作图

7.3

175

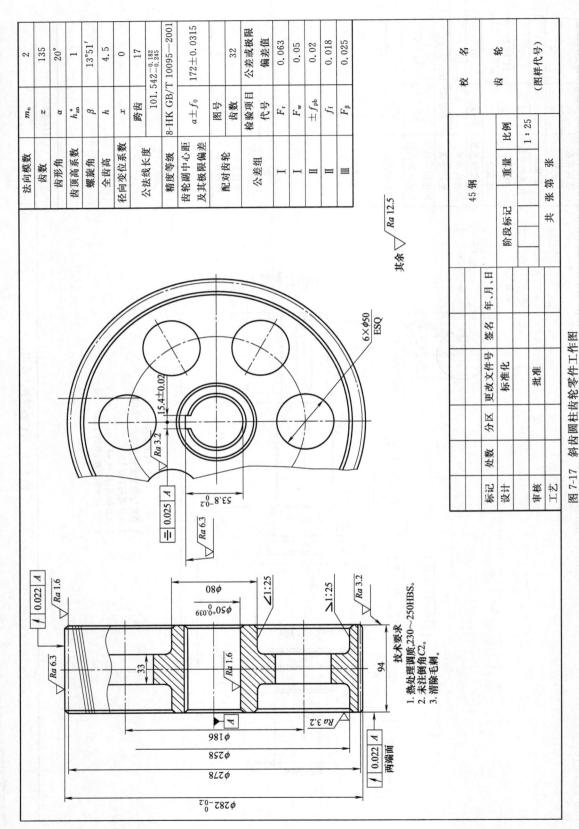

| 法向模数 | $m_n$ | 2 |
|---|---|---|
| 齿数 | $z$ | 135 |
| 齿形角 | $\alpha$ | 20° |
| 齿顶高系数 | $h_{an}^*$ | 1 |
| 螺旋角 | $\beta$ | 13°51′ |
| 全齿高 | $h$ | 4.5 |
| 径向变位系数 | $x$ | 0 |
| 公法线长度 | 跨齿 | 17 |
| | | $101.542_{-0.245}^{-0.182}$ |
| 精度等级 | 8-HK GB/T 10095—2001 | |
| 齿轮副中心距及其极限偏差 | $a \pm f_0$ | $172 \pm 0.0315$ |
| 配对齿轮 | 图号 | |
| | 齿数 | 32 |

| 公差组 | 检验项目 代号 | 公差或极限偏差值 |
|---|---|---|
| I | $F_r$ | 0.063 |
| I | $F_w$ | 0.05 |
| II | $\pm f_{pb}$ | 0.02 |
| II | $f_f$ | 0.018 |
| III | $F_\beta$ | 0.025 |

| 名 | 齿 | 轮 |
|---|---|---|
| 校 | | （图样代号） |
| | 45 钢 | |
| 阶段标记 | 重量 | 比例 |
| | | 1：25 |
| | 共 张 第 张 | |

其余 $\sqrt{Ra\,12.5}$

技术要求
1. 热处理调质 230～250HBS。
2. 未注倒角 C2。
3. 清除毛刺。

图 7-17  斜齿圆柱齿轮零件工作图

176

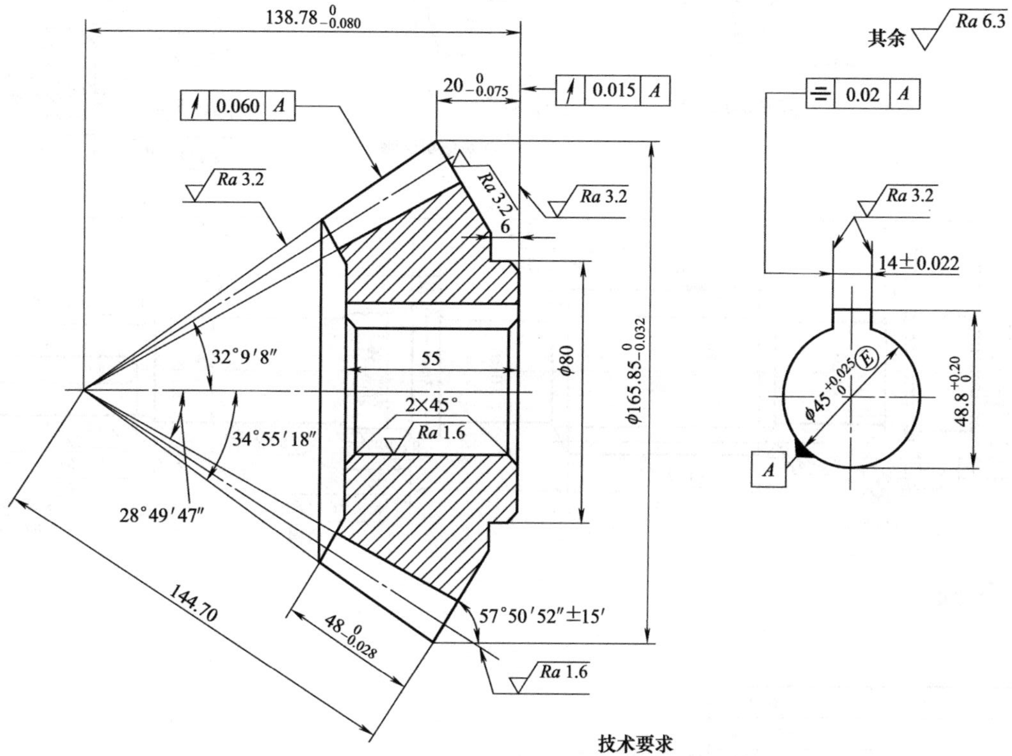

| 模数 | $m$ | 7 |
|---|---|---|
| 齿数 | $z$ | 22 |
| 法向齿形角 | $\alpha$ | 20 |
| 分度圆直径 | $d$ | 154 |
| 分锥角 | $\delta$ | 32°9′8″ |
| 根锥角 | $\delta_f$ | 28°49′47″ |
| 锥距 | $R$ | 144.70 |
| 螺旋角及方向 | $\beta$ | 0 |
| 变位系数 | $x$ | |
| 测量 齿厚 高度 切向 | $\bar{s}$ | $10.986^{-0.096}_{-0.176}$ |
| 测量 齿高 | $\bar{h}_a$ | 7.166 |
| 精度等级 | | 8c GB 11365 |
| 接触斑点 % 齿高 | | ≥55% |
| 接触斑点 % 齿长 | | ≥50% |
| 全齿高 | $h$ | 15.4 |
| 轴交角 | $\Sigma$ | 90° |
| 侧隙 | $j$ | 0.1 |
| 配对齿轮齿数 | $Z_m$ | 35 |
| 配对齿轮轮图号 | | |
| 公差组 | 项目代号 | 公差值 |
| I | $F_p$ | 0.09 |
| II | $f_{pt}$ | ±0.032 |

(标题栏)

$\sqrt{Ra\ 6.3}$ 其余 $\sqrt{}$

$\boxed{=\ |\ 0.02\ |\ A}$

$Ra\ 3.2$

$14\pm0.022$

$48.8^{+0.20}_{0}$

$\phi45^{+0.025}_{0}$

$A$

$\boxed{/\ |\ 0.015\ |\ A}$

$Ra\ 3.2$

$\phi165.85^{0}_{-0.032}$

$\phi80$

$57°50′52″\pm15′$

$Ra\ 1.6$

$20^{0}_{-0.075}$

$Ra\ 3.2$  6

$55$

$2\times45°$  $Ra\ 1.6$

$48^{0}_{-0.028}$

$138.78^{0}_{-0.080}$

$\boxed{/\ |\ 0.060\ |\ A}$

$Ra\ 3.2$

$32°9′8″$

$34°55′18″$

$28°49′47″$

$144.70$

技术要求

1. 调质后齿面硬度210~240HBS;
2. 未注明尺寸公差处精度为IT12;
3. 未注明倒角为2×45,粗糙度Rz=50μm;
4. 未注明圆角半径为R3。

图 7-18　直齿锥齿轮零件工作图

7.3

177

| 蜗轮图号 | | ZA |
|---|---|---|
| 蜗杆类型 | | |
| 中心距及其偏差 | $a$ | $125\pm0.050$ |
| 蜗杆齿距极限偏差 | $f_{pt}$ | $\pm0.014$ |
| 蜗杆齿距累积公差 | $f_{pxt}$ | 0.024 |
| 蜗杆齿形公差 | $f_n$ | 0.022 |
| 蜗杆齿槽径向跳动公差 | $f_t$ | 0.017 |

| 轴向模数 | $m$ | 4 |
|---|---|---|
| 头数 | $z$ | 4 |
| 轴向齿形角 | $\alpha$ | 20° |
| 齿顶高系数 | $h_a^*$ | 1 |
| 顶隙系数 | $c_n^*$ | 0.2 |
| 导程角 | $\gamma$ | 21°48′05″ |
| 螺旋方向 | | 右旋 |
| 精度等级 | | 7d GB/T 10089—1988 |
| 分度圆直径 | $d$ | 40 |
| 全齿高 | $h$ | 8.8 |

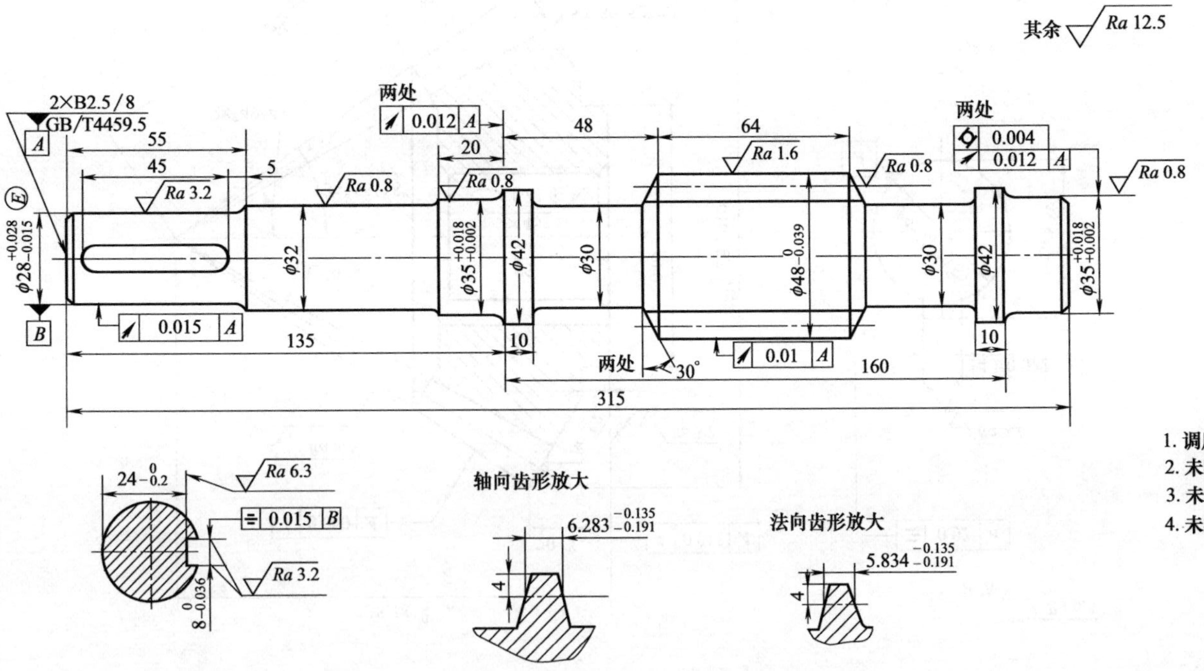

其余 √ $Ra\ 12.5$

技术要求
1. 调质处理220~250HBS。
2. 未注圆角为R1。
3. 未注倒角C2。
4. 未注公差尺寸的公差等级为GB/T 1804—m。

法向齿形放大

轴向齿形放大

(标题栏)

图 7-19　蜗杆零件工作图

178

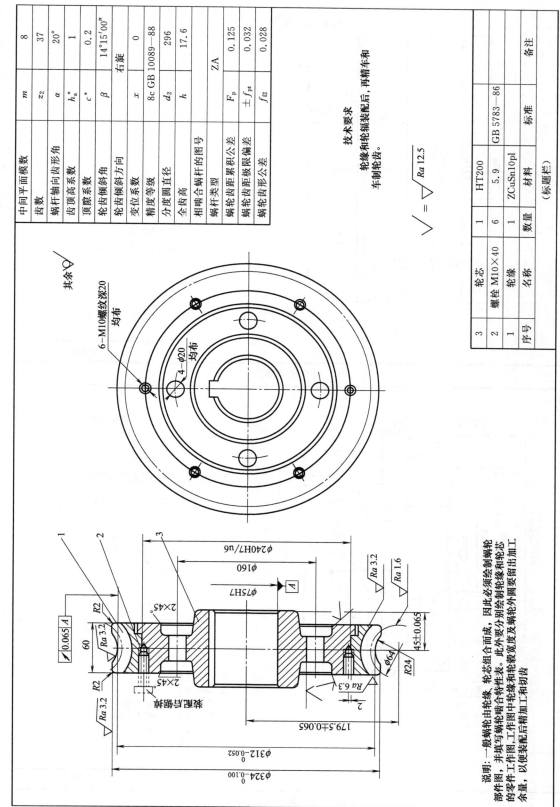

| 中间平面模数 | $m$ | 8 |
|---|---|---|
| 齿数 | $z_2$ | 37 |
| 蜗杆轴向齿形角 | $\alpha$ | 20° |
| 齿顶高系数 | $h_a^*$ | 1 |
| 顶隙系数 | $c^*$ | 0.2 |
| 轮齿倾斜角 | $\beta$ | 14°15′00″ |
| 轮齿倾斜方向 | | 右旋 |
| 变位系数 | $x$ | 0 |
| 精度等级 | | 8c GB 10089—88 |
| 分度圆直径 | $d_2$ | 296 |
| 全齿高 | $h$ | 17.6 |
| 相啮合蜗杆的图号 | | |
| 蜗杆类型 | | ZA |
| 蜗轮齿距累积公差 | $F_p$ | 0.125 |
| 蜗轮齿距极限偏差 | $\pm f_{pt}$ | 0.032 |
| 蜗轮齿形公差 | $f_{f2}$ | 0.028 |

技术要求

轮缘和轮辐装配后，再精车和
车制轮齿。

$$\sqrt{} = \sqrt{Ra\ 12.5}$$

| 3 | 轮芯 | 1 | HT200 | | |
|---|---|---|---|---|---|
| 2 | 螺栓 M10×40 | 6 | 5.9 | GB 5783—86 | 标准 |
| 1 | 轮缘 | 1 | ZCuSn10p1 | | |
| 序号 | 名称 | 数量 | 材料 | | 备注 |

（标题栏）

其余 $\sqrt{}$

6—M10螺纹深20
均布

4-$\phi$20
均布

$\phi$240H7/u6
$\phi$160
$\phi$75H7
2×45°
$\boxed{A}$
$\sqrt{Ra\ 3.2}$
$\sqrt{Ra\ 1.6}$
45±0.065
$\phi$64
R24
$\sqrt{Ra\ 6.3}$
179.5±0.065
R2
$\sqrt{Ra\ 3.2}$
60
2×45°
$\boxed{0.065\ A}$
$\sqrt{Ra\ 3.2}$
R2
$\phi$312$_{-0.052}^{0}$
$\phi$324$_{-0.100}^{0}$

图 7-20 蜗轮部件装配图

说明：一般蜗轮由轮缘、轮芯组合而成，因此必须绘制蜗轮
部件图，并填写蜗轮啮合特性表。此外要分别绘制轮缘和轮芯
的零件工作图，工作图中轮缘和轮毂宽度及蜗轮外圆要留出加工
余量，以便装配后精加工和切齿。

7.3

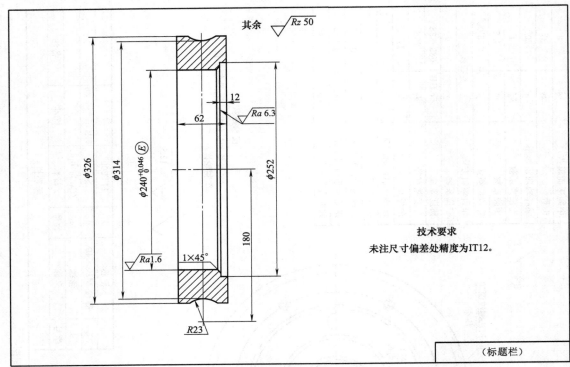

图 7-21 蜗轮轮缘零件工作图

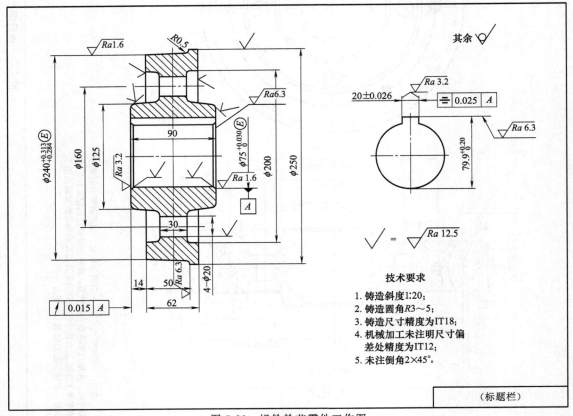

图 7-22 蜗轮轮芯零件工作图

图 7-23  盘形凸轮零件工作图

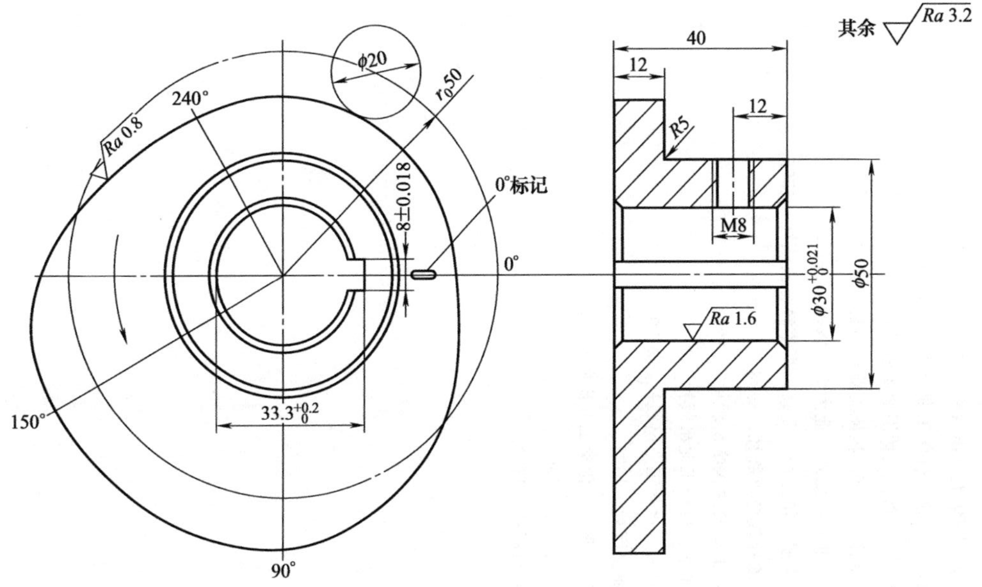

技术要求

1. 轮廓渗碳深度1.2mm,淬硬HRC56~62;
2. 向径公差为r±0.08;
3. 未注倒角为2×45°,去尖角毛刺。

| 角度 δ(°) | 向径 $r_i$/mm |
|---|---|
| 0 | 40.00 |
| 10 | 42.22 |
| 20 | 44.44 |
| 30 | 46.67 |
| 45 | 48.89 |
| 50 | 51.11 |
| 60 | 53.33 |
| 70 | 55.56 |
| 80 | 57.78 |
| 90~150 | 60.00 |
| 150 | 60.00 |
| 160 | 59.51 |
| 170 | 58.02 |
| 180 | 55.56 |
| 190 | 52.10 |
| 200 | 47.90 |
| 210 | 44.44 |
| 220 | 41.98 |
| 230 | 40.49 |
| 240 | 40.00 |
| 240~360 | 40.00 |

# 参 考 文 献

[1] 孙桓，陈作模主编. 机械原理. 第七版. 北京：高等教育出版社，2006.

[2] 濮良贵，纪名刚主编. 机械设计. 第八版. 北京：高等教育出版社，2006.

[3] 申永胜主编. 机械原理教程. 第二版. 北京：清华大学出版社，2005.

[4] 张美麟，阎华，张莉彦. 机械基础课程设计. 北京：化学工业出版社，2002.

[5] 王三民主编. 机械原理与机械设计课程设计. 北京：机械工业出版社，2004.

[6] 刘会英，杨志强主编. 机械基础综合课程设计. 北京：机械工业出版社，2007.

[7] 卢颂峰，王大康主编. 机械设计课程设计. 北京：北京工业大学出版社，1993.

[8] 吴宗泽，罗圣国主编. 机械设计课程设计手册. 第二版. 北京：高等教育出版社，1999.

[9] 邹慧君. 机械原理课程设计手册. 北京：高等教育出版社，1998.

[10] 邹慧君. 机械运动方案设计手册. 上海：上海交通大学出版社，1994.

[11] 闻邦椿主编. 机械设计手册. 第五版. 北京：机械工业出版社，2010.

[12] 成大先主编. 机械设计手册. 第五版. 北京：化学工业出版社，2010.

[13] 孟宪源. 现代机构手册. 北京：机械工业出版社，1998.

[14] 张美麟，张有忱，张莉彦. 机械创新设计. 北京：化学工业出版社，2010.

[15] 黄纯颖. 机械创新设计. 北京：高等教育出版社，2000.

[16] 丁·伏尔默. 凸轮机构. 北京：机械工业出版社，1983.

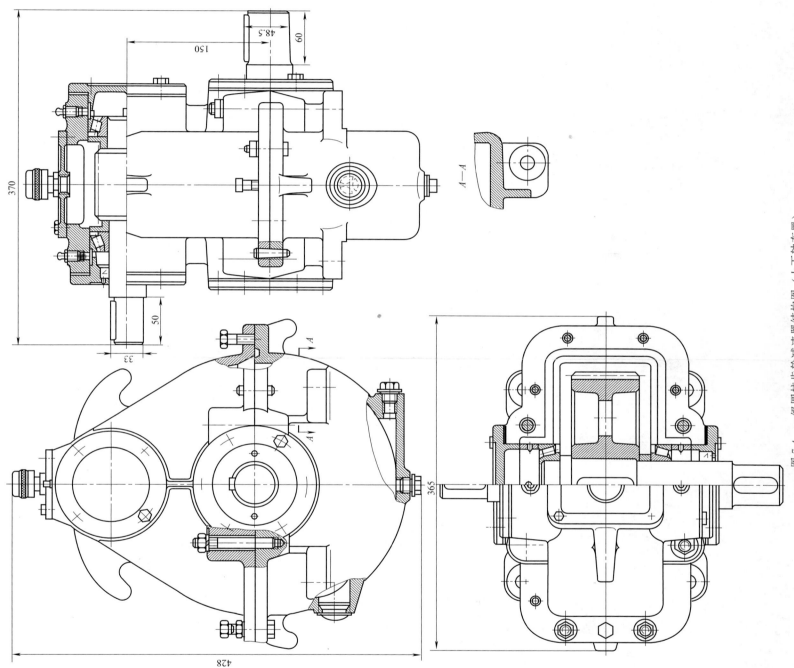

图 7-4 一级圆柱齿轮减速器结构图（上下轴布置）

注：本图为一种小型一级圆柱齿轮减速器，两根轴上下布置。齿轮采用浸油润滑，下部轴承采用稀油润滑，由油嘴处定期加油。轴端伸出处采用橡胶密封，工作可靠。底部设有放油孔，钉销螺地脚螺选用，根据工作方便选用。机座在机座中间，可降低机体高度。为了便于安装、拆卸配合较松。安装、拆卸都较麻烦示为整体式机体结构。这种机体结构，机体结构简单，工艺性好，但大齿轮与轴配合大，刚度好。但下齿轮与大齿轮较频示为整体式机体结构。这种机体结构，机体结构简单。工艺性好，但大齿轮与轴配合较松。安装、拆卸都较麻烦

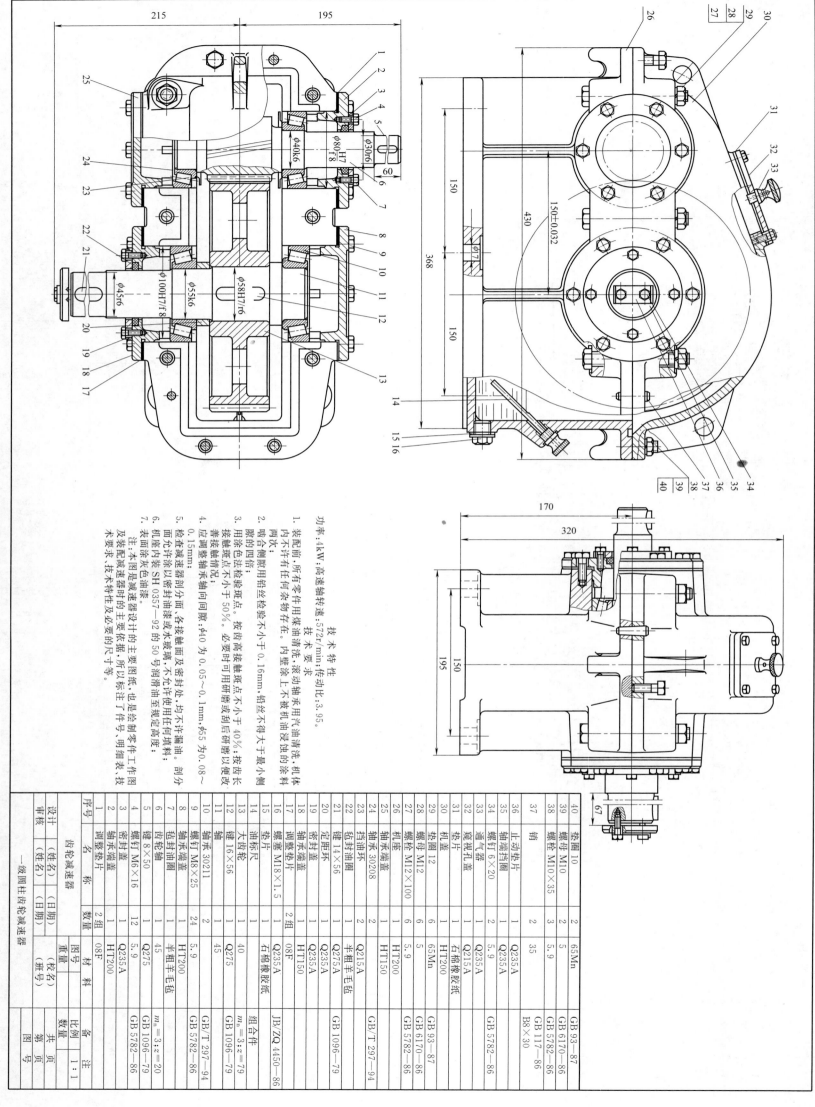

图 7-3 一级圆柱齿轮减速器装配图

技 术 特 性

1. 功率:4kW;高速轴转速:572r/min;传动比:3.95。

技 术 要 求

1. 装配前,所有零件用煤油清洗,内体内壁涂上不被机油浸蚀的涂料两次;滚动轴承用汽油清洗。
2. 喝合侧照用铅丝检验喝斑,按齿高接触斑点不小于50%,必要时可用研磨或刮后研磨以使喝斑;铅丝不得大于最小侧隙的四份一;
3. 用涂色法检验喝斑,按齿长接触斑点不小于0.16mm,内接触斑点不小于40%;
4. 应调整轴承轴向间隙:φ40为0.05~0.1mm,φ55为0.08~0.15mm;
5. 检查减速器剖分面、各接触面及密封处,均不许漏油,剖分面允许涂以密封漆或水玻璃,不允许使用任何填料;
6. 机座内装 SH 0357—92号的50号润滑油至规定高度;
7. 表面涂灰色油漆。

注:本图是减速器设计的主要图纸,也是绘制零件工作图及装配减速器时的主要依据,所以标注了工件号、明细表、技术要求、技术特性及必要的尺寸等。

| 序号 | 名 称 | 数量 | 材 料 | 备 注 |
|---|---|---|---|---|
| 40 | 垫圈 10 | 2 | 65Mn | GB 93—87 |
| 39 | 螺母 M10 | 2 | 5 | GB 6170—86 |
| 38 | 螺栓 M10×35 | 3 | Q235A | GB 5782—86 |
| 37 | 销 | 2 | 35 | GB 117—86 |
| 36 | 止动垫片 | 2 | Q235A | B8×30 |
| 35 | 轴承端盖 | 1 | HT150 | |
| 34 | 螺钉 6×20 | 2 | Q235A | GB 5782—86 |
| 33 | 通气器 | 1 | Q235A | |
| 32 | 窥视孔盖 | 1 | Q215A | |
| 31 | 机盖 | 1 | HT200 | |
| 30 | 垫片 | 1 | 石棉橡胶纸 | |
| 29 | 螺母 M12 | 6 | 5 | GB 6170—86 |
| 28 | 螺栓 M12×100 | 6 | Q235A | GB 5782—86 |
| 27 | 调整垫片 | 2 组 | 08F | |
| 26 | 机座 | 1 | HT200 | |
| 25 | 轴承端盖 | 2 | HT150 | |
| 24 | 挡油环 | 2 | Q215A | |
| 23 | 毡封油圈 | 1 | 半粗羊毛毡 | GB/T 297—94 |
| 22 | 毡圈 12 | 1 | 半粗羊毛毡 | |
| 21 | 定距环 | 1 | Q235A | |
| 20 | 密封盖 | 1 | Q235A | |
| 19 | 轴承端盖 | 1 | HT150 | |
| 18 | 垫片 | 1 | 08F | |
| 17 | 螺塞 M18×1.5 | 1 | Q235A | JB/ZQ 4450—86 |
| 16 | 大齿轮 | 1 | 45 | $m_n=3;z=79$ |
| 15 | 垫片 | 1 | 石棉橡胶纸 | |
| 14 | 键 16×56 | 1 | 45 | GB 1096—79 |
| 13 | 轴 | 1 | 45 | |
| 12 | 键 8×50 | 1 | Q275 | GB 1096—79 |
| 11 | 轴承 30211 | 2 | | |
| 10 | 螺钉 M8×25 | 24 | 5.9 | GB/T 297—94 |
| 9 | 螺钉 M8×25 | 1 | 5.9 | GB 5782—86 |
| 8 | 轴承端盖 | 1 | HT200 | |
| 7 | 毡封油圈 | 1 | 半粗羊毛毡 | |
| 6 | 齿轮轴 | 1 | 45 | $m_n=3;z=20$ |
| 5 | 键 8×30 | 1 | Q275 | GB 1096—79 |
| 4 | 螺钉 M6×16 | 12 | 5.9 | GB 5782—86 |
| 3 | 密封盖 | 1 | Q235A | |
| 2 | 轴承端盖 | 1 | HT200 | |
| 1 | 调整垫片 | 2 组 | 08F | GB 5782—86 |

| 设计 | (姓名) | (日期) | 比例 | 1:1 | |
|---|---|---|---|---|---|
| 审核 | (姓名) | (日期) | 数量 | | |
| | | (校名) | 图号 | | |
| 一级圆柱齿轮减速器 | | (班号) | 重量 | 第 页 共 页 | |

尺寸标注: 215 195 430 368 150±0.032 150 150 φ7 φ30f7 φ40k6 φ80f8 H7/6 60 φ45n6 φ100H7/f8 φ55k6 φ58H7/r6 170 320 150 195 67

标号: 1 2 3 4 5 6 7 8 9 10 11 12 13 14 15 16 17 18 19 20 21 22 23 24 25 26 27 28 29 30 31 32 33 34 35 36 37 38 39 40

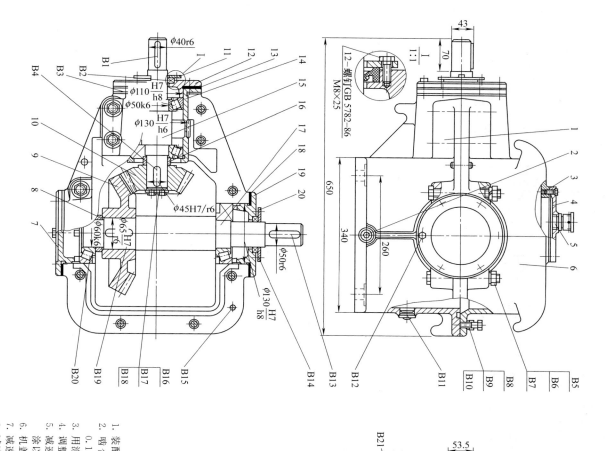

图 7-9 一级圆锥齿轮减速器装配图

**技 术 要 求**

1. 装配前，所有零件进行清洗，机体内壁涂耐油油漆；
2. 啮合侧隙 $C_n$ 之大小用铅丝来检验，保证侧隙不小于 0.17mm，所用铅丝直径不得大于最小侧隙的二倍；
3. 用涂色法检验斑点，按齿高和齿长接触斑点，齿高接触斑点均不少于50%；
4. 调整、固定轴承时，应留有轴向间隙 0.05mm；
5. 减速器剖分面、各接触面及密封处均不许漏油，剖分面允许涂以密封胶或水玻璃；
6. 机盖上吊耳螺钉或吊起整机时用机座上的吊钩；
7. 减速器装 SH 0357—1992 中的 50 号润滑油至规定高度；
8. 减速器表面涂灰色油漆。

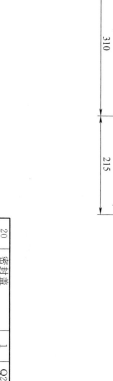

| 序号 | 名 称 | 数量 | 材 料 | 备 注 |
|---|---|---|---|---|
| 20 | 密封盖 | 1 | Q235A | |
| 19 | 轴承盖 | 1 | HT150 | |
| 18 | 调整垫片 | 2组 | 08F | |
| 17 | 垫圈 | 1 | 45 | |
| 16 | 轴 | 1 | Q235A | |
| 15 | 套杯 | 1 | 45 | |
| 14 | 调整垫片 | 2组 | 08F | |
| 13 | 轴承盖 | 1 | HT150 | 组件 |
| 12 | 密封盖 | 1 | Q235A | |
| 11 | 小齿轮 | 1 | 45 | $m=7, z=20$ |
| 10 | 大齿轮 | 1 | Q235A | $m=7, z=38$ |
| 9 | 轴承盖 | 1 | HT150 | |
| 8 | 垫片 | 1 | HT150 | |
| 7 | 轴承盖 | 1 | HT150 | |
| 6 | 通气器 | 1 | | |
| 5 | 机盖 | 1 | HT150 | |
| 4 | 观视孔盖 | 1 | HT150 | |
| 3 | 垫片 | 1 | 软钢纸板 | |
| 2 | 螺塞 M18×1.5 | 1 | HT150 | 5.9 |
| 1 | 机座 | 1 | HT150 | |

| 圆锥齿轮减速器 | | | 图号 | | 比例 | 1:2.5 |
|---|---|---|---|---|---|---|
| 设计 | (姓名) | (日期) | | | | |
| 审校 | (姓名) | (日期) | 重量 | | 数量 | |
| 一级圆锥齿轮减速器 | | | (校名) | | (班号) | |

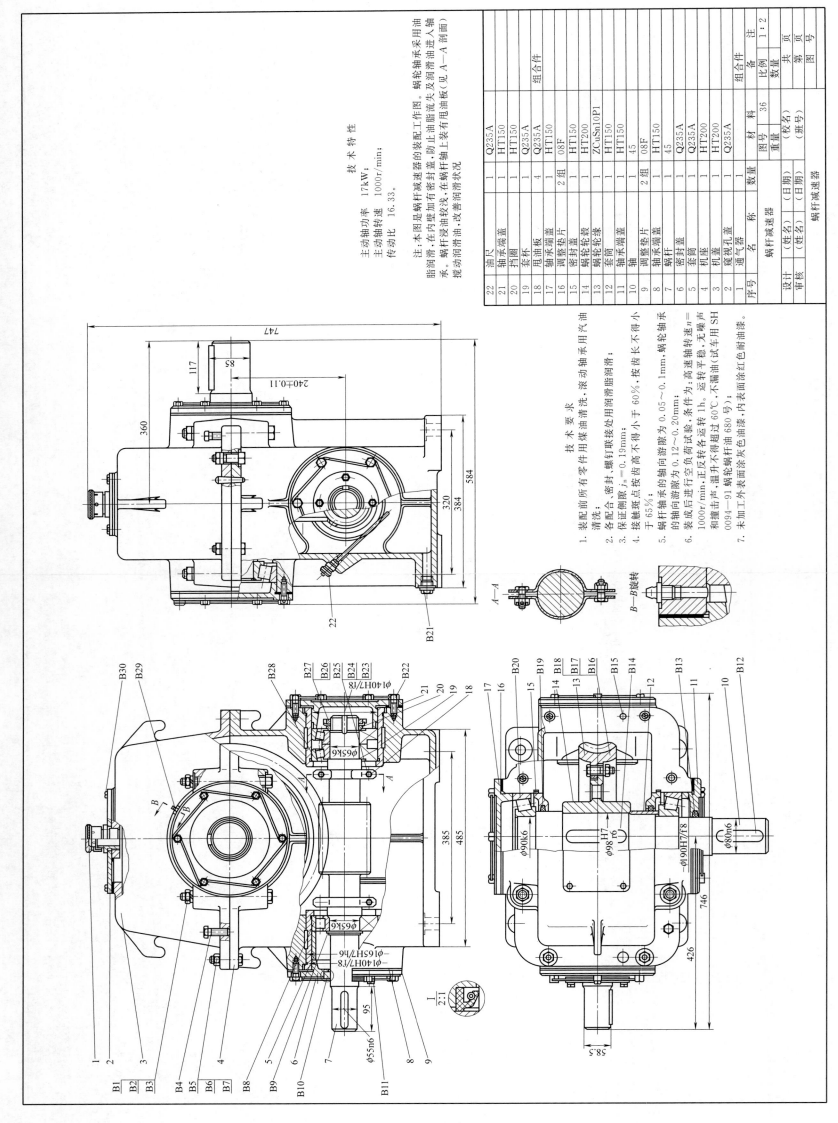

图 7-10 蜗杆减速器装配图（蜗杆下置）

| 序号 | 名称 | 数量 | 材料 | 备注 |
|---|---|---|---|---|
| 22 | 油尺 | 1 | Q235A | |
| 21 | 轴承端盖 | 1 | HT150 | |
| 20 | 挡圈 | 1 | HT150 | |
| 19 | 套杯 | 1 | Q235A | |
| 18 | 甩油板 | 4 | Q235A | |
| 17 | 轴承端盖 | 1 | HT150 | |
| 16 | 调整垫片 | 2 组 | 08F | |
| 15 | 密封盖 | 1 | HT150 | |
| 14 | 蜗轮轮毂 | 1 | HT200 | |
| 13 | 蜗轮轮缘 | 1 | ZCuSn10P1 | |
| 12 | 套筒 | 1 | HT150 | |
| 11 | 轴承端盖 | 1 | HT150 | |
| 10 | 轴 | 1 | 45 | |
| 9 | 调整垫片 | 2 组 | 08F | |
| 8 | 蜗杆 | 1 | 45 | |
| 7 | 密封盖 | 1 | Q235A | |
| 6 | 套筒 | 1 | Q235A | |
| 5 | 机座 | 1 | HT200 | |
| 4 | 机盖 | 1 | HT200 | |
| 3 | 窥视孔盖 | 1 | Q235A | |
| 2 | 通气器 | 1 | 组合件 | |
| 序号 | 名称 | 数量 | 材料 | 备注 |

| | | | | | |
|---|---|---|---|---|---|
| 设计 | （姓名） | （日期） | 蜗杆减速器 | 比例 | 1：2 |
| | | | | 重量 36 | 共 页 |
| 制图 | （姓名） | （日期） | | 图号 | 第 页 |
| 审核 | | | | | 图号 |
| | | | 蜗杆减速器 | （校名） | |
| | | | | （班号） | |